# Al apoyo mutuo

Kropotkine, Pierre

## INTRODUCCIÓN

Dos rasgos característicos de la vida animal de la Siberia Oriental y del Norte de Manchuria llamaron poderosamente mi atención durante los viajes que, en mi juventud, realicé por esas regiones del Asia Oriental.

Me llamó la atención, por una parte, la extraordinaria dureza de la lucha por la existencia que deben sostener la mayoría de las especies animales contra la naturaleza inclemente, así como la extinción de grandes cantidades de individuos, que ocurría periódicamente, en virtud de causas naturales, debido a lo cual se producía extraordinaria pobreza de vida y despoblación en la superficie de los vastos territorios donde realizaba yo mis investigaciones.

La otra particularidad era que, aun en aquellos pocos puntos aislados en donde la vida animal aparecía en abundancia, no encontré, a pesar de haber buscado empeñosamente sus rastros, aquella lucha cruel por los medios de subsistencia entre los animales pertenecientes a una misma especie que la mayoría de los darwinistas (aunque no siempre el mismo Darwin) consideraban como el rasgo predominante y característica de la lucha por la vida, y como la principal fuerza activa del desarrollo gradual en el mundo de los animales.

Las terribles tormentas de nieve que azotan la región norte de Asia al final del invierno, y la congelación que a menudo sucede a la tormenta; las heladas, las nevadas que se repiten todos los años en la primera quincena de mayo cuando los árboles están en plena floración y la vida de los insectos en su apogeo; las ligeras heladas tempranas y, a veces, las nevadas abundantes que caen ya en julio y en agosto, aun en las regiones de los prados de la Siberia Occidental, aniquilando, repentinamente, no sólo miríadas de insectos, sino también la segunda nidada de las aves; las lluvias torrenciales, debidas a los monzones, que caen en agosto en las regiones templadas del Amur y del Usuri, y se prolongan semanas enteras y producen inundaciones en las tierras bajas del Amur y del Sungari en proporciones tan grandes como sólo se conoce en América y Asia Oriental, y, en los altiplanos, grandísimas extensiones se transforman en pantanos comparables, por sus dimensiones, con Estados europeos enteros, y, por último, las abundantes nevadas que caen a veces a principios de octubre, debido a las cuales un vasto territorio, igual por su extensión a Francia o Alemania, se hace completamente inhabitable para los rumiantes que perecen, entonces, por millares; éstas son las condiciones en que se sostiene la lucha por la vida en el reino animal del Asia Septentrional.

Estas difíciles condiciones de la vida animal ya entonces atrajeron mi atención hacia la extraordinaria importancia, en la naturaleza, de aquellas series de fenómenos que Darwin llama "limitaciones naturales a la multiplicación" en comparación con la lucha por los medios de subsistencia. Esta última, naturalmente, se produce no sólo entre las diferentes especies, sino también entre los individuos de la misma especie, pero jamás alcanza la importancia de los obstáculos naturales a la multiplicación. La escasez de la población, no el exceso, es el rasgo característico de aquella inmensa extensión del globo que llamamos Asia Septentrional.

Por consiguiente, ya desde entonces comencé a abrigar serias dudas, que más tarde no hicieron sino confirmarse, respecto a esa terrible y supuesta lucha por el alimento y la vida dentro de los límites de una misma especie, que constituye un verdadero credo para la mayoría de los darwinistas. Exactamente del mismo modo comencé a dudar respecto a la influencia dominante que ejerce esta clase de lucha, según las suposiciones de los darwinistas, en el desarrollo de las nuevas especies.

Además, dondequiera que alcanzaba a ver la vida animal abundante y bullente como, por ejemplo, en los lagos, donde, en primavera decenas de especies de aves y millones de individuos se reúnen para empollar sus crías o en las populosas colonias de roedores, o bien durante la migración de las aves que se producía, entonces, en proporciones puramente "americanas" a lo largo del valle del Usuri, o durante una enorme emigración de gamos que tuve oportunidad de ver en el Amur, en que decenas de millares de estos inteligentes animales huían en grandes tropeles de un territorio inmenso, buscando salvarse de las abundantes nieves caídas, y se reunían en grandes rebaños para atravesar el Amur en el punto más estrecho, en el Pequeño Jingan; en todas estas escenas de la vida animal que se desarrollaba ante mis ojos, veía yo la ayuda y el apoyo mutuo llevado a tales proporciones que involuntariamente me hizo pensar, en la enorme importancia que debe tener en la economía de la naturaleza, para el mantenimiento de la existencia de cada especie, su conservación y su desarrollo futuro.

Por último, tuve oportunidad de observar entre el ganado cornúpeta semisalvaje y entre los caballos en la Transbaikalia, y en todas partes entre las ardillas y los animales salvajes en general, que cuando los animales tedian que luchar contra la escasez de alimento debida a una de las causas ya indicadas, entonces todo la parte de la especie a quien afectaba esta calamidad salía de la prueba experimentada con una pérdida de energía y salud tan grande que ninguna evolución progresista de las especies podía basarse en semejantes períodos de lucha aguda.

Debido a las razones ya expuestas, cuando más tarde las relaciones entre el darwinismo y la sociología atrajeron mi atención, no pude estar de acuerdo con ninguno de los numerosos trabajos que juzgaban de un modo u otro una cuestión extremadamente importante. Todos ellos trataban de demostrar que el hombre, gracias a su inteligencia superior y a sus conocimientos puede suavizar la dureza de la lucha por la vida entre los hombres, pero al mismo tiempo, todos ellos reconocían que la lucha por los medios de subsistencia de cada animal contra todos sus congéneres, y de cada hombre contra todos los hombres, es una "ley natural". Sin embargo, no podía estar de acuerdo con este punto de vista, puesto que me había convencido antes de que, reconocer la despiadada lucha interior por la existencia en los límites de cada especie, y considerar tal guerra como una condición de progreso, significaría aceptar algo que no sólo no ha sido demostrado aún, sino que de ningún modo es confirmado por la observación directa.

Por otra parte, habiendo llegado a mi conocimiento la conferencia "Sobre la ley de la ayuda mutua", del profesor Kessler, entonces decano de la Universidad de San Petersburgo, que pronunció en un Congreso de naturalistas rusos, en enero de. 1880, vi que arrojaba nueva luz sobre toda esta cuestión. Según la opinión de Kessler, además de la ley de lucha mutua, existe en la naturaleza también la ley de ayuda mutua, que, para el éxito de la lucha por la vida y, particularmente, para la evolución progresiva de las especies, desempeña un papel mucho más importante que la ley de la lucha mutua. Esta hipótesis, que no es en realidad más que el desarrollo máximo de las ideas anunciadas por el mismo Darwin en su Origen del hombre, me pareció tan justa y tenía tan enorme importancia, que, desde que tuve conocimiento de ello (en 1883), comencé a reunir materiales para el máximo desarrollo de esta idea que Kessler apenas tocó, en su discurso, y no tuvo tiempo de desarrollar, puesto que murió en 1881.

Solamente en un punto no pude estar completamente de acuerdo con las opiniones de Kessler. Mencionaba éste los "sentimientos familiares" y los cuidados de la descendencia (véase capítulo 1) como la fuente de las inclinaciones mutuas de los animales. Pero creo que el determinar cuánto contribuyeron realmente estos dos sentimientos al desarrollo de los instintos sociales entre los animales y cuánto los otros instintos actuaron en el mismo sentido constituye una cuestión aparte, y muy compleja, a la cual apenas estamos, ahora, en condiciones de responder. Sólo después que establezcamos bien los hechos mismos de la ayuda mutua entre las diferentes clases de animales y su importancia para la evolución podremos determinar qué parte del desarrollo de los instintos sociales corresponde a los sentimientos familiares y qué parte a la sociabilidad misma; y el origen de la última, evidentemente, se ha de buscar en los estadios más elementales de evolución del mundo animal hasta, quizá, en los "estadios coloniales". Debido a esto, dediqué toda mi atención a establecer, ante todo, la importancia de la ayuda mutua como factor de evolución, especialmente de la progresiva, dejando para otros investigadores el problema del origen de los instintos de ayuda mutua en la Naturaleza.

La importancia del factor de la ayuda mutua -"si tan sólo pudiera demostrarse su generalidad"- no escapó a la atención de Goethe, en quien de manera tan brillante se manifestó el genio del naturalista. Cuando, cierta vez, Eckerman contó a

Goethe sucedía esto en el año 1827- que dos pichoncillos de "reyezuelo", que se le habían escapado cuando mató a la madre, fueron hallados por él, al día siguiente, en un nido de pelirrojos que los alimentaban a la par de los suyos, Goethe se emocionó mucho por este relato. Vio en ello la confirmación de sus opiniones panteístas sobre la, naturaleza y dijo: "Si resultara, cierto que alimentar a los extraños es inherente a la naturaleza toda, como algo que tiene carácter de ley general, muchos enigmas quedarían entonces resueltos. Volvió sobre esta cuestión al día siguiente, -y rogó a Eckerman (quien, como es sabido, era zoólogo) que hiciera un estudio especial de ella, agregando que Eckerman, sin duda, podría obtener "resultados valiosos e inapreciables" (Gespráche, ed. 1848,- tomo III, págs. 219, 221). Por desgracia, tal estudio nunca fue emprendido, aunque es muy probable que Brehm, que ha reunido en sus obras materiales tan ricos sobre la ayuda mutua entre los animales, podría haber sido llevado a esta idea por la observación citada de Goethe.

Durante los años 1878-1886 se imprimieron varias obras voluminosas sobre la inteligencia y la vida mental de los animales (esas obras se citan en las notas del capítulo I de este libro), tres de las cuales tienen una relación más estrecha con la cuestión que nos interesa, a: saber: Les Sociétés animales, de Espinas (París, 1887); La lutte pour l'existence et l'association pour la lutte, conferencia de Lanessan (abril 1881); y el libro, cuya primera edición apareció en el año 1881 ó 1882, y la segunda, considerablemente aumentada, en 1885. Pero, a pesar de la excelente calidad de cada una, estas obras dejan, sin embargo, amplio margen para una investigación en la que la ayuda mutua fuera considerada no solamente en calidad de argumento en favor del origen prehumano de los instintos morales, sino también como una ley de la naturaleza y un factor de evolución.

Espinas llamó especialmente la atención sobre las sociedades de animales (hormigas, abejas) que están fundadas en las diferencias fisiológicas de estructura de los diversos miembros de la misma especie y la división fisiológica del trabajo entre ellos, y aun cuando su obra trae excelentes, indicaciones en todos los sentidos posibles, fue escrita en una época en que el desarrollo de las sociedades humanas, no podía ser examinado como podemos hacerlo ahora, gracias al caudal de conocimientos acumulado desde entonces. La conferencia de Lanessan tiene más bien el carácter de un plan general de trabajo, brillantemente expuesto, como una obra en la cual fuera examinado el apoyo mutuo comenzando desde las rocas a orillas del mar, y pasando al mundo de los vegetales, de los animales y de los hombres.

En cuanto a la obra recién editada de Büchner, a pesar de que induce a la reflexión sobre el papel de la ayuda mutua en la naturaleza, y de que es rica en hechos, no estoy de acuerdo con su idea dominante. El libro se inicia con un himno al amor, y casi todos los ejemplos son tentativas para demostrar la existencia del amor y la simpatía entre los animales. Pero, reducir la sociabilidad de los animales al amor y a la simpatía significa restringir su universalidad y su importancia, exactamente lo mismo que una ética humana basada en el amor y la simpatía personal conduce nada más que a restringir la concepción del sentido moral en su totalidad. De ningún modo me guía el amor hacia el dueño de una determinada casa a quien muy a menudo ni siquiera conozco cuando, viendo su casa presa de las llamas, tomo un cubo con agua y corro hacia ella, aunque no tema por la mía. Me guía un sentimiento más amplio, aunque es más indefinido, un instinto, más exactamente dicho, de solidaridad humana; es decir, de caución solidaria entre todos los hombres y de sociabilidad. Lo mismo se observa también entre los animales. No es el amor, ni siquiera la simpatía (comprendidos en el sentido verdadero de éstas palabras) lo que induce al rebaño de rumiantes o caballos a formar un círculo con el fin de defenderse de las agresiones de los lobos; de ningún modo es el amor el que hace que los lobos se reúnan en manadas para cazar; exactamente lo mismo que no es el amor lo que obliga a los corderillos y a los gatitos a entregarse a sus juegos, ni es el amor lo que junta las crías otoñales de las aves que pasan juntas días enteros durante casi todo el otoño. Por último, tampoco puede atribuirse al amor ni a la simpatía personal el hecho de que muchos millares de gamos, diseminados por territorios de extensión comparable a la de Francia, se reúnan en decenas de rebaños aislados que se dirigen, todos, hacia un punto conocido, con el fin de atravesar el Amur y emigrar a una parte más templada de la Manchuria.

En todos estos casos, el papel más importante lo desempeña un sentimiento incomparablemente más amplio que el amor o la simpatía personal. Aquí entra el instinto de sociabilidad, que se ha desarrollado lentamente entre los animales y los hombres en el transcurso de un período de evolución extremadamente largo, desde los estadios más elementales, y que enseñó por igual a muchos animales y hombres a tener conciencia de esa fuerza que ellos adquieren practicando la ayuda y el apoyo mutuos, y también a tener conciencia del placer que se puede hallar en la vida social.

Una importancia de esta distinción podrá ser apreciada fácilmente por todo aquél que estudie la psicología de los animales, y más aún, la ética humana. El amor, la simpatía y el sacrificio de sí mismos, naturalmente, desempeñan un papel enorme en el desarrollo progresivo de nuestros sentimientos morales. Pero la sociedad, en la humanidad, de ningún modo le ha creado sobre el amor ni tampoco sobre la simpatía. Se ha creado sobre la conciencia - aunque sea instintiva- de la solidaridad humana y de la dependencia recíproca de los hombres. Se ha creado sobre el reconocimiento inconsciente semiconsciente de la fuerza que la práctica común de dependencia estrecha de la felicidad de cada individuo de la felicidad de todos, y sobre los sentimientos de justicia o de equidad, que obligan al individuo a considerar los derechos de cada uno de los otros como iguales a sus propios derechos. Pero esta cuestión sobrepasa los límites del presente trabajo, y yo me limitaré más que a indicar mi conferencia "Justicia y Moral", que era contestación a la Ética de Huxley, y en la cual me refería esta cuestión con mayor detalle.

Debido a todo, lo dicho anteriormente, Pensé que un libro sobre "La ayuda mutua como ley de la naturaleza y factor de evolución" podría llenar una laguna muy importante. Cuándo Huxley publicó, en el año 1888 su "manifiesto" sobre la lucha por la existencia ("Struggle for Existence and its Bearing upon Man") el cual, desde mi punto de vista, era una representación completamente infiel de los fenómenos de la naturaleza, tales como los vemos en las taigas y las estepas, me dirigí al redactor de la revista Nineteenth Century rogando dar ubicación en las páginas, de la revista que él dirigía a una crítica cuidadosa de las opiniones de uno de los más destacados darwinistas, y Mr. James Knowles acogió mi propósito con la mayor simpatía por este motivo hablé también, con W. Bates, con el gran "naturalista del Amazonas", quien reunió, como es sabido, los materiales para Wallace y Darwin, y a quien Darwin, con perfecta justicia, calificó en su autobiografía como uno de los hombres más inteligentes qué había encontrado. "sí, por cierto; eso es verdadero darwinismo exclamó Bates, lo que han hecho de Darwin es sencillamente indignante. Escriba esos artículos y cuando estén impresos le enviaré una carta que podrá publicar. Por desgracia, la composición de estos artículos me ocupó casi siete años, y cuándo el último fue publicado, Bates ya no estaba entre los vivos.

Después de haber examinado la importancia de la ayuda mutua para el éxito y desarrollo de las diferentes clases de animales, evidentemente, estaba obligado a juzgar la importancia de aquel mismo factor en el desarrollo del hombre. Esto era aún más indispensable, porque existen evolucionistas dispuestos a admitir la importancia de la ayuda mutua entre los animales, pero, a la vez, como Herbert Spencer, negándola al respecto al hombre. Para los salvajes primitivos -afirman- la guerra de uno contra todos era la ley dominante de la vida. He tratado de analizar en este libro, en los capítulos dedicados a los salvajes y bárbaros, hasta dónde esta afirmación que con excesiva complacencia repiten todos sin la necesaria comprobación desde la época de Hobbes, coincide con lo que conocemos respecto a los grados más antiguos del desarrollo del hombre.

El número y la importancia de las diferentes instituciones de ayuda mutua que se desarrollaron en la humanidad gracias al genio creador las masas salvajes y semisalvajes, ya durante el período siguiente de la comuna aldeana, y también la inmensa influencia que estas instituciones antiguas ejercieron sobre él, desarrollo posterior de la humanidad hasta los tiempos modernos, me indujeron a extender el camino de mis investigaciones a los períodos de los tiempos históricos más antiguos. Especialmente me detuve en el período de mayor interés, el de las ciudades repúblicas, libres, de la Edad Media, cuya universalidad y cuya influencia sobre nuestra civilización moderna no ha sido suficientemente apreciada hasta ahora. Por último, también traté de indicar brevemente la enorme importancia que tienen todavía las costumbres de apoyo mutuo transmitidas en herencia por el hombre a través de un periodo extraordinariamente largo de su desarrollo, sobre nuestra sociedad contemporánea, a pesar de que se piensa y se dice que descansa sobre el principio: "cada uno para sí y el Estado para todos", principio que las sociedades humanas nunca siguieron por entero y que nunca será llevado a la realización, íntegramente.

Quizá se me objetará que en este libro tanto los hombres como los animales están representados desde un punto de vista demasiado favorable: que sus cualidades sociales son destacadas en exceso, mientras que sus inclinaciones antisociales, de afirmación de sí mismos, apenas están marcadas. Sin embargo, esto era inevitable. En los últimos tiempos hemos oído hablar tanto de "la lucha dura y despiadada por la vida" que aparentemente sostiene cada animal contra todos los otros, cada salvaje contra todos los demás salvajes, y cada hombre civilizado contra todos sus conciudadanos semejantes opiniones se convirtieron en una especie de dogma, de religión de la sociedad instruida-, que fue necesario, ante todo oponer una serie amplia de hechos que muestran la vida de los animales y de los hombres completamente desde otro ángulo. Era necesario mostrar, en primer lugar, el papel predominante que desempeñan las costumbres sociales en la vida de la naturaleza y en la evolución progresiva, tanto de las especies animales como igualmente de los seres humanos.

Era necesario demostrar que las costumbres de apoyo mutuo dan a los animales mejor protección contra sus enemigos, que hacen menos difícil obtener alimentos (provisiones invernales, migraciones, alimentación bajo la vigilancia de centinelas, etc.), que aumentan la prolongación de la vida y debido a esto facilitan el desarrollo de las facultades intelectuales; que dieron a los hombres, aparte de las ventajas citadas, comunes con las de los animales, la posibilidad de formar aquellas instituciones que ayudaron a la humanidad a sobrevivir en la lucha dura con la naturaleza y a perfeccionarse, a pesar de todas las vicisitudes de la historia. Así lo hice. Y por esto el presente libro es libro de la ley de ayuda mutua considerada como una de las principales causas activas del desarrollo progresivo, y no la investigación de todos los factores de evolución y su valor respectivo. Era necesario escribir este libro antes de que fuera posible investigar la cuestión de la importancia respectiva de los diferentes agentes de la evolución.

Y menos aún, naturalmente, estoy inclinado a menospreciar el papel que desempeñó la autoafirmación del individuo en el desarrollo de la humanidad. Pero esta cuestión, según mi opinión, exige un examen bastante más profundo que el que ha hallado hasta ahora. En la historia de la humanidad, la autoafirmación del individuo a menudo representó, y continúa representando, algo perfectamente destacado, y algo más amplio y profundo que esa mezquina e irracional estrechez mental que la mayoría de los escritores presentan como "individualismo" y "autoafirmación". De modo semejante, los individuos impulsores de la historia no se redujeron solamente a aquellos que los historiadores nos describen en calidad de héroes. Debido a esto, tengo el propósito, siempre que sea posible, de analizar en detalle, posteriormente, el papel que ha desempeñado la autoafirmación del individuo en el desarrollo progresivo de la humanidad. Por ahora, me limito a hacer nada más que la observación general siguiente: Cuando las instituciones de ayuda mutua es decir, la organización tribal, la comuna aldeana, las guildas, la ciudad de la edad media empezaron a perder en el transcurso del proceso histórico su carácter primitivo, cuando comenzaron a aparecer en ellas las excrecencias parasitarias que les eran extrañas, debido a lo cual estas mismas instituciones se transformaron en obstáculo para el progreso, entonces la rebelión de los individuos en contra de estas instituciones tomaba siempre un carácter doble. Una parte de los rebeldes se empezaba en purificar las viejas instituciones de los elementos extraños a ella, o en elaborar formas superiores de libre convivencia, basadas una vez más en los principios de ayuda mutua; trataron de introducir, por ejemplo, en el derecho penal, el principio de compensación (multa), en lugar de la ley del Talión, y más tarde, proclamaron el "perdón de las ofensas", es decir, un ideal aún más elevado de igualdad ante la conciencia humana, en lugar de la "compensación" que se pagaba según el valor de clase del damnificado. Pero al mismo tiempo, la otra parte de esos individuos, que se rebelaron contra la organización que se había consolidado, intentaban simplemente destruir las instituciones protectoras de apoyo mutuo a fin de imponer, en lugar de éstas, su propia arbitrariedad, acrecentar de este modo sus riquezas propias y fortificar su propio poder. En esta triple lucha entre las dos categorías de individuos, los qué se habían revelado y los protectores de lo existente, consiste toda la verdadera tragedia de la historia. Pero, para representar esta lucha y estudiar honestamente el papel desempeñado en el desarrollo de la humanidad por cada una de las tres fuerzas citadas, hará falta, por lo menos, tantos años de trabajo como hube de dedicar a escribir este libro.

De las obras que examinan aproximadamente el mismo problema, pero aparecidas ya después de la publicación de mis artículos sobre la ayuda mutua entre los animales, debo mencionar The Lowell Lectures on the Ascent of Man, por Henry Drummond, Londres, 1894, y The Origin and Growth of the Moral Instinct, por A. Sutherland, Londres, 1898. Ambos libros están concebidos, en grado considerable, según el mismo plan del libro citado de Büchner, y en el libro de Sutherland le consideran con bastantes detalles los sentimientos paternales y familiares corno único factor en el proceso de desarrollo de los sentimientos morales. La tercera obra de esta clase que trata del hombre y está escrita según el mismo plan es el libro del profesor americano F. A. Giddings, cuya primera edición apareció en el año 1896, en Nueva York y en Londres, bajo el título The Principles of Sociology, y cuyas ideas dominantes habían sido expuestas por el autor en un folleto, en el año 1894. Debo, sin embargo, dejar por completo a la crítica literaria el examen de las coincidencias, similitudes y divergencias entre las dos obras citadas y la mía.

Todos los capítulos de este libro fueron publicados primeramente en la revista Nineteenth Century ("La ayuda mutua entre los animales", en septiembre y noviembre de 1890; "La ayuda mutua entre los salvajes", en abril de 1891; "ayuda mutua entre los bárbaros", en enero de 1892; "La ayuda mutua en la Ciudad Medieval", en agosto y septiembre de 1884, y "La ayuda mutua en la época moderna", en enero y junio de 1896). Al publicarlos en forma de libro, pensé, en un principio, incluir en forma de apéndices la masa de materiales reunidos por mí que no pude aprovechar para los artículos que aparecieron en la revista, así como el juicio sobre diferentes puntos secundarios que tuve que omitir. Tales apéndices habrían duplicado el tamaño del libro, y me vi obligado a renunciar a su publicación o, por lo menos, a aplazarla. En los apéndices de este libro está incluido solamente el juicio sobre algunas pocas cuestiones que han sido objeto de controversia científica en el curso de estos últimos años; del mismo modo en el texto de los artículos primitivos intercalé sólo el poco material adicional que me fue posible agregar sin alterar la estructura general de esta obra.

Aprovecho esta oportunidad para expresar al editor de Nineteenth Century, James Knowles, mi agradecimiento, tanto por la amable hospitalidad que mostró hacia la presente obra, apenas se enteró de su idea general, como por su amable permiso para la reimpresión de este trabajo.

# Capítulo 1

## LA AYUDA MUTUA ENTRE LOS ANIMALES

La concepción de la lucha por la existencia como condición del desarrollo progresivo, introducida en la ciencia por Darwin y Wallace, nos permitió abarcar, en una generalización, una vastísima masa de fenómenos, y esta generalización fue, desde entonces, la base de todas nuestras teorías filosóficas, biológicas y sociales. Un número infinito de los más diferentes hechos, que antes explicábamos cada uno por una causa propia, fueron encerrados por Darwin en una amplia generalización. La adaptación de los seres vivientes a su medio ambiente, su desarrollo progresivo, anatómico y fisiológico, el progreso intelectual y aun el perfeccionamiento moral, todos estos fenómenos empezaron a presentársenos como parte de un proceso común. Comenzamos a comprenderlos como una serie de esfuerzos ininterrumpidos, como una lucha contra diferentes condiciones desfavorables, lucha que conduce al desarrollo de individuos, razas, especies y sociedades tales-que representarían la mayor plenitud, la mayor variedad y la mayor intensidad de vida.

Es muy posible que, al comienzo de sus trabajos, el mismo Darwin no tuviera conciencia de toda la importancia y generalidad de aquel fenómeno la lucha por la existencia, al que recurrió buscando la explicación de un grupo de hechos, a saber: la acumulación de desviaciones del tipo primitivo y la formación de nuevas especies. Pero comprendió que el término que él introducía en la ciencia perdería su sentido filosófico exacto si era comprendido exclusivamente en sentido estrecho, como lucha entre los individuos por los medios de subsistencia. Por eso, al comienzo mismo de su gran investigación sobre el origen de las especies, insistió en que se debe comprender "la lucha por la existencia en su sentido amplio y metafórico, es decir, incluyendo en él la dependencia de un ser viviente de los otros, y también - lo que es bastante más importante- no sólo la vida del individuo mismo, sino también la posibilidad de que deje descendencia.

De este modo, aunque el mismo Darwin, para su propósito especial, utilizó la expresión "lucha por la existencia" preferentemente en su sentido estrecho, previno a sus sucesores en contra del error (en el cual parece que cayó él mismo en una época) de la comprensión demasiado estrecha de estas palabras. En su obra posterior, Origen del hombre, hasta escribió varias páginas bellas y vigorosas para explicar el verdadero y amplio sentido de esta lucha. Mostró cómo, en innumerables sociedades animales, la lucha por la existencia entre los individuos de estas sociedades desaparece completamente, y cómo, en lugar de la lucha, aparece la cooperación que conduce al desarrollo de las facultades intelectuales y de las cualidades morales, y que asegura a tal especie las mejores oportunidades de vivir y propasarse. Señaló que, de tal modo, en estos casos, no se muestran de ninguna manera "más aptos" aquéllos que son físicamente más fuertes o más astutos, o más hábiles, sino aquéllos que mejor saben unirse y apoyarse los unos a los otros - tanto los fuertes como los débiles- para el bienestar de toda su comunidad "Aquellas comunidades -escribió- que encierran la mayor cantidad de miembros que simpatizan entre sí, florecerán mejor y dejarán mayor cantidad de descendientes- La expresión, tomada por Darwin de la concepción malthusiana de la lucha de todos contra uno, perdió, de tal modo, su estrechez cuando fue transformada en la mente de un hombre que comprendía la naturaleza profundamente. Por desgracia, estas observaciones de Darwin, que podrían haberse convertido en base de las investigaciones más fecundas, pasaron inadvertidas, a causa de la masa de hechos en que entraba, o se suponía, la lucha real entre los individuos por los medios de subsistencia.

Y Darwin no sometió a una investigación más severa la importancia comparativa y la relativa extensión de las dos formas de la "lucha por la vida" en el mundo animal: la lucha inmediata entre las personas aisladas, y la lucha común, entre muchas personas, en conjunto; tampoco escribió la obra que se proponía escribir sobre los obstáculos naturales a la multiplicación excesiva de los animales, tales como la sequía, las inundaciones, los fríos repentinos, las epidemias, etc.

Sin embargo, tal investigación era ciertamente indispensable para determinar las verdaderas proporciones y la importancia en la naturaleza de la lucha individual por la vida entre los miembros de una misma especie de animales en comparación con la lucha de toda la comunidad contra los obstáculos naturales y los enemigos de otras especies. Más aún, en este mismo libro sobre el origen del hombre, donde escribió los pasajes citados que refutan la estrecha comprensión malthusiana de la "lucha" se abrió paso nuevamente el fermento malthusiano; por ejemplo, allí donde se hacía la pregunta: ¿es menester conservar la vida de los "débiles de mente y cuerpo" en nuestras sociedades civilizados? (capítulo V). Como si miles de poetas, sabios inventores y reformadores "locos", Y también los llamados "entusiastas débiles de mente" no fueran el arma más fuerte de la humanidad en su lucha por la vida, en la lucha que se sostiene con medios intelectuales y- morales, cuya importancia expuso tan bien el mismo Darwin en los mismos capítulos de su libro.

Luego sucedió con la teoría de Darwin lo que sucede con todas las teorías que tienen relación con la vida humana. Sus continuadores no sólo no la ampliaron, de acuerdo con sus indicaciones, sino que, por lo contrario, la restringieron aún más. Y mientras Spencer, trabajando independientemente, pero en análogo sentido, trataba hasta cierto punto de ampliar las investigaciones acerca de la cuestión de quién es el más apto (especialmente en el apéndice de la tercera edición de Data of Ethics), numerosos continuadores de Darwin restringieron la concepción de la lucha por la existencia hasta los límites más estrechos. Empezaron a representar el mundo de los animales como un mundo de luchas ininterrumpidas entre seres eternamente hambrientos y ávidos de la sangre de sus hermanos.

Llenaron la literatura moderna con el grito de ¡Ay de los vencidos! y presentaron este grito como la última palabra de la biología.

Elevaron la lucha "sin cuartel", Y en pos de ventajas individuales, a la altura de un principio, de una ley de toda la biología, a la cual el hombre debe subordinarse, de lo contrario, sucumbirá en este mundo que está basado en el exterminio mutuo. Dejando de lado a los economistas, los cuales generalmente apenas conocen, del campo de las ciencias naturales, algunas frases corrientes, y ésas tomadas de los divulgadores de segundo grado, debemos reconocer que aun los más autorizados representantes de las opiniones de Darwin emplean todas sus fuerzas para sostener estás falsas ideas. Si tomamos, por ejemplo, a Huxley, a quien se considera, sin duda, como uno de los mejores representantes de la teoría del desarrollo (evolución) veremos entonces que en el artículo titulado "La lucha por la existencia y su relación con el hombre" no enseña que "desde el punto de vista del moralista, el mundo animal se encuentra en el mismo nivel que la lucha de gladiadores: alimentan bien a los animales y los arrojan a la lucha: en consecuencia, sólo los más fuertes, los más ágiles y los más astutos sobreviven únicamente para entrar en lucha al día siguiente. No es necesario que el espectador baje el dedo para exigir que sean muertos los débiles- aquí, sin ello, no hay cuartel para nadie".

En el mismo artículo, Huxley dice más adelante que entre los animales, lo mismo que entre los hombres primitivos "los más débiles y los más estúpidos están condenados a muerte, mientras que sobreviven los más astutos y aquellos a quienes es más difícil vulnerar, a que los que mejor supieron adaptarse a las circunstancias, pero que de ningún modo son mejores en los otros sentidos. La vida -dice- era una lucha constante y general, y con excepción de las relaciones limitadas y temporales dentro de la familia, la guerra hobbesiana de uno contra todos era el estado normal de la existencia.

Hasta dónde se justifica o no semejante opinión sobre la naturaleza, se verá en los hechos que este libro aporta, tanto del mundo animal como de la vida del hombre primitivo. Pero podemos decir ya ahora que la opinión de Huxley sobre la naturaleza tiene tan poco derecho a ser reconocida en tanto que deducción científica, como la opinión opuesta de Rousseau, que veía en la naturaleza solamente amor, paz y armonía, perturbados por la aparición del hombre. En realidad, el primer paseo por el bosque, la primera observación sobre cualquier sociedad animal o hasta el conocimiento de cualquier trabajo serio en donde se habla de la vida de los animales en los continentes que aún no están densamente poblados por el hombre (por ejemplo de D'Orbigny, Audubon, Le Vaillant), debía obligar al naturalista a reflexionar sobre el papel que desempeña la vida social en el mundo de los animales, y preservarle tanto de concebir la naturaleza en forma de campo de batalla general como del extremo opuesto, que ve en la naturaleza sólo paz y armonía. El error de Rousseau consiste en que perdió de vista, por completo, la lucha sostenida con picos y garras, y Huxley es culpable del error de carácter opuesto; pero ni el optimismo de Rousseau ni el pesimismo de Huxley pueden ser aceptados como una interpretación desapasionada y científica de la naturaleza.

Si bien, comenzamos a estudiar los animales no únicamente en los laboratorios y museos sino en el bosque, en los prados, en las estepas y en las zonas montañosas, en seguida observamos que, a pesar de que entre diferentes especies y, en particular, entre diferentes clases de animales, en proporciones sumamente vastas, se sostiene la lucha y el exterminio, se observa, al mismo tiempo, en las mismas proporciones, o tal vez mayores, el apoyo mutuo, la ayuda mutua y la protección mutua entre los animales pertenecientes a la misma especie o, por lo menos, a la misma sociedad. La sociabilidad es tanto una ley de la naturaleza como lo es la lucha mutua.

Naturalmente, sería demasiado difícil determinar, aunque fuera aproximadamente, la importancia numérica relativa de estas dos series de fenómenos. Pero si recurrimos, a la verificación indirecta y preguntamos a la naturaleza: "¿Quiénes son más aptos, aquellos que constantemente luchan entre sí o, por lo contrario, aquellos que se apoyan entre sí?", en seguida veremos que los animales que adquirieron las costumbres de ayuda mutua resultan, sin duda alguna, los más aptos. Tienen más posibilidades de sobrevivir como individuos y como especie, y alcanzan en sus correspondientes clases (insectos, aves, mamíferos) el más alto desarrollo mental y organización física. Si tomamos en consideración los Innumerables hechos que hablan en apoyo de esta opinión, se puede decir con seguridad que la ayuda mutua constituye tanto una ley de la vida animal como la lucha mutua. Más aún. Como factor de evolución, es decir, como condición de desarrollo en general, probablemente tiene importancia mucho mayor que la lucha mutua, porque facilita el desarrollo de las costumbres y caracteres que aseguran el sostenimiento y el desarrollo máximo de la especie junto con el máximo bienestar y goce de la vida para cada individuo, y, al mismo tiempo, con el mínimo de desgaste inútil de energías, de fuerzas.

Hasta donde yo sepa, de los sucesores científicos de Darwin, el primero que reconoció en la ayuda mutua la importancia de una ley de la naturaleza y de un factor principal de la evolución, fue el muy conocido biólogo ruso, ex-decano de la Universidad de San Petersburgo, profesor K. F. Kessler. Desarrolló este pensamiento en un discurso pronunciado en enero del año 1880, algunos meses antes de su muerte, en el congreso de naturalistas rusos, pero, como muchas cosas buenas publicadas, sólo en la lengua rusa, esta conferencia pasó casi completamente inadvertida.

Como zoólogo viejo - decía Kessler -, se sentía obligado a expresar su protesta contra el abuso del término "lucha por la existencia", tomado de la - zoología, o por lo menos contra la valoración excesivamente exagerada de su importancia. - Especialmente en la zoología -decía- en las ciencias consagradas al estudio multilateral del hombre, a cada paso se menciona la lucha cruel por la existencia, y a menudo se pierde de vista por completo, que existe otra ley que podemos llamar de la ayuda mutua, y que, por lo menos ton relación a los animales, tal vez sea más importante - que la ley de la lucha por la existencia. ¡Señaló luego Kessler que la necesidad de dejar descendencia, inevitablemente une a los animales, y "cuando más se vinculan entre si los individuos de una determinada especie, cuanta más ayuda mutua se prestan, tanto más se consolida la existencia de la especie y tanto más se dan la! posibilidades de que dicha especie vaya más lejos en su desarrollo y se perfeccione, además, en su aspecto intelectual". "Los animales de todas las clases, especialmente de las superiores, se prestan ayuda mutua" - proseguía Kessler, y confirmaba su idea con ejemplos tomados de la vida de los escarabajos enterradores o necróforos y de la vida social de las aves y de algunos mamíferos. Estos ejemplos eran poco numerosos, como era menester en un breve discurso de inauguración, pero puntos importantes fueron claramente establecidos. Después de haber señalado luego que en el desarrollo de la humanidad la ayuda mutua desempeña un papel aún más grande, Kessler concluyó su discurso con las siguientes observaciones.

"Ciertamente, no niego la lucha por la existencia, sino que sostengo que, el desarrollo progresivo, tanto de todo el reino animal como en especial de la humanidad, no contribuye tanto la lucha recíproca cuanto la ayuda mutua. Son inherentes a todos los cuerpos orgánicos dos necesidades esenciales: la necesidad de alimento y la necesidad de multiplicación. La necesidad de alimentación los conduce a la lucha por la subsistencia, y al exterminio recíproco, y la necesidad de la multiplicación los conduce a aproximarse a la ayuda mutua. Pero, en el desarrollo del mundo orgánico, en la transformación de unas formas en otras, quizá ejerza mayor influencia la ayuda mutua entre los individuos de una misma especie que la lucha entre ellos".

La exactitud de las opiniones expuestas más arriba llamó la atención de la mayoría de los presentes en el congreso de los zoólogos rusos, y N. A. Syevertsof, cuyas obras son bien conocidas de los ornitólogos y geógrafos, las apoyó e ilustró con algunos ejemplos complementarios. Mencionó algunas especies de halcones dotados de una organización quizá ideal para los fines de ataque, pero a pesar de ello, se extinguen, mientras que las otras especies de halcones que practican la ayuda mutua prosperan. Por otra parte, tomad un ave tan social como el pato -dijo- en general, está mal organizado, pero practica el apoyo mutuo y, a juzgar por sus innumerables especies y variedades, tiende positivamente a extenderse por toda la tierra".

La disposición de los zoólogos rusos a aceptar las opiniones de Kessler le explica muy naturalmente porque casi todos ellos tuvieron oportunidad de estudiar el mundo animal en las extensas regiones deshabitadas del Asia Septentrional o de Rusia Oriental, y el estudio de tales regiones conduce, inevitablemente, a esas mismas conclusiones. Recuerdo la impresión que me produjo el mundo animal de Siberia cuando yo exploraba las tierras altas de Oleminsk Vitimsk en compañía de tan- destacado zoólogo como era mi amigo Iván Simionovich Poliakof. Ambos estábamos bajo la impresión reciente de El origen de las especies, de Darwin, pero yo buscaba vanamente esa aguzada competencia entre los animales de la misma especie a que nos había preparado la lectura de la obra de Darwin, aun después de tomar en cuenta la observación hecha en el capítulo III de esta obra (pág. 54).

- ¿Dónde está esa lucha? -preguntaba yo a Poliakof-. Veíamos muchas adaptaciones para la lucha, muy a menudo para la lucha en común, contra las condiciones climáticas desfavorables, o contra diferentes enemigos, y I. S. Poliakof escribió algunas páginas hermosas sobre la dependencia mutua de los carnívoros, rumiantes y roedores en su distribución geográfica. Por otra parte, vi yo allí, y en el Amur, numerosos casos de apoyo mutuo, especialmente en la época de la emigración de las aves y de los rumiantes, pero aun en las regiones del Amur y del Ussuri, donde la vida animal se distingue por su gran abundancia, muy raramente me ocurrió observar, a pesar de que los buscaba, casos de competencia real y de lucha entre los individuos de - una misma especie de animales superiores. La misma impresión brota de los trabajos de la mayoría de los zoólogos rusos, y esta circunstancia quizá aclare por qué las ideas de Kessler fueron tan bien recibidas por los darwinistas rusos, mientras que semejantes opiniones no son corrientes entre los continuadores de Darwin de Europa Occidental, que conocen el mundo animal preferentemente en la Europa más occidental, donde el exterminio de los animales por el hombre alcanzó tales proporciones que los individuos de muchas especies, que fueron en otros tiempos sociales, viven ahora solitarios.

Lo primero que nos sorprende, cuando comenzamos a estudiar la lucha por la existencia, tanto en sentido directo como en el figurado de la expresión, en las regiones aun escasamente habitadas por el hombre, es la abundancia de casos de ayuda mutua practicada por los animales, no sólo con el fin de educar a la descendencia, como está reconocido por la mayoría de los evolucionistas, sino también para la seguridad del individuo y para proveerse del alimento necesario. En muchas vastas subdivisiones del reino animal, la ayuda mutua es regla general. b ayuda mutua se encuentra hasta entre los animales más inferiores y probablemente conoceremos alguna vez, por las personas que estudian la vida microscópica de las aguas estancadas, casos de ayuda mutua inconsciente hasta entre los microorganismos más pequeños.

Naturalmente, nuestros conocimientos de la vida de los invertebrados - excluyendo las termitas, hormigas y abejas- son sumamente limitados; pero a pesar de esto, de la vida de los animales más inferiores podemos citar algunos casos de ayuda mutua bien verificados. Innumerables sociedades de langostas, mariposas -especialmente vanessae-, grillos, escarabajos (cicindelae), etc., en realidad se hallan completamente inexploradas, pero ya el mismo hecho de su existencia indica que deben establecerse aproximadamente sobre los mismos principios que las sociedades temporales de hormigas y abejas con fines de migración. En cuanto a los escarabajos, son bien conocidos casos exactamente observados de ayuda mutua entre los sepultureros (Necrophorus). Necesitan alguna materia orgánica en descomposición para depositar los huevos y asegurar la alimentación de sus larvas; pero la putrefacción de ese material no debe producirse muy rápidamente. Por eso, los escarabajos sepultureros entierran los cadáveres de todos los animales pequeños con que se topan - casualmente durante sus búsquedas. En general, los escarabajos de esta raza viven solitarios; pero, cuando alguno de ellos encuentra el cadáver de algún ratón o de un ave, que no puede enterrar, convoca a varios otros sepultureros más (se juntan a veces hasta seis) para realizar esta operación con sus fuerzas asociadas. Si es necesario, transportan el cadáver a un suelo más conveniente y blando. En general, el entierro se realiza de un modo sumamente meditado y sin la menor disputa con respecto a quién corresponde disfrutar del privilegio de poner sus huevos en el cadáver enterrado. Y cuando Gleditsch ató un pájaro muerto a una cruz hecha de dos palitos, o suspendió una rana de un palo clavado en el suelo, los sepultureros, del modo más amistoso, dirigieron la fuerza de sus inteligencias reunidas para vencer la astucia del hombre. La misma combinación de esfuerzos se observa también en los escarabajos del estiércol.

Pero, aún entre los animales situados en un grado de organización algo inferior, podemos encontrar ejemplos semejantes. Ciertos cangrejos anfibios de las Indias Orientales y América del Norte se reúnen en grandes masas cuando se dirigen hacia el mar para depositar sus huevas, por lo cual cada una de estas migraciones presupone cierto acuerdo mutuo. En cuanto a los grandes cangrejos de las Molucas (Limulus), me sorprendió ver en el año 1882, en el acuario de Brighton, hasta qué punto son capaces estos animales torpes de prestarse ayuda entre sí cuando alguno de ellos la necesita. Así, por ejemplo, uno se dio vuelta Y quedó de espalda en un rincón de la gran cuba donde se les guarda en el acuario, y su pesada caparazón, parecida a una gran cacerola, le impedía tomar su posición habitual, tanto más cuanto que en ese rincón habían hecho una división de hierro que dificultaba más aún sus tentativas de volverse. Entonces, los compañeros corrieron en su ayuda, y durante una hora entera observé cómo trataban de socorrer a su camarada de cautiverio. Al principio aparecieron dos cangrejos, que empujaron a su amigo por debajo, y después de esfuerzos empeñosos, consiguieron colocarlo de costado, pero la división de hierro impedía les terminar su obra, y él cangrejo cala de nuevo, pesadamente, de espaldas. Después de muchas tentativas, uno de los salvadores se dirigió hacia el fondo de la cuba y trajo consigo otros dos cangrejos, los cuales, con fuerzas frescas, se entregaron nuevamente a la tarea de levantar y empujar al camarada incapacitado. Permanecimos en el acuario, más de dos horas, y cuando nos íbamos, nos acercamos de nuevo a echar; un vistazo a la cuba: ¡el trabajo de liberación continuaba aún! Después de haber sido testigo de este episodio, creo plenamente en la observación hecha por Erasmo Darwin, a saber: que "el cangrejo común, durante la muda, coloca en calidad de centinela a cangrejos que no han sufrido la muda o bien a un individuo cuyo caparazón se ha endurecido ya, a fin de proteger a los individuos que han mudado, en su situación desamparada, contra la agresión de los enemigos marinos".

Los casos de ayuda mutua entre las termitas, hormigas y abejas son tan conocidos para casi todos los lectores, en especial gracias a los populares libros de Romanes, Büchner y John Lubbock, que puedo limitarme a muy pocas citas. Si tomamos un hormiguero, no sólo veremos que todo género de trabajo la cría de la descendencia el aprovisionamiento, la construcción, la cría de los pulgones, etc.-, se realiza de acuerdo con los principios de ayuda mutua voluntaria, sino que, junto con Forel, debemos también reconocer que el rasgo principal, fundamental, de la vida de muchas especies de hormigas es que cada hormiga comparte y está obligada a compartir su alimento, ya deglutido y en parte digerido, con cada miembro de la comunidad que haya manifestado su demanda de ello. Dos hormigas pertenecientes a dos especies diferentes o a dos hormigueros enemigos, en un encuentro casual, se evitarán la una a la otra. Pero dos hormigas pertenecientes - al mismo hormiguero, o a la misma colonia de hormigueros, siempre que se aproximan, cambian algunos movimientos de antena y, -"si una de ellas está hambrienta o siente sed, y si especialmente en ese momento la otra tiene el papo lleno, entonces la primera pide inmediatamente alimento". La hormiga a la cual se dirigió el pedido de tal modo, nunca se rehúsa; separa sus mandíbulas, y dando a su cuerpo la posición conveniente, devuelve una gota de líquido transparente, que la hormiga hambrienta sorbe.

La devolución de alimentos para nutrir a otros es un rasgo tan importante de la vida de la hormiga (en libertad) y se aplica tan constantemente, tanto para la alimentación de los camaradas hambrientos como para la nutrición de las larvas, que, según la opinión de Forel, los órganos digestivos de las hormigas se componen de dos partes diferentes; una de ellas, la posterior, se destina al uso especial de la hormiga misma, y la otra, la anterior, principalmente a utilidad de la comunidad. Si cualquier hormiga con el papo lleno, mostrara ser tan egoísta que rehusara alimento a un camarada, la tratarían como enemiga o peor aún. Si la negativa fuera hecha en el momento en que sus congéneres luchan contra cualquier especie de hormiga o contra un hormiguero extraño, caerían sobre su codiciosa compañera con mayor furor que sobre sus propias enemigas. Pero, si la hormiga no se rehusara a alimentar a otra hormiga perteneciente a un hormiguero enemigo, entonces las congéneres de la última la tratarían como amiga. Todo esto está confirmado por observaciones y experiencias sumamente precisas, que no dejan ninguna duda sobre la autenticidad de los hechos mismos ni sobre la exactitud de su interpretación.

De tal modo, en esta inmensa división del mundo animal, que comprende más de mil especies y es tan numerosa que el Brasil, según la afirmación de los brasileños, no pertenece a los hombres, sino a las hormigas, no existe en absoluto lucha ni competencia por el alimento entre los miembros de un mismo hormiguero o de una colonia de hormigueros. Por terribles que sean las guerras entre las diferentes especies de hormigas y los diferentes hormigueros, y cualesquiera que sean las atrocidades cometidas durante la guerra, la ayuda mutua dentro de la comunidad, la abnegación en beneficio común, se ha transformado en costumbre, y el sacrificio, en bien común, es la regla general. Las hormigas, y las termitas repudiaron de este modo la "guerra hobbesiana", y salieron ganando. Sus sorprendentes hormigueros, sus construcciones, que sobrepasan por la altura relativa, a las construcciones de los hombres; sus caminos pavimentados y galerías cubiertas entre los hormigueros; sus espaciosas salas y graneros; sus campos trigo; sus cosechas, los granos "malteados", los "huertos" asombrosos de la "hormiga umbelífera", que devora hojas y abona trocitos de tierra con bolitas de fragmentos de hojas masticadas y por eso crece en estos huertos solamente una clase de hongos, y todos los otros son exterminados; sus métodos racionales de cuidado de los huevos y de las larvas, comunes a todas las hormigas, y la construcción de nidos especiales y cercados para la cría de los pulgones, que Linneo llamó tan pintorescamente "vacas de las hormigas" y, por último, su bravura, atrevimiento y elevado desarrollo mental; todo esto es la consecuencia natural de la ayuda mutua que practican a cada paso de su vida activa y laboriosa. La sociabilidad de las hormigas condujo también al desarrollo de otro rasgo esencial de su vida, a saber: el enorme desarrollo de la iniciativa individual que, a su vez, contribuyó a que se desarrollaran en la hormiga tan elevadas y variadas capacidades mentales que producen la admiración y el asombro de todo observador.

Si no conociéramos ningún otro caso de la vida de los animales, aparte de aquellos conocidos de las hormigas y termitas, podríamos concluir con seguridad que la ayuda mutua (que conduce a la confianza mutua, primera condición de la bravura) y la iniciativa personal (primera condición del progreso intelectual), son dos condiciones incomparablemente más importantes en el desarrollo del mundo de los animales que la lucha mutua. En realidad, las hormigas prosperan, a pesar de que no poseen ninguno de los rasgos "defensivos" sin los cuales no puede pasarse animal alguno que lleve vida solitaria. Su color les hace muy visibles para sus enemigos, y en los bosques y en los prados, los grandes hormigueros de muchas especies, llaman la atención en seguida. La hormiga no tiene caparazón duro; su aguijón, por más que resulte peligroso cuando centenares se hunden en el cuerpo de un animal, no tiene gran valor para la defensa individual. Al mismo tiempo, las larvas y los huevos de las hormigas constituyen un manjar para muchos de los habitantes de los bosques.

No obstante, las mal defendidas hormigas no sufren gran exterminio por parte de las aves, ni aun de los osos hormigueros; e infunden terror a insectos que son bastante más fuertes que ellas mismas. Cuando Forel vació un saco de hormigas en un prado, vio que - los grillos se dispersaban abandonando sus nidos al pillaje de las hormigas; las arañas y los escarabajos abandonaban sus presas por miedo a encontrarse en situación de víctimas"; las hormigas se apoderan hasta de los nidos de avispas, después de una batalla durante la cual muchas perecieron en bien de la comunidad. Aun los más veloces insectos no alcanzaron a salvarse, y Forel tuvo ocasión de ver, a menudo, que las hormigas atacaban y mataban, inesperadamente, mariposas, mosquitos, moscas, etc. Su fuerza reside en el apoyo mutuo y en la confianza mutua. Y si la hormiga - sin hablar de otras termitas más desarrolladas- ocupa la cima de una clase entera de insectos por su capacidad mental; si por su bravura se puede equiparar a los más valientes vertebrados, y su cerebro -usando las palabras de Darwin- "constituye uno de los más maravillosos átomos de materia del mundo, tal vez aún más asombroso que el cerebro del hombre" -¿no debe la hormiga todo esto a que la ayuda mutua reemplaza completamente la lucha mutua en su comunidad?

Lo mismo es cierto también con respecto a las abejas. Estos pequeños insectos, que podrían ser tan fácil presa de numerosas aves, y cuya miel atrae a toda clase de animales, comenzando por el escarabajo y terminando con el oso, tampoco tienen particularidad alguna protectora en la estructura o en lo que a mimetismo se refiere, sin los cuales los insectos que viven aislados apenas podrían evitar el exterminio completo. Pero, a pesar de eso, debido a la ayuda mutua practicada por las abejas, como es sabido, alcanzaron a extenderse ampliamente por la tierra; poseen una gran inteligencia, y han elaborado formas de vida social sorprendentes.

Trabajando en común, las abejas multiplican en proporciones inverosímiles sus fuerzas individuales, y recurriendo a una división temporal del trabajo, por lo cual cada abeja conserva su aptitud para cumplir cuando es necesario, cualquier clase de trabajo, alcanzando tal grado de bienestar y seguridad que no tiene ningún animal, por fuerte que sea o bien armado que esté. En sus sociedades, las abejas a menudo superan al hombre, cuando éste descuida las ventajas de una ayuda mutua bien planeada. Así, por ejemplo, cuando un enjambre de abejas se prepara a abandonar la colmena para fundar una nueva sociedad, cierta cantidad de abejas exploran previamente la vecindad, y si logran descubrir un lugar conveniente para vivienda, por ejemplo, un cesto viejo, o algo por el estilo, se apoderan de él, y lo limpian y lo guardan, a veces durante una semana entera, hasta que el enjambre se forma y se asienta en el lugar elegido. ¡En cambio, muy a menudo los hombres hubieron de perecer en sus emigraciones a nuevos países, sólo porque los emigrantes no comprendieron la necesidad de unir sus esfuerzos! Con la ayuda de su inteligencia colectiva reunida, las abejas luchan con éxito contra las circunstancias adversas, a veces completamente imprevistas y desusadas, como sucedió, por ejemplo, en la exposición de París, donde las abejas fijaron con su propóleo resinoso (cera) un postigo que cerraba una ventana construida en la pared de sus colmenas. Además, no se distinguen por las inclinaciones sanguinarias, -y por el amor a los combates inútiles con que muchos escritores dotan tan gustosamente a todos los animales. Los centinelas que guardan las entradas de las colmenas matan sin piedad a todas las abejas ladronas que tratan de penetrar en ella; pero las abejas extrañas que caen por error no son tocadas, especialmente si llegan cargadas con la provisión del polen recogido, o si son abejas jóvenes, que pueden errar fácilmente el camino. De este modo, las acciones bélicas, se reducen a las más estrictamente necesarias.

La sociabilidad de las abejas es tanto más instructiva cuanto más los instintos de rapiña y de pereza continúan existiendo entre ellas, y reaparecen de nuevo cada vez que las circunstancias les son favorables. Sabido es que siempre hay un cierto número de abejas que prefieren la vida de ladrones a la vida laboriosa de obreras; por lo cual, tanto en los períodos de escasez de alimentos como en los períodos de abundancia extraordinaria, el número de las ladronas crece rápidamente. Cuando la recolección está terminada y en nuestros campos y praderas queda poco material para la elaboración de la miel, las abejas ladronas aparecen en gran número: por otra parte, en las plantaciones de azúcar de las Indias Orientales y en las refinerías de Europa, el robo, la pereza y, muy a menudo, la embriaguez, se vuelven fenómenos corrientes entre las abejas. Vemos, de este modo, que los instintos antisociales continúan existiendo; pero la selección natural debe aniquilar incesantemente a las ladronas, ya que, a la larga, la práctica de la reciprocidad se muestra más ventajosa para la especie que el desarrollo de los individuos dotados de inclinaciones de rapiña. "Los más astutos y los más inescrupulosos" de los que hablaba Huxley como de los vencedores, son eliminados para dar lugar a los individuos que comprenden las ventajas de la vida social y del apoyo mutuo.

Naturalmente, ni las hormigas ni las abejas, ni siquiera las termitas, se han elevado hasta la concepción de una solidaridad más elevada, que abrazase toda su especie. En este respecto, evidentemente, no alcanzaron un grado de desarrollo que no encontrarnos siquiera entre los dirigentes políticos, científicos y religiosos, de la humanidad. Sus instintos sociales casi no van más allá de los límites del hormiguero o de la colmena. A pesar de eso, Forel describió colonias de hormigas en Mont Tendré y en la montaña Saleve, que incluían no menos de doscientos hormigueros, y los habitantes de tales colonias pertenecían a dos diferentes especies (Formica exsecta y F. pressilabris). Forel afirma que cada miembro de estas colonias conoce a los miembros restantes, y que todos toman parte en la defensa común. Mac Cook observó, en Pensilvania, una nación entera de hormigas, compuesta de 1600 a 1700 hormigueros, que vivían en completo acuerdo; y Bates describió las enormes extensiones de los campos brasileños cubiertos de montículos de termitas, en done algunos hormigueros servían de refugio a dos o tres especies diferentes, y la mayoría de estas construcciones estaban unidas entre sí por galerías abovedadas y arcadas cubiertas. De este modo, algunos ensayos de unificación de subdivisiones bastante amplias de una especie, con fines de defensa mutua y de vida social, se encuentra hasta entre los animales invertebrados.

Pasando ahora a los animales superiores, encontramos aún más casos de ayuda mutua, indudablemente consciente, que se practica con todos los fines posibles, a pesar de que, por otra parte, debernos observar qué nuestros conocimientos de la vida, hasta de los animales superiores, todavía se distinguen, sin embargo, por su gran insuficiencia. Una multitud de casos de este género fueron descritos por zoólogos eminentísimos, pero, sin embargo, hay divisiones enteras del reino animal de los cuales casi nada nos es conocido.

Sobre todo, tenemos pocos testimonios fidedignos con respecto a los peces, en parte debido a la dificultad de las observaciones y en parte porque no se ha prestado a esta materia la debida atención. En cuanto a los mamíferos, ya Kessler observó lo poco que conocemos de su vida. Muchos de ellos sólo salen de noche de sus madrigueras; otros, se ocultan debajo de la tierra; los rumiantes, cuya vida social y cuyas migraciones ofrecen un interés muy profundo, no permiten al hombre aproximarse a sus rebaños. De las que sabemos más, es de las aves; sin embargo, la vida social de muchas especies continúa siendo aún poco conocida para nosotros. Por otra parte, en general, no tenemos de qué quejamos poca la falta de casos bien establecidos, como se verá a continuación. Llamo la atención únicamente que la mayor parte de estos hechos han sido reunidos por zoólogos indiscutiblemente eminentes -fundadores de la zoología descriptiva- sobre la base de sus propias observaciones, especialmente en América, en la época en que aún estaba muy densamente poblada por mamíferos y aves. El gran desarrollo de la ayuda mutua que ellos observaron, ha sido notado también recientemente en el África central, todavía poco poblada por el hombre.

No tengo necesidad de detenerme aquí sobre las asociaciones entre macho y hembra para la crianza de la prole, para asegurar su alimento en las primeras épocas de su vida y para la caza en común. Es menester recordar solamente que semejantes asociaciones familiares están extendidas ampliamente hasta entre los carnívoros menos sociables y las aves de rapiña; su mayor interés reside en que la asociación familiar constituye el medio en donde se desarrollan los sentimientos más tiernos, hasta entre los animales muy feroces en otros aspectos. Podemos, también, agregar que la rareza de asociaciones que traspasen los límites de la familia en los carnívoros y las aves de rapiña, aunque en la mayoría de los casos es resultado de la forma de alimentación, sin embargo, indudablemente constituye también, hasta cierto punto, la consecuencia de cambios en el mundo animal, provocados por la rápida multiplicación de la humanidad. Hasta ahora se ha prestado poca atención a estas circunstancias, pero sabemos que hay especies cuyos individuos llevan una vida completamente solitaria en regiones densamente pobladas, mientras que aquellas mismas especies o sus congéneres más próximos viven en rebaños, en lugares no habitados por el hombre. En este sentido podemos citar como ejemplo a los lobos, zorros, osos y algunas aves de rapiña.

Además, las asociaciones que no traspasan los límites de la familia presentan para nosotros comparativamente poco interés; tanto más cuanto que son conocidas muchas otras asociaciones, de carácter bastante más general, como, por ejemplo, las asociaciones formadas por muchos animales, para la caza, la defensa mutua o, simplemente, para el goce de la vida. Audubon ya mencionó que las águilas se reúnen a veces en grupos de varios individuos, y su relato sobre dos águilas calvas, macho y hembra, que cazaban en el Mississipi, es muy conocido como modelo de descripción artístico, pero una de las más convincentes observaciones en este sentido Pertenece a Syevertsof. Mientras estudiaba la fauna de las estepas rusas, vio cierta vez un águila perteneciente a la especie gregaria (cola blanca, Haliaetos abicilla) que se elevaba hacia lo alto; durante media hora, el águila describió círculos amplios, en silencio, y repentinamente resonó su penetrante graznido. Al poco tiempo respondió a este grito el graznido de otra águila que se había acercado volando a la primera, le siguió una tercera, una cuarta, etcétera, hasta que se reunieron nueve o diez, que pronto se perdieron de vista. Después de mediodía, Syevertsof se dirigió hacia el lugar donde notó que habían volado las águilas y, ocultándose detrás de una ondulación de la estepa, se acercó a la bandada y observó que se habían reunido alrededor del cadáver de un caballo. Las águilas viejas, que generalmente se alimentan primero -tales son las reglas de la urbanidad entre las águilas-, ya estaban posadas sobre las parvas de heno vecinas, en calidad de centinelas, mientras las jóvenes continúan alimentándose, rodeadas por bandadas de cornejas. De esta y otras observaciones semejantes Syevertsof dedujo que las águilas de cola blanca se reúnen para la caza; elevándose a gran altura, si son por ejemplo alrededor de una decena, pueden observar una superficie de cerca de 50 verstas cuadradas, y, en cuanto descubren algo, en seguida, consciente e inconscientemente, avisan a sus compañeras, que se acercan y sin discusión, se reparten el alimento hallado.

En general, Syevertsof más tarde tuvo varias veces ocasión de convencerse de que las águilas de cola blanca se reúnen siempre para devorar la carroña y que algunas de ellas (al comienzo del festín, las jóvenes) desempeñan siempre el papel de vigilantes, mientras las otras comen. Realmente, las águilas de cola blanca, unas de las más bravas y mejores cazadoras, son, en general, aves gregarias, y Brehm dice que, encontrándose en cautiverio, se aficionan rápidamente al hombre (I. c., pág. 499-501).

La sociabilidad es el rasgo común de muchas otras aves de rapiña. El grifo halcón brasileño (Caravara), uno de los rapaces más "desvergonzados", es, sin embargo, extraordinariamente sociable. Sus asociaciones para la caza han sido descritas por Darwin y otros naturalistas, y está probado que, si se apoderan de una presa demasiado grande, convocan entonces a cinco ó seis de sus camaradas para llevarla. Por la tarde, cuando estas aves, que se encuentran siempre en movimiento, después de haber volado todo el día, se dirigen a descansar y se posan sobre algún árbol aislado del campo, siempre se reúnen en bandadas poco numerosas, y entonces se juntan con ellas los pernócteros, pequeños milanos de alas oscuras, parecidos a las cornejas, sus "verdaderos amigos", como dice D'Orbigny. En el viejo mundo, en las estepas transcaspianas, los milanos, según las observaciones de Zarudnyi, tienen la misma costumbre de construir sus nidos en un mismo lugar, agrupándose varios. El grifo social -una de las razas más fuertes de los milanos- recibió su propio nombre por su amor a la sociedad. Viven en grandes bandadas, y en el África se encuentran montañas enteras literalmente cubiertas, en todo lugar libre, - por sus nidos. Decididamente, gozan de la vida social y se reúnen en bandadas muy grandes para volar a gran altura, lo que constituye para ellos una especie de deporte. "Viven en gran amistad -dice Le Vaillant-, y a veces en una misma cueva encontré hasta tres nidos".

Los milanos urubú, en Brasil, se distinguen quizá por una mayor sociabilidad que las cornejas de pico blanco, dice Bates, el conocido explorador del río Amazonas. Los pequeños milanos egipcios (Pernocterus stercorarius), también viven en buena amistad. Juegan en el aire, en bandadas, pasan la noche juntos, y, por la mañana, en montones, se dirigen en busca de alimento, y entre ellos no se produce ni la más pequeña rifía; así lo atestigua Brehm, que ha tenido posibilidad plena de observar su vida. El halcón de cuello rojo se encuentra también en bandadas numerosas en los bosques del Brasil, y el halcón rojo cernícalo (Tinunculus cenchyis), después de abandonar Europa y de haber alcanzado en invierno las estepas y los bosques de Asia, se reúne en grandes sociedades. En las estepas meridionales de Rusia lleva (más exactamente, llevaba) una vida tan social que Nordman lo observó en grandes bandadas juntos con otros gerifaltes (falco tinunculus, F. oesulon y F. subbuteo) que se reunían los días claros alrededor de las cuatro de la tarde, y se recreaban con sus vuelos hasta entrada la noche. Generalmente volaban todos juntos, en una línea completamente recta, hasta un punto conocido y determinado; después de lo cual, volvían inmediatamente siguiendo la misma línea, y luego repetían nuevamente aquel vuelo.

Tales vuelos en bandadas por el placer mismo del vuelo son muy comunes entre las aves de todo género. Ch. Dixon informa que, especialmente en el río Humber, en las llanuras pantanosas, a menudo aparecen a fines de agosto, numerosas bandadas de becasas (traga alpina; "arenero de montaña" llamada también "buche negro") y se quedan durante el invierno. Los vuelos de estas aves son sumamente interesantes, puesto que, reunidas en una enorme bandada, describen círculos en el aire, luego se dispersan y se reúnen de nuevo, repitiendo esta maniobra con la precisión de soldados bien instruidos. Dispersos entre ellos suelen encontrarse areneros de otras especies, alondras de mar y chochas.

Enumerar aquí las diversas asociaciones de caza de las aves sería simplemente imposible: constituyen el fenómeno más corriente; pero, es menester, por lo menos, mencionar las asociaciones de pesca de los pelícanos, en las que estas torpes aves evidencian una organización y una inteligencia notables. Se dirigen a la pesca siempre en grandes bandadas, Y, eligiendo una bahía conveniente, forman un amplio semicírculo, frente a la costa; poco a poco, este semicírculo se estrecha, a medida que las aves nadan hacia la costa, y, gracias a esta maniobra, todo pez caído en el semicírculo es atrapado. En los ríos, canales, los pelícanos se dividen en dos partes, cada una de las cuales forma su semicírculo, y va al encuentro de la otra, nadando, exactamente como irían al encuentro dos partidas de hombres con dos largas redes, para recoger el pez caído entre ellas. A la entrada de la noche, los pelícanos vuelven a su lugar de descanso habitual -siempre el mismo para cada bandada- y nadie ha observado nunca que se hayan originado peleas entre ellos por un lugar de pesca o por un lugar de descanso. En América del sur, los pelícanos se reúnen en bandadas hasta 50.000 aves, una parte de las cuáles se entrega al sueño mientras otras vigilan, y otra parte se dirige a la pesca.

Finalmente, cometería yo una gran injusticia con nuestro gorrión doméstico, tan calumniado, si no mencionara cuán de buen girado comparte toda la comida que encuentra con los miembros dé la sociedad a que pertenece. Este hecho era bien conocido por los griegos antiguos, y hasta nosotros ha llegado el relato del orador que exclamó cierta vez (cito de memoria): "Mientras os hablo, un gorrión vino a decir a los otros gorriones que un esclavo ha desparramado un saco de trigo, y todos s han ido a recoger el grano". Muy agradable fue para mi encontrar confirmación de esta observación de los antiguos en el pequeño libro contemporáneo de Gurney, el cual está completamente convencido que los gorriones domésticos se comunican entre si siempre que puedan conseguir comida en alguna parte. Dice: "Por lejos del patio de la granja que se hubiesen trillado las parvas de trigo, los gorriones de dicho patio siempre aparecían con los buches repletos de granos". Cierto es que los gorriones guardan sus dominios con gran celo de la invasión de extraños, como, por ejemplo, los gorriones del jardín de Luxemburgo, París, que atacan con fiereza a todos los otros gorriones que tratan, a su vez, de aprovechar el jardín y la generosidad de sus visitantes; pero dentro de sus propias comunidades o grupos practican con extraordinaria amplitud el apoyo mutuo a pesar de que a veces se producen riñas, como sucede, por otra parte, entre los mejores amigos.

La caza en grupos y la alimentación en bandadas son tan corrientes en el mundo de las aves que apenas es necesario citar más ejemplos: es menester considerar estos dos fenómenos como un hecho plenamente establecido. En cuanto a la fuerza que dan a las aves semejantes asociaciones, es cosa bien evidente. Las aves de rapiña más grandes suelen verse obligadas a ceder ante las asociaciones de los pájaros más pequeños. Hasta las águilas -aún la poderosísima y terrible águila rapaz y el águila marcial, que se destacan por una fuerza tal que pueden levantar en sus garras una liebre o un antílope joven- suelen versé obligadas a abandonar su presa a las bandadas de milanos, que emprenden una caza regular de ellas, no bien notan que alguna ha hecho una buena presa. Los milanos también dan caza al rápido gavilán pescador, y le quitan el pescado capturado; pero nadie ha tenido ocasión de observar que los milanos se pelearan por la posesión de la presa arrebatada de tal modo. En la isla Kerguelen el doctor Coués ha visto que el Buphagus, la pequeña gallina marina, de los pescadores de focas, persigue a las gaviotas con el fin de obligarlas a vomitar el alimento; a pesar de que, por otra parte, las gaviotas, unidas a las golondrinas marinas, ahuyentan a la pequeña gallina de mar en cuanto se aproxima a sus posesiones, especialmente durante el anidamiento. Los frailecicos (Vanellus oristatus), pequeños pero muy rápidos, atacan osadamente a los buhardos, a los mochuelos, o a una corneja o águila que atisban sus huevos, es un espectáculo instructivo. Se siente que están seguros de. la victoria, y se ve la decepción del ave de rapiña. En semejantes casos, las avefrías se apoyan mutuamente, a la perfección, y la bravura de cada una aumenta con el número. Ordinariamente persiguen al malhechor de tal modo que éste prefiere abandonar la caza con tal de alejarse de sus atormentadores. El frailecico ha merecido bien el apodo de "buena madre" que le dieron los griegos, puesto que jamás rehusa defender a las otras aves acuáticas, de los ataques de sus enemigos.

Lo mismo es menester decir acerca del pequeño habitante de nuestros jardines, la blanca nevatilla, o aguzanieve (Motacilla alba), cuya longitud total alcanza apenas a ocho pulgadas. Obliga hasta al cemicalo a suspender la caza. "No bien las aguzanieves ven al ave de rapiña -ha escrito Brehm, padre- lanzando un grito fuerte la persiguen, previniendo así a todas las otras aves, y, de tal modo, obligan a muchos buitres a renunciar a la caza. A menudo he admirado su coraje y su agilidad, y estoy firmemente convencido de que sólo el halcón, rapidísimo y noble, es capaz de capturar a la nevatilla... Cuando sus bandadas obligan a cualquier ave de rapiña a alejarse, ensordecen con sus chillidos triunfantes y luego se separan" (Brehm tomo tercero, pág. 950). En tales casos, se reúnen con el fin determinado de dar caza al enemigo, exactamente lo mismo tuve oportunidad de observar en la población volátil de un bosque que se elevaba de golpe ante el anuncio de la aparición de alguna ave nocturna, y todos, tanto las aves de rapiña como- los pequeños e inofensivos cantores, empezaban a perseguir al recién venido y, finalmente, le obligaban a volver a su refugio.

¡Qué diferencia enorme entre las fuerzas del milano, del cernícalo o del gavilán y la de tan pequeños pajarillos, como la nevatilla del prado, sin embargo, estos pequeños pajarillos gracias a su acción conjunta y su bravura, prevalecen sobre las rapaces, que están dotadas de vuelo poderoso y armadas de manera excelente para el ataque! En Europa, las nevatillas no sólo persiguen a las aves de rapiña que pueden ser peligrosas para ellas, sino también a los gavilanes pescadores, "más bien para entretenerse que para hacerles daño" -dice Brehm. En la India, según el testimonio del Dr. Jerdón, los grajos, persiguen al milano gowinda "simplemente para distraerse". Y Wied dice que a menudo rodean al águila brasileña urubitinga innumerables bandadas de tucanes ("burlones") y caciques (ave que está estrechamente emparentado con nuestras cornejas de Pico blanco) y se burlan de él. -"El cernícalo - agrega Wied-, ordinariamente soporta tales molestias con mucha tranquilidad; además, de tanto en tanto, coge a uno de los burlones que lo rodean". Vemos, de tal modo, en todos estos casos (y se podría citar decenas de ejemplos semejantes), que los pequeños pájaros, inmensamente inferiores por su fuerza al ave de rapiña, se muestran, a pesar de eso, más fuertes que ella gracias a que actúan en común.

Dos grandes familias de aves, a saber, las grullas y los papagayos han alcanzado los más admirables resultados en lo que respecta a la seguridad individual, al goce de la vida en común. Las grullas son sumamente sociables, y viven en excelentes relaciones no sólo con sus congéneres, sino también con la mayoría de las aves acuáticas. Su prudencia no es menos asombrosa que su inteligencia. Inmediatamente disciernen las condiciones nuevas y actúan de acuerdo con las nueve exigencias. Sus centinelas vigilan siempre que las bandadas comen o descansan, y los cazadores saben, por experiencia, cuán difícil es aproximárseles. Si el hombre consigue cogerlas desprevenidas, no vuelven más a ese lugar sin enviar primero un explorador, y tras él una partida de exploradores; y cuando esta partida vuelve con la noticia de que no se vislumbra peligro, envían una segunda partida exploradora para comprobar el informe de los primeros, antes de que toda la bandada se decida a adelantarse. Con especies próximas, las grullas contraen verdaderas amistades, y, en cautiverio, ninguna otra ave, excepción hecha solamente del no menos social e inteligente papagayo, contrae una amistad tan verdadera con el hombre.

"La grulla no ve en el hombre un amo, sino un amigo, y trata de demostrárselo de todos modos" -dice Brehm basado en su experiencia personal. Desde la mañana temprano hasta bien entrada la noche, la grulla se encuentra en incesante actividad; pero, consagra en total algunas horas de la mañana a la búsqueda del alimento, en especial el alimento vegetal; el resto del tiempo se entrega a la vida social. "Estando con ánimo de juguetear -escribe Brehm- la grulla levanta de la tierra danzando, piedrecillas, pedacitos de madera, los arroja al aire tratando de agarrarlos tuerce el cuello, despliega las alas, danza, brinca, corre, y, por todos los medios, expresa su buen humor, y siempre es hermosa y graciosa. Puesto que viven constantemente en sociedad, casi no tienen enemigos, a pesar de que Brehm tuvo ocasión de ver, a veces, que alguna era atrapada accidentalmente por un cocodrilo, pero con excepción del cocodrilo, no conoce la grulla ningún otro enemigo. La prudencia de la grulla, que se ha hecho proverbial, la salva de todos los enemigos, y, en general, vive hasta una edad muy avanzada. Por esto no es sorprendente que la grulla, para conservar la especie, no tenga necesidad de criar una descendencia numerosa y, generalmente, no pone más de dos huevos. En cuanto al elevado desarrollo de su inteligencia, bastará decir que todos los observadores reconocen unánimemente que la capacidad intelectual de la grulla recuerda poderosamente la capacidad del hombre.

Otra ave sumamente social, el papagayo, ocupa, como es sabido, por el desarrollo de su capacidad intelectual, el primer puesto en todo el mundo volátil. Su modo de vida está tan excelentemente descrito por Brehm, que me será suficiente reproducir el trozo siguiente, como la mejor característica:

"Los papagayos -dice- viven en sociedades o bandadas muy numerosas, excepto durante el periodo de aparejamiento. Eligen como vivienda un lugar del bosque, de donde salen todas las mañanas para sus expediciones de caza. Los miembros de cada bandada están muy ligados entre sí, comparten tanto el dolor corno la alegría. Todas las mañanas se dirigen juntos al campo, al huerto, o a cualquier árbol frutal, para alimentarse de frutas. Apostan centinelas para proteger a toda la bandada y siguen con atención sus advertencias. En caso de peligro, se apresuran todos a volar, prestándose mutuo apoyo, y por la tarde, todos vuelven al lugar de descanso al mismo tiempo. Dicho más brevemente, viven siempre en unión estrechamente amistosa."

Encuentran también placer en la sociedad de otras aves. En la India: -dice Leyard- los grajos y los cuervos cubren volando una distancia de muchas millas, para pasar la noche junto con los papagayos, en las espesuras de bambúes. Cuando se dirigen a la caza, los papagayos no sólo demuestran un ingenio y una prudencia sorprendentes, sino también capacidad para adaptarse a las circunstancias. Así, por ejemplo, una bandada de cacatúas blancas de Australia, antes de iniciar el saqueo de un trigal, indefectiblemente envía una partida de exploradores, que se distribuye en los árboles más altos de la vecindad del campo citado, mientras que otros exploradores se posan sobre los árboles intermedios entre el campo y el bosque, y transmiten señales. Si las señales comunican que "todo está en orden, entonces una decena de cacatúas se separa de la bandada, traza varios círculos en el aire y se dirige hacia los árboles más próximos al campo. Esta segunda partida, a su vez, observa con bastante detención los alrededores, y sólo después de esa observación, da la señal para el traslado general; después, toda ¡-a bandada se eleva al mismo tiempo y saquea rápidamente el campo. Los colonos australianos vencen con mucha dificultad la vigilancia de los papagayos; pero, si el hombre, con toda su astucia y sus armas, consigue matar algunas cacatúas, entonces se vuelven tan vigilantes y prudentes, que desbaratan todas las artimañas de los enemigos.

No hay duda alguna de que sólo gracias al carácter social de su vida, pudieron los papagayos alcanzar ese elevado desarrollo de la inteligencia y de los sentidos (que encontramos en ellos) y que casi llega al nivel humano. Su elevada inteligencia indujo a los mejores naturalistas a llamar a algunas especies especialmente al papagayo gris- "ave-hombres". En cuanto a su afecto mutuo, sabido es que si ocurre que uno de la bandada es muerto por un cazador, los restantes comienzan a volar sobre el cadáver de su camarada lanzando gritos lastimeros y "caen ellos mismos víctimas de su afección amistosa" -como escribió Audubon-, y si dos papagayos cautivos, aunque sean pertenecientes a dos especies distintas, contrajeran amistad, y uno de ellos muriera accidentalmente, no es raro entonces que el otro también perezca de tristeza y de pena por su amigo muerto.

No es menos evidente que en sus asociaciones los papagayos encuentren una protección contra los enemigos incomparablemente superior a la que podrían encontrar por medio del desarrollo más ideal de sus "picos y garras". Muy escasas aves de rapiña y mamíferos se atreven a atacar a los papagayos -y esto solamente a las especies pequeñas- y Brehm tiene toda la razón cuando dice, hablando de los papagayos, que ellos, igual que las grullas y los monos sociales, apenas tienen otro enemigo fuera del hombre; y agrega: "Muy probablemente, la mayoría de los papagayos grandes mueren de vejez y no en las garras de sus enemigos". Únicamente el hombre, gracias a su superior inteligencia, y a sus armas -que también constituyen el resultado de su vida en sociedad-, puede, hasta cierto punto, exterminar a los papagayos. Su misma longevidad se debe de tal modo al resultado de la vida social. Y, muy probablemente, es necesario decir lo mismo con respecto a su memoria sorprendente, cuyo desarrollo, sin duda, favorece la vida en sociedad, y también la longevidad, acompañada por la plena conservación, tanto de las capacidades físicas como intelectuales hasta una edad muy avanzada.

Se ve, por todo lo que precede que la guerra de todos contra cada uno no es, de ningún modo, la ley dominante de la naturaleza. La ayuda mutua es ley de la naturaleza tanto como la guerra mutua y esta ley se hace para nosotros más exigente cuando observamos algunas otras asociaciones de aves y observamos la vida social de los mamíferos. Algunas rápidas referencias a la importancia de la ley de la ayuda mutua en la evolución del reino animal han sido ya hechas en las páginas precedentes; pero su importancia se aclarará con mayor precisión cuando, citando algunos hechos, podamos hacer, basados en ellos, nuestras conclusiones.

# Capítulo 2

## LA AYUDA MUTUA ENTRE LOS ANIMALES (Continuación)

Apenas vuelve la primavera a la zona templada, miríadas de aves, dispersas por los países templados del sur, se reúnen en bandadas innumerables y se apresuran, llenas de alegre energía, a ir hacia el norte para criar su descendencia. Cada seto, cada bosquecillo, cada roca de la costa del océano, cada lago o estanque de los que se halla sembrado el norte de América, el norte de Europa, y -el norte de Asia, podrían decirnos, en esa época del año, qué representa la ayuda mutua en la vida de las aves; qué fuerza, qué energía y cuánta protección dan a cada ser viviente por débil e indefenso que sea de por sí.

Tomad, por ejemplo, uno de los innumerables lagos de las estepas rusas o siberianas, al principio de la primavera. Sus orillas están pobladas de miríadas de aves acuáticas, pertenecientes por lo menos a veinte especies diferentes que viven en pleno acuerdo y que se protegen entre sí constantemente. He aquí cómo describe Syevertsof uno de estos lagos:

"El lago se halla oculto entre las arenas de color rojo amarillo, la tala verde oscuro y las cañas. Aquello es un hervidero de aves, un torbellino que nos marea... El espacio, lleno de gaviotas *(Larus rudibundus)* y golondrinas marinas *(Sterna hirundo)* es conmovido por sus gritos sonoros. Miles de avefrías recorren las orillas y silban... Más allá, casi sobre cada ola, un pato se mece y grita. En lo alto se extienden las bandadas de patos kazarki; más abajo, de tanto en tanto, vuelan sobre el lago los 'podorliki' *(Aquila clanga)* y los buhardos de pantano, seguidos inmediatamente por la bandada bullanguera de los pescadores. Mis ojos se fueron en pos de ellos".

Por todas partes brota la vida. Pero he aquí las rapaces, "las más fuertes y ágiles" -como dice Huxley- e -idealmente dotadas para el ataque" -como dice Syeverstof. Se oyen sus voces hambrientas y ávidas y sus gritos exasperados cuando, durante horas enteras, esperan una ocasión conveniente para atrapar, en esta masa de seres vivientes, siquiera un solo individuo indefenso. No bien se acercan, decenas de centinelas voluntarios avisan su aparición, y en seguida centenares de gaviotas y golondrinas marinas inician la persecución del rapaz. Enloquecido por el hambre, deja de lado por último sus precauciones habituales; se arroja de improviso sobre la masa viva de aves; pero, atacado por todas partes, de nuevo es obligado a retirarse. En un arranque de hambre desesperada, se arroja sobre los patos salvajes; pero, las ingeniosas aves sociales, rápidamente, se reúnen en una bandada y huyen si el rapaz es un águila pescadora; si es un halcón, se zambullen en el lago; si es un buitre, levantan nubes de salpicaduras de agua y sumen al rapaz en una confusión completa. Y mientras la vida continúa pululando en el lago, como antes, el rapaz huye con gritos coléricos en busca de carroña, o de algún pajarilla joven o ratón de campo, aún no acostumbrado a obedecer a tiempo las advertencias de los camaradas. En presencia de toda esta vida que fluye a torrentes, el rapaz, armado idealmente, tiene que contentarse sólo con los desechos de ella.

Aún más lejos, hacia el norte, en los archipiélagos árticos, "podéis navegar millas enteras a lo largo de la orilla y veréis que todos los saledizos, todas las rocas y los rincones de las pendientes de las montañas hasta doscientos pies, y a veces hasta quinientos sobre el nivel del mar, están literalmente cubiertos de aves marinas, cuyos pechos blancos se destacan sobre el fondo de las rocas sombrías, de tal modo que parecen salpicadas de creta. El aire, tanto de cerca como a lo lejos, está repleto de aves.

Cada una de estas "montañas de aves" constituye un ejemplo viviente de la ayuda mutua, y también de la variedad sin fin de caracteres, individuales y específicos, - que son resultado de la vida social. Así, por ejemplo, el ostrero es conocido por su presteza en atacar a cualquier ave de presa. El arga de los pantanos es renombrada por su vigilancia e inteligencia como guía de aves más pacíficas. Pariente de la anterior, el revuelve piedras, cuando está rodeado de camaradas pertenecientes a especies más grandes, deja que se ocupen ellos de la protección de todos, y hasta se vuelve un ave bastante tímida; Pero cuando está rodeado de pájaros más pequeños, toma a su cargo, en interés de la sociedad, el servicio de centinela, y hace que le obedezcan, dice Brehm.

Se puede observar aquí a los cisnes, dominadores, y a la par de ellos, a las gaviotas Kitty-Wake -extremadamente sociables y hasta tiernas y entre las cuales, como dice Nauman, las disputas se producen muy raramente y siempre son breves; se ve a las atractivas kairas polares, que continuamente se prodigan caricias; a las gansas-egoístas, que entregan a los caprichos de la suerte los huérfanos de la camarada muerta, y junto a ellas, a otras gansas que adoptan a los huérfanos y nadan rodeadas de cincuenta o sesenta pequeñuelos, de los cuales cuidan como si fueran sus propios hijos. Junto a los pingüinos, que se roban los huevos unos a otros, se ven las calandrias marinas, cuyas relaciones familiares son ,"tan encantadoras y conmovedoras" que ni los cazadores apasionados se deciden a disparar a la hembra rodeada de su cría; o a los gansos del norte, entre los cuales (como los patos velludos o "coroyas" de las sabanas), varias hembras empollan los huevos en un mismo nido; o los *kairas (Uria troile)* que -afirman observadores dignos de fe- a veces se sientan por turno sobre el nido común. La naturaleza es la variedad misma, y ofrece todos los matices posibles de caracteres, hasta lo más elevado: por eso no es posible representarla en una afirmación generalizada. Menos aún puede juzgársela desde el punto de vista moral, puesto que las opiniones mismas del moralista son resultado -la mayoría de las veces inconsciente- de las observaciones sobre la naturaleza.

La costumbre de reunirse en el período de anidamiento es tan común entre la mayoría de las aves, que apenas es necesario dar otros ejemplos. Las cimas de nuestros árboles están coronadas por grupos de nidos de pequeños pájaros; en las granjas anidan colonias de golondrinas; en las torres viejas y campanarios se refugian centenares de aves nocturnas; y fácil sería llenar páginas enteras con las más encantadoras descripciones de la paz y armonía que se encuentran en casi todas estas sociedades volátiles para el anidamiento. Y hasta dónde tales asociaciones sirven de defensa a las aves más débiles, es evidente de por sí. Un excelente observador, como el americano Dr. Couës, vio, por ejemplo, que las pequeñas golondrinas *(cliff swallaws)* construían sus nidos en la vecindad inmediata de un halcón de las estepas *(Falco polyargus)*. El halcón había construido su nido en la cúspide de uno de aquellos minaretes de arcilla de los que tantos hay en el Cañón del Colorado, y la colonia de golondrinas vivía inmediatamente debajo de él. Los pequeños pájaros pacíficos no temían a su rapaz vecino: simplemente no le permitían acercarse a su colonia. Si lo hacía, inmediatamente lo rodeaban y comenzaban correrlo, de modo que el rapaz había de alejarse enseguida.

La vida en sociedades no cesa cuando ha terminado la época del anidamiento; toma solamente nueva forma. Las crías jóvenes se reúnen en otoño, en sociedades juveniles, en las que ordinariamente ingresan varias especies. La vida social es practicada en esta época principalmente por los placeres que ella proporciona, y también, en parte, por su seguridad. Así encontramos en otoño, en nuestros bosques, sociedades compuestas de picamaderos jóvenes *(Sitta coesia),* junto con diversos paros, trepadores, reyezuelos, pinzones de montaña y pájaros carpinteros. En España, las golondrinas se encuentran en compañía de cernícalos, atrapamoscas y hasta de palomas.

En el Far West americano, las jóvenes calandrias copetudas (*Horned Park)* viven en grandes sociedades, conjuntamente con otras especies de cogujadas *(Spragues Lark),* con el gorrión de la sabana *(Savannah sparoow)* y algunas otras especies de verderones y hortelanos. En realidad, sería más fácil describir todas las especies que llevan vida aislada que enumerar aquellas especies cuyos pichones constituyen sociedades, cuyo objeto de ningún modo es cazar o anidar, sino solamente disfrutar de la vida en común y pasar el tiempo en juegos y deportes, después de las pocas horas que deben consagrar a la búsqueda de alimento.

Por último, tenemos ante nosotros, todavía, un campo amplísimo de estudio de la ayuda mutua en las aves, durante sus migraciones, y hasta tal punto es amplio que sólo puedo mencionar, en pocas palabras, este gran hecho de la naturaleza. Bastará decir que las aves que han vivido, hasta entonces, meses enteros en pequeñas bandadas diseminadas por una superficie vasta, comienzan a reunirse en la primavera o en el otoño a millares; durante varios días seguidos, a veces una semana o ' más, acuden a un lugar determinado, antes de ponerse en camino, y parlotean con vivacidad, probablemente sobre la migración inminente. Algunas especies, todos los días, antes de anochecer, se ejercitan en vuelos preparatorios, alistándose para el largo viaje. Todas esperan a sus congéneres retrasadas, y, por último, todas juntas desaparecen un buen día; es decir vuelan, en una dirección determinada, siempre bien escogida, que representa, sin duda, el fruto de la experiencia colectiva acumulada. Los individuos fuertes vuelan a la cabeza de la bandada, cambiándose por turno para cumplir con esta difícil obligación. De tal modo, las aves atraviesan hasta los vastos mares, en grandes bandadas compuestas tanto de aves grandes como de pequeñas; y, cuando, en la primavera siguiente vuelven al mismo lugar, cada ave se dirige al mismo sitio bien conocido, y en la mayoría de los casos, hasta cada pareja ocupa el mismo nido que reparó o construyó el año anterior.

Este, fenómeno de migración se halla tan extendido, y está al mismo tiempo tan eficientemente estudiado, creó tantas costumbres asombrosas de ayuda mutua -y estas costumbres y el hecho mismo de la migración requerirían un trabajo especialque me veo obligado a abstenerme de dar mayores detalles. Mencionaré solamente las reuniones numerosas y animadas que tienen lugar de año en año en el mismo sitio, antes de emprender su largo viaje al norte o al sur; y, del mismo modo, las reuniones que se pueden ver en el norte, por ejemplo, en las desembocaduras del Yenesei, o en los condados del norte de Inglaterra, cuando las aves vuelven del sur a sus lugares habituales de anidamiento, pero no se han asentado aún en sus nidos. Durante muchos días, a veces hasta un mes entero, se reúnen todas las mañanas y pasan juntas alrededor de media hora, antes de echar a volar en busca de alimento, quizá deliberando sobre los lugares donde se dispondrán a construir sus nidos. si durante la migración sucede que las columnas de aves que emigran son sorprendidas por una tormenta, entonces la desgracia común une a las aves de las especies más diferentes. La diversidad de aves que, sorprendidas por una nevasca durante la migración, golpean contra los vidrios de los faros de Inglaterra, sencillamente es asombrosa. Necesario es observar también que las aves no migratorias, pero que se desplazan lentamente hacia el norte o sur, conforme a la época del año; es decir, las llamadas aves nómadas, también realizan sus traslados en pequeñas bandadas. No emigran aisladas, para asegurarse de tal modo, y por separado, el mejor alimento y encontrar mejor refugio en la nueva región sino, que siempre se esperan mutuamente y se reúnen en bandadas antes de comenzar su lento cambio de lugar hacia el norte o el sur.

Pasando ahora a los *mamíferos,* lo primero que nos asombra en esta vasta clase de animales es la enorme supremacía numérica de las especies sociales sobre aquellos pocos carnívoros que viven solitarios. Las mesetas, las regiones montañosas, estepas y depresiones del nuevo y viejo mundo, literalmente hierven de rebaños de ciervos, antílopes, gacelas, búfalos, cabras y ovejas salvajes; es decir, de todos los animales que son sociales. Cuando los europeos comenzaron a penetrar en las praderas de América del Norte, las hallaron hasta tal punto densamente poblados por búfalos, que sucedía que los pioneros tenían, a veces, que detenerse, y durante mucho tiempo, cuando las columnas de búfalos en densa columna se prolongaba a veces hasta dos o tres días; y cuando los rusos ocuparon Siberia, encontraron en ella una cantidad tan enorme de ciervos, antílopes, corzos, ardillas y otros animales, que la conquista dé Siberia no fue más que una expedición cinegética que se prolongó durante dos siglos. Las llanuras herbosas de África oriental aún ahora están repletas de cebras, jirafas y diversas especies de antílopes.

Hasta hace un tiempo no muy lejano, los ríos pequeños de América del Norte y de la Siberia Septentrional estaban todavía poblados por colonias de castores, y en la Rusia europea, toda su parte norte, todavía en el siglo XVIII, estaba cubierta por colonias semejantes. Las llanuras de los cuatro grandes continentes están aún ahora pobladas de innumerables colonias de topos, ratones, marmotas, tarbaganes, "ardillas de tierra" y otros roedores. En las latitudes más bajas de Asia y África, en esta época, los bosques son refugios de numerosas familias de elefantes, rinocerontes, hipopótamos y de innumerables sociedades de monos. En el lejano norte, los ciervos se reúnen en innumerables rebaños, y aún más al norte, encontramos rebaños de toros almizcleros e incontables sociedades de zorros polares. Las costas del océano están animadas por manadas de focas y morsas, y sus aguas por manadas de animales sociales pertenecientes a la familia de las ballenas; por último, y aun en los desiertos del altiplano del Asia central, encontramos manadas de caballos salvajes, asnos salvajes, camellos salvajes y ovejas salvajes. Todos estos mamíferos viven en sociedades y en grupos que cuentan, a veces, cientos de miles de individuos, a pesar de que ahora, después de tres siglos de civilización a base de pólvora, quedan únicamente restos lastimosos de aquellas incontables sociedades animales que existían en tiempos pasados.

¡Qué insignificante, en comparación con ella, es el número de los carnívoros! ¡Y qué erróneo, en consecuencia, el punto de vista de aquéllos que hablan del mundo animal como si estuviera compuesto solamente de leones y hienas que clavan sus colmillos ensangrentados en la presa! Es lo mismo que si afirmásemos que toda la vida de la humanidad se reduce solamente a las guerras y a las masacres.

Las asociaciones y la ayuda mutua son regla en la vida de los mamíferos. La costumbre de la vida social se encuentra hasta en los carnívoros, y en toda esta vasta clase de animales solamente podemos nombrar una familia de felinos (leones, tigres, leopardos, etc.), cuyos miembros realmente prefieren la vida solitaria a la vida social, y sólo raramente se encuentran, por lo menos ahora, en pequeños grupos. Además, aun entre los leones "el hecho más común es cazar en grupos", dice el célebre cazador y conocedor S. Baker. Hace poco, N. Schillings, que estaba cazando en el este del Africa Ecuatorial, fotografió de noche -al fogonazo repentino de la luz de magnesio- leones que se habían reunido en grupos de tres individuos adultos, y que cazaban en común; por la mañana, contó en el río, adonde durante la sequía acudían de noche a beber los rebaños de cebras, las huellas de una cantidad mayor aún de leones -hasta treinta- que iban a cazar cebras, y naturalmente, nunca, en muchos años, ni Schillings ni otro alguno, oyeron decir que los leones se pelearan o se disputaran la presa. En cuanto a los leopardos, y esencialmente al puma sudamericano (género de león), su sociabilidad es bien conocida. El puma, en consecuencia, como lo describió Hudson, se hace amigo del hombre gustosamente.

En la familia de los *viverridoe,* carnívoros que representan algo intermedio entre los gatos y las martas, y en la familia de las martas (marta, armiño, comadreja, garduña, tejón, etc.), también predomina la forma de vida solitaria. Pero puede considerarse plenamente establecido que en épocas no más tempranas que el final del siglo XVIII, la comadreja vulgar *(mustela, vulgaris)* era más social que ahora; se encontraba entonces en Escocia y también en el cantón de Unterwald, en Suiza, en pequeños grupos.

En cuanto a la vasta familia canina (perros, lobos, chacales, zorros y zorros polares), su sociabilidad, sus asociaciones con fines de caza pueden considerarse como rasgo característico de muchas variedades de esta familia. Es por todos sabido que los lobos se reúnen en manadas para cazar, y el investigador de la naturaleza de los Alpes, Tschudi, dejó una descripción excelente de cómo, disponiéndose en semicírculo, rodean a la vaca que pace en la pendiente montañosa y, luego, saltando súbitamente, lanzando un fuerte aullido, la hacen caer al precipicio, Audubon, en el año 1830 vio también que los lobos del Labrador cazaban en manadas, y que una manada persiguió a un hombre hasta su choza y destrozó a sus perros. En los crudos inviernos, las manadas de lobos vuelven tan numerosas que son peligrosas para las poblaciones humanas, como sucedió en Francia por el año 1840. En las estepas rusas, los lobos nunca atacan a los caballos si no es en manadas, y deben soportar una lucha feroz, durante la cual los caballos (según el testimonio de Kohl), a: veces pasan al ataque; en tal caso, si los lobos no se apresuran a retroceder... corren riesgo de ser rodeados por los caballos, que los matan a coces. Sabido es, también, que los lobos de las praderas americanas *(canis latrans)* se reúnen en manadas de 20 y 30 individuos para atacar al búfalo que se ha separado accidentalmente del rebaño. Los chacales, que se distinguen por su gran bravura y pueden ser considerados entre los más inteligentes representantes de la familia canina, siempre cazan en manadas; reunidos de tal modo, no temen a los carnívoros mayores.

En cuanto a los perros salvajes del Asia *(Jolzuni o Dholes),* Williamson vio que sus grandes manadas atacan resueltamente a todos los animales grandes, excepto elefantes y rinocerontes, y que hasta consiguen vencer a los osos y tigres, a quienes, como es sabido, arrebatan siempre los cachorros.

Las hienas viven siempre en sociedades y cazan en manadas, y Cummings se refiere con gran elogio a las organizaciones de caza de las hienas manchadas (Lycain).

Hasta los zorros, que en nuestros países civilizados indefectiblemente viven solitarios, se reúnen a veces para cazar, como lo testimonian algunos observadores. También el zorro polar, es decir, el zorro ártico, es o más exactamente era, en los tiempos de Steller, en la primera mitad del siglo XVIII, uno de los animales más sociables. Leyendo el relato de Steller sobre la lucha que tuvo que sostener la infortunada tripulación de Behring con estos pequeños e inteligentes animales, no se sabe de qué asombrarse más: de la inteligencia no común de los zorros polares y del apoyo mutuo que revelaban al desenterrar los alimentos ocultos debajo de las piedras o colocados sobre pilares (uno de ellos, en tal caso, trepaba a la cima del pilar y arrojaba los alimentos a los compañeros que esperaban abajo), o de la crueldad del hombre, llevado a la desesperación por sus numerosas manadas. Hasta, algunos osos viven en sociedades en los lugares donde el hombre no los molesta. Así, Steller vio numerosas bandas de osos negros de Kamchatka, y, a veces, se ha encontrado osos polares en pequeños grupos. Ni siquiera los insectívoros, no muy inteligentes, desdeñan siempre la asociación.

Por otra parte, encontramos las formas más desarrolladas de ayuda mutua especialmente entre los roedores, ungulados y rumiantes. Las ardillas son individualistas en grado considerable. Cada una de ellas construye su cómodo nido y acumula su provisión. Están inclinadas a la vida familiar, y Brehm halló que se sienten muy felices cuando las dos crías del mismo año se juntan con sus padres en algún rincón apartado del bosque. Mas, a pesar de esto, las ardillas mantienen relaciones recíprocas, y si en el bosque donde viven se produce una escasez de piñas, emigran en destacamentos enteros. En cuanto a las ardillas negras del Far West americano, se destacan especialmente por su sociabilidad. Con excepción de algunas horas dedicadas diariamente al aprovisionamiento, pasan toda su vida en juegos, juntándose para esto en numerosos grupos. Cuando se multiplican demasiado rápidamente en alguna región, como sucedió, por ejemplo, en Pensylvania en 1749, se reúnen en manadas casi tan numerosas como nubes de langostas y avanzan -en este caso- hacia el Suroeste, devastando en su camino bosques, campos y huertos. Naturalmente, detrás de sus densas columnas se introducen los zorros, las garduflas, los halcones y toda clase de aves nocturnas, que se alimentan con los individuos rezagados. El pariente de la ardilla común, burunduk, se distingue por una sociabilidad aún mayor. Es un gran acaparador, y en sus galerías subterráneas acumula grandes provisiones de raíces comestibles y nueces, que generalmente son saqueadas en otoño por los hombres. Según la opinión de algunos observadores, el *burunduk* conoce, hasta cierto punto, las alegrías que experimenta un avaro. Pero, a pesar de eso, es un animal social. Vive siempre en grandes poblaciones, y cuando Audubon abrió, en invierno, algunas madrigueras de "hackee" (el congénere americano más cercano de nuestro burunduk) encontró varios individuos en un refugio. Las provisiones en tales cuevas, habían sido preparadas por el esfuerzo común.

La gran familia de las marmotas, en la que entran tres grandes géneros: las marmotas propiamente dichas, los *susliki* y los "perros de las praderas" americanas (Arctomys, Spermophilus y Cynomys), se distingue por una sociabilidad y una inteligencia aún mayor. Todos los representantes de esta familia prefieren tener cada cual su madriguera, pero viven en grandes poblaciones. El terrible enemigo de los trigales del Sur de Rusia -el *suslik*- de los cuales el hombre sólo extermina anualmente alrededor de diez millones, vive en innumerables colonias; y mientras las asambleas provinciales (Ziemstvo) rusas, discuten seriamente los medios de liberarse de este "enemigo social", los *susliki,* reunidos a millares en sus poblados, disfrutan de la vida. Sus juegos son tan encantadores que no existe observador alguno que no haya expresado su admiración y referido sus conciertos melodiosos, formados por los silbidos agudos de los machos y los silbidos melancólicos de las hembras, antes de que, recordando sus obligaciones ciudadanas, se dedicaran a la invención de diferentes medios diabólicos para el exterminio de estos saqueadores. Puesto que la reproducción de todo género de aves rapaces y bestias de presa para la lucha con- los *susliki* resultó infructuosa, actualmente la última palabra de la ciencia en esta lucha consiste en inocularles el cólera.

Las Poblaciones de los perros de las praderas" (Cynomys), en las llanuras de la América del Norte, presentan uno de los espectáculos más atrayentes. Hasta donde el ojo puede abarcar la extensión de la pradera se ven, por doquier, pequeños montículos de tierra, y sobre cada uno se encuentra una bestezuela, en conversación animadísima con sus vecinos, valiéndose de sonidos entrecortados parecidos al ladrido. Cuando alguien da la señal de la aproximación del hombre, todos, en un instante, se zambullen en sus pequeñas cuevas, desapareciendo como por encanto. Pero no bien el peligro ha pasado, las bestezuelas salen inmediatamente. Familias enteras salen de sus cuevas y comienzan a jugar. Los jóvenes se arañan y provocan mutuamente, se enojan, páranse graciosamente sobre las patas traseras, mientras los viejos vigilan. Familias enteras se visitan, y los senderos bien trillados entre los montículos de tierra, demuestran que tales visitas se repiten muy a menudo. Dicho más brevemente, algunas de las mejores páginas de nuestros mejores naturalistas están dedicadas a la descripción de las sociedades de los perros de las praderas de América, de las marmotas del Viejo Continente y de las marmotas polares de las regiones alpinas. A pesar de eso, tengo que repetir, respecto a las marmotas lo mismo que dije sobre las abejas. Han conservado sus instintos bélicos, que se manifiestan también en cautiverio. Pero en sus grandes asociaciones, en contacto con la naturaleza libre, los instintos antisociales no encuentran terreno para su desarrollo, y el resultado final es la paz y la armonía.

Aun animales tan gruñones como las ratas, que siempre se pelean en nuestros sótanos, son lo bastante inteligentes no sólo para no enojarse cuando se entregan al saqueo de las despensas, sino para prestarse ayuda mutua durante sus asaltos y migraciones. Sabido es que a veces hasta alimentan a sus inválidos. En cuanto al castor o rata almizclera del

Canadá (nuestra *ondrata)* y la *desman,* se distinguen por su elevada sociabilidad. Audubon habla con admiración de sus "comunidades pacíficas, que, para ser felices, sólo necesitan que no se les perturbe". Como todos los animales sociales, están llenos de alegría de vivir, son juguetones y fácilmente se unen con otras especies de animales, y, en general, se puede decir que han alcanzado un grado elevado de desarrollo intelectual. En la construcción de sus poblados, situados siempre a orillas de los lagos y de los ríos, evidentemente toman en cuenta el nivel variable de las aguas, dice Audubon; sus casas cupuliformes, construidas con arca y cañas, poseen rincones apartados para los detritus orgánicos; y sus salas, en la época invernal, están bien tapizadas con hojas y hierbas: son tibias, y al mismo tiempo están dotados de un carácter sumamente simpático; sus asombrosos diques y poblados, en los cuales viven y mueren generaciones enteras sin conocer más enemigos que la nutria y el hombre, constituyen asombrosas muestras de lo que la ayuda mutua puede dar al animal para la conservación de la especie, la formación de las costumbres sociales y el desarrollo de las capacidades intelectuales. Los diques y poblados de los castores son bien conocidos por todos los que se interesan en la vida animal, y por esto no me detendré más en ellos. Observaré únicamente que, en los castores, ratas almizcleras y algunos otros roedores, encontramos ya aquel rasgo que es también característico de las sociedades humanas, o sea, el trabajo en común.

Pasaré en silencio dos grandes familias, en cuya composición entran los ratones saltadores (la *yerboa* egipcia o pequeño *emuran,* y el *alataga),* la chinchilla, la vizcacha (liebre americana subterránea) y los *tushkan* (liebre subterránea del sur de Rusia), a pesar de que las costumbres de todos estos pequeños roedores podrían servir como excelentes muestras de los placeres que los animales obtienen de la vida social. Precisamente de los placeres, puesto que es sumamente difícil determinar qué es lo que hace reunirse a los animales: si la necesidad de protección mutua o simplemente el placer, la costumbre, de sentirse rodeados de sus congéneres. En todo caso, nuestras liebres vulgares, que no se reúnen en sociedades para la vida en común, y más aún, que no están dotadas de sentimientos paternales especialmente fuertes, no pueden vivir, sin embargo, sin reunirse para los juegos comunes. Dietrich de Winckell, considerado el mejor conocedor de la vida de las liebres, las describe como jugadoras apasionadas; se embriagan de tal manera con el proceso del juego, que es conocido el caso de unas libres que tomaron a un zorro, que se aproximó sigilosamente, como compañero de juego. En cuanto a los conejos, viven constantemente en sociedades, y toda su vida reposa sobre él principio de la antigua familia patriarcal; los jóvenes obedecen ciegamente al padre, y hasta el abuelo. Con respecto a esto, hasta sucede algo interesante; estas dos especies próximas, los conejos y las liebres, no se toleran mutuamente, y no porque se alimentan de la misma clase de comida, como suelen explicarse casos semejantes, sino, lo que es más probable, porque la apasionada liebre, que es una gran individualista, no puede trabar amistad con una criatura tan tranquila, apacible y humilde como el conejo. Sus temperamentos son tan diferentes, que deben constituir un obstáculo para su amistad.

En la vasta familia de los equinos, en la que entran los caballos salvajes y asnos salvajes de Asia, las cebras, los mustangos, los cimarrones de las pampas y los caballos semisalvajes de Mongolia y Siberia, encontramos de nuevo la sociabilidad más estrecha. Todas estas especies y razas viven en rebaños numerosos, cada uno de los cuales se compone de muchos grupos, que comprenden varias yeguas bajo la dirección de un padrino. Estos innumerables habitantes del viejo y del nuevo mundo -hablando en general, bastante débilmente organizados para la lucha con sus numerosos enemigos y también para defenderse de las condiciones climáticas desfavorables desaparecerían de la faz de la tierra si no fuera por su espíritu social. Cuando se aproxima un carnicero, se reúnen inmediatamente varios grupos; rechazan el ataque del carnívoro y, a veces, hasta lo persiguen; debido a esto, ni el lobo, ni siquiera el león, pueden capturar un caballo, ni aun una cebra mientras no se haya separado del grupo. Hasta, de noche, gracias a su no común prudencia gregaria y a la inspección preventiva del lugar, que realizan individuos experimentados, las cebras pueden ir a abrevar al río, a pesar de los leones que acechan en los matorrales.

Cuando la sequía quema la hierba de las praderas americanas, los grupos de caballos y cebras se reúnen en rebaños cuyo número alcanza, a veces, hasta diez mil cabezas, y emigran a nuevos lugares. Y cuando en invierno, en nuestras estepas asiáticas, rugen las nevascas, los grupos se mantienen cerca unos de otros y juntos buscan protección en cualquier quebrada. Pero, si la confianza mutua, por alguna razón, desaparece en el grupo, o el pánico hace presa de los caballos y los dispersa, entonces la mayor parte perece, y se encuentra a los sobrevivientes, después de la nevasca, medio muertos de cansancio. La unión es, de tal modo, su arma principal en la lucha por la existencia, y el hombre, su principal enemigo. Retirándose ante el número creciente de este enemigo, los antecesores de nuestros caballos domésticos (denominados por Poliakof Equus Przewalski), prefirieron emigrar a las más salvajes y menos accesibles partes del altiplano de las fronteras del Tibet, donde han sobrevivido hasta ahora, rodeados en verdad de carnívoros y en un clima que poco cede por su crudeza a la región ártica, pero en un lugar todavía inaccesible al hombre.

Muchos ejemplos sorprendentes de sociabilidad podrían ser tomados de la vida de los ciervos, y en especial de la vasta división de los rumiantes, en la que pueden incluirse a los gamos, antílopes, las gacelas, cabras, ibex, etcétera, en suma, de la vida de tres familias numerosas: antilopides, caprides y ovides. La vigilancia con que preservan sus rebaños de los ataques de los carnívoros; la ansiedad demostrada por el rebaño entero de gamuzas, mientras no han atravesado todo un lugar peligroso a través de los peñascos rocosos; la adopción de los huérfanos; la desesperación de la gacela, cuyo macho o cuya hembra, o hasta un compañero del mismo sexo, han sido muertos; los juegos de los jóvenes, y muchos otros rasgos, podríase agregar para caracterizar su sociabilidad. Pero, quizá, constituyan el ejemplo más sorprendente de apoyo mutuo las migraciones ocasionales de los corzos, parecidas a las que observé una vez en el Amur.

Cuando crucé los altiplanos del Asia Oriental y su cadena limítrofe, el Gran Jingan, por el camino de Transbaikalia a Merguen, y luego seguí viaje por las altas planicies de Manchuria, en mi marcha hacia el Amur puede comprobar cuán escasamente pobladas de corzos se hallan estás regiones casi inhabitables. Dos años más tarde, viajaba yo a caballo Amur arriba y, a fines de octubre, alcancé la comarca inferior de aquel pintoresco paisaje estrecho con el cual el Amur penetra a través de Dousse-Alin (Pequeño Jingan), antes de alcanzar las tierras bajas, donde se une con el Sungari. En las *stanitsas* distribuidas en esta parte del pequeño Jingan, encontré a los cosacos Henos de la mayor excitación, pues sucedía que miles y miles de corzos cruzaban a nado el Amur allí, en el lugar estrecho del gran río, para llegar a las sierras bajas del Sungari. Durante algunos días, en una extensión de alrededor de sesenta verstas río arriba, los cosacos masacraron infatigablemente a los corzos que cruzaban a nado el Amur, el cual ya entonces llevaba mucho hielo. Mataban miles por día, pero el movimiento de
corzos no se interrumpía

Nunca habían visto antes una migración semejante, y es necesario buscar sus causas, con toda probabilidad, en el hecho de que en el Gran Jingan y en sus declives orientales habían caído entonces nieves tempranas desusadamente copiosas, que habían obligado a los corzos a hacer el intento desesperado de alcanzar las tierras bajas del Este del Gran Jingan. Y en realidad, pasados algunos días, cuando comencé a cruzar estas últimas montañas, las hallé profundamente cubiertas de nieve porosa que alcanzaba dos y tres pies de profundidad. Vale la pena reflexionar sobre esta migración de corzos. Necesario es imaginarse el territorio inmenso (unas 200 verstas de ancho por 700 de largo), de donde debieron reunirse los grupos de corzos dispersos en él, para iniciar la emigración, que emprendieron bajo la presión de circunstancias completamente excepcionales. Necesario es imaginarse, luego, las dificultades que debieron vencer los corzos antes de llegar a un pensamiento común sobre la necesidad de cruzar el Amur, no en cualquier parte, sino justo más al sur, donde su lecho se estrecha en una cadena, y donde al cruzar el río, cruzarían al mismo tiempo la cadena y saldrían a las tierras bajas templadas. Cuando se imagina todo esto concretamente, no es posible dejar de sentir profunda admiración ante el grado y la fuerza de la sociabilidad evidenciada en el caso presente por estos inteligentes animales.

No menos asombrosas, también, en lo que respecta a la capacidad de unión y de acción común, son las migraciones de bisontes y búfalos que tienen lugar en América del Norte. Verdad es que los búfalos ordinariamente pacían en cantidades enormes en las praderas, pero esas masas estaban compuestas de un número infinito de pequeños rebaños que nuca se mezclaban. Y todos estos pequeños grupos, por más dispersos que estuvieran sobre el inmenso territorio, en caso de necesidad, se reunían y formaban las enormes columnas de centenares de miles de individuos de que he hablado en una de las páginas precedentes.

Debería decir, también, siquiera unas pocas palabras de las "familias compuestas" de los elefantes, de su afecto mutuo, de la manera meditada como apostan sus centinelas, y de los sentimientos de simpatía que se desarrollan entre ellos bajo la influencia de esa vida, plena de estrecho apoyo mutuo. Podría hacer mención, también, de los sentimientos sociales existentes entre los jabalíes, que no gozan de buena fama, y sólo podría alabarlos por su inteligencia al unirse en el caso de ser atacados por un animal carnívoro. Los hipopótamos y los rinocerontes deben también tener su lugar en un trabajo consagrado a la sociabilidad de los animales. Se podría escribir también varias páginas asombrosas sobre la sociabilidad y el mutuo afecto de las focas y morsas; y finalmente, podría mencionarse los buenos sentimientos desarrollados entre las especies sociales de la familia de los cetáceos. Pero es necesario, aún, decir algo sobre las sociedades de los monos, que son especialmente interesantes porque representan la transición a las sociedades de los hombres primitivos.

Apenas es necesario recordar que estos mamíferos que ocupan la cima misma del mundo animal, y son los más próximos al hombre, por su constitución y por su inteligencia, se destacan por su extraordinaria sociabilidad. Naturalmente, en tan vasta división del mundo animal, que incluye centenares de especies, encontramos inevitablemente la mayor diversidad de pareceres y costumbres. Pero, tomando todo esto con consideración, es necesario reconocer que la sociabilidad, la acción en común, la protección mutua y el elevado desarrollo de los sentimientos que son consecuencia necesaria de la vida social, son los rasgos distintivos de casi toda la vasta división de los monos. Comenzando por las especies más pequeñas y terminando por las más grandes, la sociabilidad es la regia, y tiene sólo muy pocas excepciones.

Las especies de monos que viven solitarios son muy raras. Así, los monos nocturnos prefieren la vida aislada; los capuchinos *(Cebus capacinus),* y los "ateles" -grandes monos aulladores que se encuentran en el Brasil- y los aulladores en general, viven en pequeñas familias; Wallace nunca encontró a los orangutanes de otro modo que aislados o en pequeños grupos de tres a cuatro individuos; y los gorilas, según parece, nunca se reúnen en grupos. Pero todas las restantes especies de monos: chimpancés gibones, los monos arbóreos de Asia y África, los macacos, mogotes, todos los pavianos parecidos a perros, los mandriles y todos los pequeños juguetones, son sociables en alto grado. Viven en grandes bandas y algunas reúnen varias especies distintas. La mayoría de ellos se sienten completamente infelices cuando se hallan solitarios. El grito de llamada de cada mono inmediatamente reúne a toda la banda, y todos juntos rechazan valientemente los ataques de casi todos los animales carnívoros y aves de rapiña. Ni siquiera las águilas se deciden a atacar a los monos. Saquean siempre nuestros campos en bandas, y entonces los viejos se encargan de la tarea de cuidar la seguridad de la sociedad. Los pequeños tities, cuyas caritas infantiles tanto asombraron a Humboldt, se abrazan Y protegen mutuamente de la lluvia enrollando la cola alrededor del cuello del camarada que tiembla de frío. Algunas especies tratan a sus camaradas heridos con extrema solicitud, y durante la retirada nunca abandonan a un herido antes de convencerse de que ha muerto, que está fuera de sus fuerzas el volverlo a la vida. Así, James Forbes refiere en sus *Oriental Memoirs* con qué persistencia reclamaron los monos a su partida la entrega del cadáver de una hembra muerta, y que esta exigencia fue hecha en forma tal que comprendió perfectamente por qué "los testigos de esta extraordinaria escena decidieron en, adelante no disparar nunca más contra los monos".

Los monos de algunas especies reúnense varios cuando quieren volcar una piedra y recoger los huevos de hormigas que se encuentran bajo ella. Les pavianos de África del Norte (Hamadryas), que viven en grandes bandas, no sólo colocan centinelas, sino que observadores dignos de toda fe los han visto formar una cadena para transportar a lugar seguro los frutos robados. Su coraje es bien conocido, y bastará recordar la descripción clásica de Brehm, que refirió detalladamente la lucha regular sostenida por su caravana antes de que los pavianos les permitieran proseguir viaje en el valle de Mensa, en Abisinia.

Son conocidas también las travesuras de los monos de cola, que los han hecho merecedores de su propio nombre (juguetones), y gracias a este rasgo de sus sociedades, también es conocido el afecto mutuo que reina en las familias de chimpancés. Y si entre los monos superiores hay dos especies (orangután y gorila) que no se distinguen por la sociabilidad, necesario es recordar que ambas especies están limitadas a superficies muy reducidas (una vive en Africa Central y la otra en las islas de Borneo y Sumatra), y con toda evidencia constituyen los últimos restos moribundos de dos especies que fueron antes incomparablemente más numerosas. El gorila, por lo menos así parece, ha sido sociable en tiempos pasados, siempre que los monos citados por el cartaginés Hannon en la descripción de su viaje *(Periplus)* hayan sido realmente gorilas.

De tal modo, aun en nuestra rápida ojeada vemos que la vida en sociedades no constituye excepción en el mundo animal; por lo contrario, es regla general -ley de la naturaleza- y alcanza su más pleno desarrollo en los vertebrados superiores. Hay muy pocas especies que vivan solitarias o solamente en pequeñas familias, y son comparativamente poco numerosas. A pesar de eso, hay fundamentos para suponer que, con pocas excepciones, todas las aves y los mamíferos que en el presente no viven en rebaños o bandadas han vivido antes en sociedades, hasta que el género humano se multiplicó sobre la superficie de la tierra y comenzó a librar contra ellos una guerra de exterminio, y del mismo modo comenzó a destruir las fuentes de sus alimentos. "On ne s'associe pas pour mourir" -observó justamente Espinas (en el libro *Les Sociétés animales).* Houzeau, que conocía bien el mundo animal de algunas partes de América antes de que los animales sufrieran el exterminio en gran escala de que los hizo objeto el hombre, expresó en sus escritos el mismo pensamiento.

La vida social se encuentra en el mundo animal en todos los grados de desarrollo; y de acuerdo con la gran idea de Herbert Spencer, tan brillantemente desarrollada en el trabajo de Perrier, *Colonies Animales,* las "colonias", es decir, sociedades estrechamente ligadas, aparecen ya en el principio mismo del desarrollo del mundo animal. A medida que nos elevamos en la escala de la evolución, vemos cómo las sociedades de los animales se vuelven más y más conscientes. Pierden su carácter puramente físico, luego cesan de ser instintivas y se hacen razonadas. Entre los vertebrados superiores, la sociedad es ya temporaria, periódica, o sirve para la satisfacción de alguna necesidad definida, por ejemplo la reproducción, las migraciones, la caza o la defensa mutua. Se hace hasta accidental, por ejemplo, cuando las aves se reúnen contra un rapaz, o los mamíferos se juntan para emigrar bajo la presión de circunstancias excepcionales. En este último caso, la sociedad se convierte en una desviación *voluntaria* del modo habitual de vida.

Además, la unión a veces es de dos o tres grados: al principio, la familia; después, el grupo, y por último, la sociedad de grupos, ordinariamente dispersos, pero que se reúnen en caso de necesidad, como hemos visto en el ejemplo de los búfalos y otros rumiantes durante sus cambios de lugar. La asociación también toma formas más elevadas, y entonces asegura mayor independencia para cada individuo, sin privarlo, al mismo tiempo, de las ventajas de la vida social. De tal modo, en la mayoría de los roedores, cada familia tiene su propia vivienda, a la que puede retirarse si de esa el aislamiento; pero esas viviendas se distribuyen en pueblos y ciudades enteras, de modo que aseguren a todos los habitantes las comodidades todas y los placeres de la vida social. Por último, en algunas especies, como, por ejemplo, las ratas, marmotas, liebres, etc... , la sociabilidad de la vida se mantiene a pesar de su carácter pendenciero, o, en general, a pesar de las inclinaciones egoístas de los individuos tomados separadamente.

En estos casos, la vida social, por consiguiente, no está condicionada, como en las hormigas y abejas, por la estructura fisiológica; aprovechan de ella, por las ventajas que presenta, la ayuda mutua o por los placeres que proporciona. Y esto, finalmente, se manifiesta en todos los grados posibles, y la mayor variedad de caracteres individuales y específicos y la mayor variedad de formas de vida social es su consecuencia, y para nosotros una prueba más de su generalidad.

La sociabilidad, es decir, la necesidad experimentada por los animales de asociarse con sus semejantes, el amor a la sociedad por la sociedad, unido al "goce de la vida", sólo ahora comienza a recibir la debida atención por parte de los zoólogos. Actualmente sabemos que todos los animales, comenzando por las hormigas, pasando a las aves y terminando con los mamíferos superiores, aman los juegos, gustan de luchar y correr uno en pos de otro, tratando de atraparse mutuamente, gustan de burlarse, etcétera, y así muchos juegos son, por así decirlo, la escuela preparatoria para los individuos jóvenes, preparándolos para obrar convenientemente cuando entren en la madurez; a la par de ellos, existen también juegos que, aparte de sus fines utilitarios, junto con las danzas y canciones, constituyen la simple manifestación de un exceso de fuerzas vitales, "de un goce de la vida", y expresan el deseo de entrar, de un modo u otro, en sociedad con los otros individuos de su misma especie, o hasta de otra. Dicho más brevemente, estos juegos constituyen la manifestación de *la sociabilidad* en el verdadero sentido de la palabra, como rasgo distintivo de *todo* el mundo animal. Ya sea el sentimiento de miedo experimentado ante la aparición de un ave de rapiña, o una "explosión de alegría" que se manifiesta cuando los animales están sanos y, en especial, son jóvenes, o bien sencillamente el deseo de liberarse del exceso de impresiones y de la fuerza vital bullente, la necesidad de comunicar sus impresiones a los demás, la necesidad del juego en común, de parlotear, o simplemente la sensación de la proximidad de otros seres vivos, parientes, *esta necesidad se extiende a toda la naturaleza;* y en tal alto grado como cualquier función fisiológica, constituye el rasgo característico de la *vida* y la impresionabilidad en general. Esta necesidad alcanza su más elevado desarrollo y toma las formas más bellas en los mamíferos, especialmente en los individuos jóvenes, y más aún en las aves; pero ella se extiende a toda la naturaleza. Ha sido detenidamente observada por los mejores naturalistas, incluyendo a Pierre Huber, aun entre las hormigas; y no hay duda de que esa misma necesidad, ese mismo instinto, reúne a las mariposas y otros insectos en, las enormes columnas de que hemos hablado antes.

La costumbre de las aves de reunirse para danzar juntas y adornar los lugares donde se entregan habitualmente a las danzas probablemente es bien conocida por los lectores, aunque sea gracias a las páginas que Darwin dedicó a esta materia en su *Origen del Hombre* (cap. XIII). Los visitantes del jardín zoológico de Londres conocen también la glorieta, bellamente adornada, del "pajarito satinado" construida con ese mismo fin. Pero esta costumbre de danzar resulta mucho más extendida de lo que antes se suponía, y W. Hudson, en su obra maestra sobre la región del Plata, hace una descripción sumamente interesante de las complicadas danzas ejecutadas por numerosas especies de aves: rascones, jilgueros, avefrías.

La costumbre de cantar en común que existe en algunas especies de aves, pertenece a la misma categoría de instintos sociales. En grado asombro está desarrollada en el chajá sudamericano *(Chauna Chavarria,* de raza próxima al ganso) y al que los ingleses dieron el apodo más prosaico de "copetuda chillona". Estas aves se reúnen, a veces, en enormes bandadas y en tales casos organizan a menudo todo un concierto, Hudson las encontró cierta vez en cantidades innumerables, posadas alrededor de un lago de las Pampas, en bandadas separadas de unas quinientas aves.

"Pronto -dice- una de las bandadas que se hallaba cercana a mí comenzó a cantar, y este coro poderoso no cesó durante tres o cuatro minutos. Cuando hubo cesado, la bandada vecina comenzó el canto, y, a continuación de ella, la siguiente, y así sucesivamente hasta que llegó el canto de la bandada que se hallaba en la orilla opuesta del lago, y cuyo sonido se transmitía claramente por el agua; luego, poco a poco, se callaron y de nuevo comenzó a resonar a mi lado."

Otra vez el mismo zoólogo tuvo ocasión de observar a una innumerable bandada de chajás que cubría toda la Ranura, pero esta vez dividida no en secciones, sino en parejas y en grupos pequeños. Alrededor de. las nueve de la noche, "de repente toda esta masa de aves, que cubría los pantanos en millas enteras a la redonda, estalló en un poderoso canto vespertino... Valía la pena cabalgar un centenar de millas para escuchar tal concierto".

A la observación precedente se puede agregar que el chajá, como todos los animales sociales, se domestica fácilmente y se aficiona mucho al hombre. Dícese que "son aves pacíficas que raramente disputan" a pesar de estar bien armadas y provistas de espolones bastante amenazadores en las alas. La vida en sociedad, sin embargo, hace superflua esta arma.

El hecho de que la vida social sirva de arma poderosísima en la lucha por la existencia (tomando este término en el sentido amplio de la palabra) es confirmado, como hemos visto en las páginas precedentes, por ejemplos bastante diversos, y de tales ejemplos, si necesario fuera, se podría citar un número incomparablemente mayor. La vida en sociedad, como hemos visto, da a los insectos más débiles, a las aves más débiles y a los mamíferos más débiles, la posibilidad de defenderse de los ataques de las aves y animales carnívoros más temibles, o prevenirse de ellos. Ella les asegura la longevidad; da a las especies la posibilidad de criar una descendencia con el mínimo de desgaste innecesario de energías y de sostener su número aun en caso de natalidad muy baja; permite a lo animales gregarios realizar sus migraciones y encontrar nuevos lugares de residencia. Por esto, aun reconociendo enteramente que la fuerza, la velocidad, la coloración protectora, la astucia, y la resistencia al frío y hambre, mencionadas por Darwin y Wallace realmente constituye cualidades que hacen al individuo o a las especies más aptos en *algunas* circunstancias, nosotros, junto con esto, afirmamos que la sociabilidad es la ventaja más grande en la lucha por la existencia en *todas las* circunstancias naturales, sean cuales fueran. Las especies que voluntaria o involuntariamente reniegan de ella, están condenadas a. la extinción, mientras que los animales que saben unirse del mejor modo, tienen mayores oportunidades para subsistir y para un desarrollo máximo, a pesar de ser inferiores a los otros en *cada una* de las particularidades enumeradas por Darwin y Wallace, con excepción solamente de las facultades intelectuales. Los vertebrados superiores, y en especial él género humano, sirven como la mejor demostración de esta afirmación.

En cuanto a las facultades intelectuales desarrolladas, todo darwinista está de acuerdo con Darwin en que ellas constituyen el instrumento más poderoso en la lucha por la existencia y la fuerza más poderosa para el desarrollo máximo;

pero debe estar de acuerdo, también, en que las facultades intelectuales, más aún que todas las otras, están condicionadas en su desarrollo por la vida social. La lengua, la imitación, la experiencia acumulada, son condiciones necesarias para el desarrollo de las facultades intelectuales, y precisamente los animales no sociables suelen estar desprovistos de ellas. Por eso nosotros encontramos que en la cima de las diversas clases se hallan animales tales como la abeja, la hormiga y termita, en los insectos, entre los cuales está altamente desarrollada la sociabilidad, y con ella, naturalmente, las facultades intelectuales.

"Los más aptos", los mejor dotados para la lucha con todos los elementos hostiles son, de tal modo, los animales sociales, de manera que *se puede reconocer la sociabilidad como el factor principal de la evolución progresiva,* tanto indirecto, porque asegura el bienestar de la especie junto con la disminución del gasto inútil de energía, como directo, porque favorece el crecimiento de las facultades intelectuales".

Además, es evidente que la vida en sociedad sería completamente imposible sin el correspondiente desarrollo de los sentimientos sociales, en especial, si el sentimiento colectivo de justicia (principio fundamental de la moral) no se hubiera desarrollado y convertido en costumbre. Si cada individuo abusara constantemente de sus ventajas personales y los restantes no intervinieran en favor del ofendido, ninguna clase de vida social sería posible. Por esto, en todos los animales sociales, aunque sea poco, debe desarrollarse el sentimiento de justicia. Por grande que sea la distancia de donde vienen las golondrinas o las grullas, tanto las unas como las otras vuelven cada una al mismo nido que construyeron o repararon el año anterior. Si algún gorrión perezoso (o joven) trata de apoderarse de un nido que construye su camarada, o aun robar de él algunas pajuelas, todo el grupo local de gorriones interviene en contra del camarada perezoso; lo mismo en muchas otras aves, y es evidente que, si semejantes intervenciones no fueran la regla general, entonces las sociedades de aves para el anidamiento serían imposibles. Los grupos separados de pingüinos tienen su lugar de descanso y su lugar de pesca y no se pelean por ellos. Los rebaños de ganado cornúpeta de Australia tienen cada uno su lugar determinado, adonde invariablemente se dirigen día a día a descansar, etcétera.

Disponemos de gran cantidad de observaciones directas que hablan del acuerdo que reina entre las sociedades de aves anidadoras, en las poblaciones de roedores, en los rebaños de herbívoros, etc.; pero, por otra parte, sabemos que son muy pocos los animales sociales que disputan constantemente entre sí, como hacen las ratas de nuestras despensas, o las morsas que pelean por el lugar para calentarse al sol en las riberas que ocupan. La sociabilidad, de tal modo, pone límites a la lucha física y da lugar al desarrollo de los mejores sentimientos morales. Es bastante conocido el elevado desarrollo del amor paternal en todas las clases de animales, sin exceptuar siquiera a los leones y tigres. ¡Y en cuanto a las aves jóvenes y a los mamíferos, que vemos constantemente en relaciones mutua!, en sus sociedades reciben ya el máximo desarrollo, la simpatía, la comunidad de sentimientos y no el amor de sí mismos.

Dejando de lado los actos realmente conmovedores de apego y compasión que se han observado tanto entre los animales domésticos como entre los salvajes mantenidos en cautiverio, disponemos de un número suficiente de hechos plenamente comprobados que testimonian la manifestación del sentimiento de compasión entre los animales salvajes en libertad. Max Perty y L. Büchner reunieron no pocos de tales hechos. El relato de Wood de cómo una marta apareció para levantar y llevarse a una compañera lastimada goza de una popularidad bien merecida. A la misma categoría de hechos se refiere la conocida observación del capitán Stanbury, durante su viaje por la altiplanicie de Utah, en las Montañas Rocosas, citada por Darwin. Stanbury observó a un pelicano ciego que era alimentado, y bien alimentado, por otros pelícanos, que le traían pescado desde cuarenta y cinco verstas. H. Weddell, durante su viaje por Bolivia y Perú, observó más de una vez que, cuando un rebaño de vicuñas es perseguido por cazadores, los machos fuertes cubren la retirada del rebaño, separándose a propósito para proteger a los que se retiran. Lo mismo se observa constantemente en Suiza entre las cabras salvajes. Casos de compasión de los animales hacia sus camaradas heridos son constantemente citados por los zoólogos que estudian la vida de la naturaleza: y sólo ha de asombrarse uno por la vanagloria del hombre, que desea indefectiblemente apartarse del mundo animal, cuando se ve que semejantes casos no son generalmente reconocidos.

Además, son perfectamente naturales. La compasión necesariamente se desarrolla en la vida social. Pero la compasión, a su vez, indica un progreso general importante en el campo de las facultades intelectuales y de la sensibilidad. Es el primer paso hacia el desarrollo de los sentimientos morales superiores, y, a su vez, se vuelve agente poderoso del máximo desarrollo progresivo, de la evolución.

Si las opiniones expuestas en las páginas precedentes son correctas, entonces surge, naturalmente, la cuestión: ¿hasta dónde concuerdan con la teoría de la lucha por la existencia, de la manera como ha sido desarrollada por Darwin, Wallace y sus continuadores? Y yo contestaré brevemente ahora a esta importante cuestión. Ante todo, ningún naturalista dudará de que la idea de la lucha por la existencia, conducida a través de toda la naturaleza orgánica, constituye la más grande generalización de nuestro siglo. La vida *es* lucha, y en esta lucha sobreviven los más aptos. Pero, la cuestión reside en esto: ¿llega esta competencia hasta los límites supuestos por Darwin o, aún, por Wallace? y, ¿desempeñó en el desarrollo del reino animal el papel que se le atribuye?

La idea que Darwin llevó a través de todo su libro sobre el origen de las especies es, sin duda, la idea de la existencia de una verdadera competencia, de una lucha dentro de cada grupo animal por el alimento, la seguridad y la posibilidad de dejar descendencia. A menudo habla de regiones saturadas de vida animal hasta los límites máximos, y de tal saturación deduce la inevitabilidad de la competencia, de la lucha entre los habitantes. Pero si empezamos a buscar en su libro pruebas reales de tal competencia, debemos reconocer que no existen testimonios suficientemente convincentes. Si acudirnos al párrafo titulado "La lucha por la existencia es rigurosísima entre individuos y variedades de una misma especie", no encontramos entonces en él aquella abundancia de pruebas y ejemplos que estamos acostumbrados a encontrar en toda obra de Darwin. En confirmación de la lucha entre los individuos de una misma especie no se trae, bajo el título arriba citado, ni un ejemplo; se acepta como axioma. La competencia entre las especies cercanas de animales es afirmada sólo por cinco ejemplos, de los cuales, en todo caso, uno (que se refiere a dos especies de mirlos) resulta dudoso, según las más recientes observaciones, y otro (referente a las ratas), también suscitará dudas.

Si comenzamos a buscar en Darwin mayores detalles con objeto de convencernos hasta dónde el crecimiento de una especie realmente está condicionado por el decrecimiento de otra especie, encontramos que, con su habitual rectitud, dice él lo siguiente:

"Podemos conjeturar (dimley see) por qué la competencia debe ser tan rigurosa entre las formas emparentadas que llenan casi un mismo lugar en la naturaleza; pero, probablemente en ningún caso podríamos determinar con precisión por qué una especie ha logrado la victoria sobre otras en la gran batalla de la vida.

En cuanto a Wallace, que cita en su exposición del darwinismo los mismos hechos, pero bajo el título ligeramente modificado ("La lucha por la existencia entre los animales y las plantas estrechamente emparentadas *a menudo* es rigurosísima"), hace la observación siguiente, que da a los hechos arriba citados un aspecto completamente distinto. Dice (las cursivas son mías):

"*En algunos casos,* sin duda, se libra una verdadera guerra entre dos especies, y la especie más fuerte mata a la más débil; *pero esto de ningún modo es necesario* y pueden darse casos en que especies más débiles físicamente pueden vencer, debido a su mayor poder de multiplicación rápida, a la mayor resistencia con respecto a las condiciones climáticas hostiles o a la mayor astucia que les permite evitar los ataques de sus enemigos comunes."

De tal manera, en casos semejantes, lo que se atribuye a la competencia, a la lucha, *puede ocurrir que de ningún modo sea competencia ni lucha.* De ningún modo una especie desaparece porque otra especie la ha exterminado o la ha hecho morir de consunción tomándole los medios de subsistencia, sino porque no pudo adaptarse bien a nuevas condiciones, mientras que la otra especie logré hacerlo. La expresión "lucha por la existencia" tal vez se emplea aquí, una vez más, en su sentido figurado, y por lo visto no tiene otro sentido. En cuanto a la competencia real por el alimento entre los individuos de *una misma especie* que Darwin ilustró en otro lugar con un ejemplo tomado de la vida del ganado cornúpeta de América del Sur *durante una sequía,* el valor de este ejemplo disminuye significativamente porque ha sido tomado de la vida de animales domésticos. En circunstancias semejantes, los bisontes emigran con el objeto de evitar la competencia por el alimento. Por más rigurosa que sea la lucha entre las plantas -y está plenamente demostrada-, podemos sólo repetir con respecto a ella la observación de Wallace: "Que las plantas viven allí donde pueden", mientras que los animales, en grado considerable, tienen la posibilidad de elegirse ellos mismos el lugar de residencia. Y nosotros nos preguntamos de nuevo: ¿en qué medida existe realmente la competencia, la lucha, dentro de cada especie animal? ¿En qué está basada esta suposición?

La misma observación tengo que hacer con respecto al argumento "indirecto" en favor de la realidad de una competencia rigurosa y la lucha por la existencia dentro de cada especie, que se puede deducir del "exterminio de las variedades de transición", mencionadas tan a menudo por Darwin. Lo que pasa es lo siguiente: Como es sabido, durante mucho tiempo ha confundido a todos los naturalistas, y al mismo Darwin la dificultad que él veía en la ausencia de una gran cadena de formas intermedias entre especies estrechamente emparentadas; y sabido es que Darwin buscó la solución de esta dificultad en el exterminio supuesto por él de todas las formas intermedias. Sin embargo, la lectura atenta de los diferentes capítulos en los que Darwin y Wallace habían de esta materia, fácilmente llevan a la conclusión de que la palabra "exterminio" empleada por ellos de ningún modo se refiere al exterminio real, y menos aún al exterminio por falta de alimento y, en general, por la superpoblación. La observación que hizo Darwin acerca del significado de su expresión: "lucha por la existencia", evidentemente se aplica en igual medida también a la palabra "exterminio": la última de ninguna manera puede ser comprendida en su sentido directo, sino únicamente en el sentido "metafórico" figurado.

Si partimos de la suposición que una superficie determinada está saturada de animales hasta los límites máximos de su capacidad, y que, debido a esto, entre todos sus habitantes se libra una lucha aguda por los medios de subsistencia indispensables -y en cuyo caso cada animal está obligado a luchar contra todos sus congéneres para obtener el alimento cotidiano-, entonces la aparición de una variedad nueva, y que ha tenido éxito, sin duda consistirá en muchos casos (aunque no siempre) en la aparición de individuos tales que podrán apoderarse de una parte de los medios de subsistencia mayor que la que les corresponde en justicia; entonces el resultado sería realmente que semejantes individuos condenarían a la consunción tanto a la forma paterna original que no pelee la nueva modificación, como a todas las formas intermedias que ni poseyeran la nueva especialidad en el mismo grado que ellos. Es muy posible que al principio Darwin comprendiera la aparición de las nuevas variedades precisamente en tal aspecto; por lo menos, el uso frecuente de la palabra "exterminio" produce tal impresión. Pero tanto él como Wallace conocían demasiado bien la naturaleza para no ver que de ningún modo ésta es la única solución posible y necesaria.

Si las condiciones físicas y biológicas de una superficie determinada y también la extensión ocupada por cierta especie, y el modo de vida de todos los miembros de esta especie, permanecieron siempre invariables, entonces la aparición repentina de una variedad realmente podría llevar a la consunción y al exterminio de todos los individuos que no poseyeran, en la medida necesaria, el nuevo rasgo que caracteriza a la nueva variedad. Pero, precisamente, no vemos en la naturaleza semejante combinación de condiciones, semejante invariabilidad. Cada especie tiende constantemente a la expansión de su lugar de residencia, y la emigración a nuevas residencias es regla general, tanto para las aves di vuelo rápido como para el caracol de marcha lenta. Luego, en cada extensión determinada de la superficie terrestre, se producen constantemente cambios físicos, y el rasgo característico de las nuevas variedades entre los animales en un inmenso número de casos -quizá en la mayoría- no es de ningún modo la aparición de nuevas adaptaciones para arrebatar el alimento de la boca de sus congéneres -el alimento es sólo una de las centenares de condiciones diversas de la existencia-, sino, como el mismo Wallace demostró en un hermoso párrafo sobre la divergencia de las caracteres" *(Darwinism,* página 107), el principio de la nueva variedad puede ser *la formación de nuevas costumbres, la migración a nuevos lugares de residencia y la transición a nuevas formas de alimentos.*

En todos estos casos, no ocurrirá ningún exterminio, hasta faltará ¡a lucha por el alimento, puesto que la nueva adaptación servirá para *suavizar la competencia, si la última existiera realmente,* y sin embargo, se producirá, transcurrido cierto tiempo, una ausencia de eslabones intermedias como resultado de la simple *supervivencia de aquéllos que están mejor adaptados a las nuevas condiciones.* Se realizará esto también, sin duda, como si ocurriera el exterminio de las formas originales supuesto por la hipótesis. Apenas es necesario agregar que, si admitimos junto con Spencer, junto con todos los lamarckianos y el mismo Darwin, la influencia modificadora del medio ambiente en las especies que viven en él -y la ciencia contemporánea se mueve más y más en esta dirección-, entonces habrá menos necesidad aún de la hipótesis del exterminio de las formas intermedias.

La importancia de las migraciones de los animales para la aparición y el afianzamiento de las nuevas variedades, y, por último, de las nuevas especies, que señaló Moritz Wagner, ha sido bien reconocida posteriormente por el mismo Darwin. En realidad, no es raro que parte de los animales de una especie determinada sean sometidos a nuevas condiciones de vida, y a veces separados de la parte restante de su especie, por lo cual aparece y se afianza una nueva raza o variedad. Esto fue reconocido ya por Darwin, pero las últimas investigaciones subrayaron aún más la importancia de este factor, y mostraron también de qué modo la amplitud del territorio ocupado por esta determinada especie a esta amplitud Darwin, con fundamentos plenos, atribuía gran importancia para la aparición de nuevas variedades puede estar unida al aislamiento de cierta parte de una especie determinada, en virtud de los cambios geológicos locales o la aparición de obstáculos locales. Entrar aquí a juzgar toda esta amplia cuestión sería imposible, pero bastarán algunas observaciones para ilustrar la acción combinada de tales influencias. Corro es sabido, no es raro que parte de una especie determinada recurra a un nuevo género de alimento. Por ejemplo, si se produce una escasez de piñas en los bosques de alerces, las ardillas se trasladan a los pinares, y este cambio de alimento, como señaló Poliakof, produce cambios fisiológicos determinados en el organismo de esas ardillas. Si este cambio de costumbres no se prolonga, si al año siguiente hay otra vez abundancia de piñas en los sombríos bosques de alerces, entonces, evidentemente, no se forma ninguna variedad nueva. Pero si parte de la inmensa extensión ocupada por las ardillas empieza a cambiar de carácter físico, digamos debido a la suavización del clima, o a la desecación, y estas dos causas facilitaran el aumento de la superficie de los pinares en desmedro de los bosques de alerces, y si algunas otras condiciones contribuyeran a hacer que parte de las ardillas se mantuvieran en los bordes de la región, entonces aparecerá una nueva variedad, es decir, una especie nueva de ardillas. Pero la aparición de esta variedad no irá acompañada, decididamente, por nada que pudiese merecer el nombre, de exterminio entre ardillas. Cada año sobrevivirá una proporción algo mayor, en comparación con otras, de ardillas de esta variedad nueva y mejor adaptada, y los eslabones intermedios se extinguirán en el transcurso del tiempo, de año en año, sin que sus competidores malthusianos las condenen de ningún modo a muerte por hambre. Precisamente procesos semejantes se realizan ante nuestros ojos, debidos a los grandes cambios físicos que se producen en las vastas extensiones de Asia Central a consecuencia de la desecación que evidentemente se viene produciendo allí desde el período glacial.

Tomemos otro ejemplo. Ha sido demostrado por los geólogos que el actual caballo salvaje *(Equus Przewalski) es* el resultado del lento proceso de evolución que se realizó en el transcurso de las últimas partes del período terciario y de todo el cuaternario (el glacial y el posglacial), y durante el transcurso de esta larga serie de siglos, los antecesores del caballo actual no permanecieron en ninguna superficie determinada del globo terrestre. Por lo contrario, erraron por el viejo y el nuevo mundo, y con toda probabilidad, por último, volvieron completamente transformados en el curso de sus numerosas migraciones, a los mismos pastos que dejaron en otros tiempos. De esto resulta claro que, si no encontramos ahora en Asia todos los eslabones intermedios entre el caballo salvaje actual y sus ascendientes asiáticos posterciarios, de ningún modo significa que los eslabones intermedios fueran exterminados. Semejante exterminio jamás ha ocurrido. Ni siquiera puede haber tan elevada mortandad entre las especies ancestrales del caballo actual: los individuos que pertenecían a las variedades y especies intermedias perecieron en las condiciones más comunes -a menudo aun en medio de la abundancia de alimento- y sus restos se hallan dispersos ahora en el seno de la tierra por todo el globo terráqueo. Dicho más brevemente, si reflexionamos sobre esta materia y releemos atentamente lo que el mismo Darwin escribió sobre ella, veremos que si empleamos ya la palabra "exterminio" en relación con las variedades transitorias, hay que utilizarla una vez más en el sentido metafórico, figurado.

Lo mismo es menester observar con respecto a expresiones tales como "rivalidad" o "competencia" (competition). Estas dos expresiones fueron empleadas también constantemente por Darwin (véase, por ejemplo, el capítulo "Sobre la extinción") más bien como imagen o como medio de expresión, no dándole el significado de lucha real por los medios de subsistencia entre las dos partes de una misma especie. En todo caso, la ausencia de las formas intermedias no constituye un argumento en favor de la lucha recrudecida y de la competencia aguda por los medios de subsistencia -de la rivalidad, prolongándose ininterrumpidamente dentro de cada especie animal- es, según la expresión del profesor Geddes, el "argumento aritmético" tomado en préstamo a Malthus.

Pero este argumento no prueba nada semejante. Con el mismo derecho podríamos tomar algunas aldeas del Sureste de Rusia, cuyos habitantes no han sufrido por la carencia de alimento, pero que, al mismo tiempo, nunca tuvieron clase alguna de instalaciones sanitarias; y habiendo observado que en los últimos setenta u ochenta años la natalidad media alcanza en ellas al 60 por 1.000, y, sin embargo, la población durante este tiempo no ha aumentado -tengo en mis manos tales hechos concretos- podríamos quizá llegar a la conclusión de que un tercio de los recién nacidos muere cada año sin haber llegado al sexto mes de vida; la mitad de los niños muere en el curso de los cuatro años siguientes, y de cada centenar de nacidos, sólo 17 alcanzan la edad de veinte años. De tal modo los recién venidos al mundo se van de él antes de alcanzar la edad en que pudieran llegar a ser competidores. Es evidente, sin embargo, que si algo semejante ocurre en el medio humano, ello es más probable aún entre los animales. Y realmente, en el mundo de los plumíferos se produce la destrucción de huevos en medida tan colosal que al principio del verano los huevos constituyen el alimento principal de algunas especies de animales. No hablo ya de las tormentas e inundaciones que destruyen por millones los nidos en América y en Asia, y de los cambios bruscos de tiempo por los cuales perecen en masa los individuos jóvenes de los mamíferos. Cada tormenta, cada inundación, cada cambio brusco de temperatura, cada incursión de las ratas a los nidos de las aves, destruyen a aquellos competidores que parecen tan terribles en el papel. En cuanto a los hechos de la multiplicación extremadamente rápida de los caballos y del ganado cornúpeta de América, y también de los cerdos y de los conejos de Nueva Zelanda, desde que los europeos los introdujeron en esos países, y aun de los animales salvajes importados de Europa (donde su cantidad disminuye por la acción del hombre y no por la de los competidores) es evidente que más bien contradicen la teoría de la superpoblación. Si los caballos y el ganado cornúpeto pudieron multiplicarse en América con tal velocidad, demuestra esto simplemente que, por numerosos que fueran los bisontes y otros rumiantes en el Nuevo Mundo en aquellos tiempos, su población herbívora, sin embargo, estaba muy por debajo de la cantidad que hubiera podido alimentarse en las praderas. Si millones de nuevos inmigrantes hallaron, no obstante, alimento suficiente sin obligar a sufrir hambre a la población anterior de las praderas, deberíamos llegar más bien a la conclusión de que los europeos hallaron en América una cantidad no excesiva, sino *insuficiente* de herbívoros, a pesar de la cantidad increíblemente enorme de bisontes o de palomas silvestres que fue encontrada por los primeros exploradores de América del Norte.

Además, me permito decir que existen bases serias para pensar que tal escasez de población animal constituye la situación natural de las cosas sobre la superficie de todo el globo terrestre, con pocas excepciones, que son temporales, a esta regla general. En realidad, la cantidad de animales existentes en una extensión determinada de la tierra de ningún modo se determina por la capacidad máxima de abastecimiento de este espacio, sino por lo que ofrece cada año en *las condiciones menos favorables.* Lo importante no es saber cuántos millones de búfalos, cabras, ciervos, etc., pueden alimentarse en un territorio determinado durante un verano exuberante y de lluvias moderadas, sino cuántos sobrevivirán si se produce uno de esos veranos secos en que toda la hierba se quema, o un verano húmedo en que territorios semejantes a la. Europa central se convierten en pantanos continuos, como he visto en la, meseta de Vitimsko cuando las praderas y los bosques se incendian en miles de verstas cuadradas, como hemos visto en Siberia y en Canadá.

He aquí por qué, debido a esta sola cansa, la competencia, la lucha por el alimento, difícilmente puede ser condición normal de la vida. Pero, aparte de esto, otras causas hay que a su vez rebajan aún más este nivel no tan alto de población. Si tomamos los caballos (y también el ganado cornúpeta) que pasan todo el invierno pastando en las estepas de la Transbaikalia, encontramos, al finalizar el invierno, a todos ellos mira, enflaquecidos y exhaustos. Este agotamiento, por otra parte, no es resultado de la carencia de alimento, puesto que debajo de la delgada capa de nieve, por doquier, hay pasto en abundancia: su causa reside el, la dificultad de extraer el pasto que está debajo de la nieve, y esta dificultad es la misma para todos los caballos. Además, a principios de la primavera suele haber escarcha, y si se prolonga ésta algunos días sucesivos los caballos son víctimas de una extenuación aún mayor. Pero frecuentemente, a continuación, sobrevienen las nevascas, las tormentas de nieve, y entonces los animales, ya debilitados, suelen verse obligados a permanecer algunos días completamente privados de alimento, y por ello caen cantidades muy grandes. Las pérdidas durante la primavera suelen ser tan elevadas, que si ésta se ha distinguido por una extrema crudeza no pueden ser reparadas ni aún por el nuevo aumento, tanto más cuanto que todos los caballos suelen estar agotados y los potrillos nacen débiles. La cantidad de caballos y de ganado cornúpeto siempre se mantiene, de tal modo, considerablemente inferior al nivel en que podrían mantenerse si no existiera esta causa especial: la primavera fría y tormentosa. Durante todo el año hay alimento en abundancia: alcanzaría para una cantidad de animales cinco o diez veces mayor de la que existe In realidad; y sin embargo, la población animal de las estepas crece forma extremadamente lenta, pero apenas los buriatos, amos del gana y de los rebaños de caballos, comienzan a hacer aun la más insignificante provisión de heno en las estepas, y les permiten el acceso durante la escarcha o las nieves profundas, inmediatamente se observará el aumento de sus rebaños.

En las mismas condiciones se encuentran casi todos los animales herbívoros que viven en libertad, y muchos roedores de Asia y América; por eso podemos afirmar con seguridad que su número no se reduce por obra de la rivalidad y de la lucha mutua; que en ninguna época tienen que, luchar por alimentos: y que si nunca se reproducen hasta llegar al grado de superpoblación, la razón reside en el clima, y no en la lucha mutua por el alimento.

La importancia en la naturaleza de los *obstáculos naturales* a la reproducción excesiva: y en especial su relación con la hipótesis de la Competencia, aparentemente nunca fue tomada todavía en consideración en la medida debida. Estos obstáculos, o, más exactamente, algunos de ellos se citan de paso, pero, hasta ahora, no se ha examinado en detalle su acción. Sin embargo, si se compara la acción real de las causas naturales sobre la vida de las especies animales, con la acción posible de la rivalidad dentro de las especies, debemos reconocer en seguida que la última no soporta ninguna comparación con la anterior. Así, por ejemplo, Bates menciona la cantidad sencillamente inimaginable de hormigas aladas que perecen cuando enjambran. Los cuerpos muertos o semimuertos de la hormiga de fuego *(Myrmica saevissima),* arrastrados al río durante una tormenta, "presentaban una línea de una pulgada o dos de alto y de la misma anchura, y la línea se extendía sin interrupción en la extensión de algunas millas, al borde del agua". Miríadas de hormigas suelen ser destruidas de tal modo, en medio de una naturaleza que podría alimentar mil veces más hormigas de las que vivían entonces en este lugar.

El Dr. Altum, forestal alemán que escribió un libro muy instructivo los animales dañinos a nuestros bosques, aporta también muchos hechos que demuestran la gran importancia de los obstáculos naturales a la multiplicación excesiva. Dice que una sucesión de tormentas o el tiempo frío y neblinoso durante la enjumbrazón de la polilla de pino *(Bombyx Pini),* la destruye en cantidades inverosímiles, y en la primavera del año 1871 todas estas polillas desaparecieron de golpe, probablemente destruidas por una sucesión de noches frías. Se podrían citar ejemplos semejantes, relativos a los insectos de diferentes partes de Europa. El Dr. Altum también menciona las aves que devoran a las y la enorme cantidad de huevos de este insecto destruidos por los zorros; pero agrega que los hongos parásitos que la atacan periódicamente son enemigos de la polilla considerablemente más terribles que cualquier ave, puesto que destruyen a la polilla de golpe, en una extensión enorme. En cuanto a las diferentes especies de ratones *(Mus sylvaticus, Arvicola orvalis, y Aeagretis)* Altum, exponiendo una larga lista de sus enemigos, observa: "Sin embargo, los enemigos más terribles de los ratones no son los otros animales, sino los cambios bruscos de tiempo que se producen casi todos los años". Si las heladas y el tiempo templado se alternan, destruyen a los ratones en cantidades innumerables; "un solo cambio brusco de tiempo puede dejar, de muchos miles de ratones, nada más que algunos individuos vivos". Por otra parte, un invierno templado, o un invierno que avanza paulatinamente, les da la posibilidad de multiplicarse en proporciones amenazantes, a pesar de cualesquiera enemigos; así fue en los años 1876 y 1877. La rivalidad es, de tal modo, con respecto a los ratones, un factor completamente insignificante en comparación con el tiempo. Hechos del mismo género son citados por el mismo autor también con respecto a las ardillas.

En cuanto a las aves, todos sabemos bien cómo sufren por los cambios bruscos de tiempo. Las nevascas a fines de la primavera son tan ruinosas para las aves en los pantanos de Inglaterra como en la Siberia y Ch. Dixon tuvo ocasión de ver a las gelinotas reducidas por el frío de inviernos excepcionalmente crudos, a tal extremo, que abandonaban lugares salvajes en grandes cantidades "y conocemos casos en que eran cogidas en las calles de Sheffield". El tiempo húmedo y prolongado -agrega- es también casi desastroso para ellas".

Por otra parte, las enfermedades contagiosas que afectan de tiempo en tiempo a la mayoría de las especies animales, las destruyen en tal cantidad que a menudo las pérdidas no pueden ser repuestas durante muchos años, ni aun entre los animales que se multiplican más rápidamente. Así, por ejemplo, allá por el año 40, los *susliki* súbitamente desaparecieron de los alrededores de Sarepta, en la Rusia suroriental, debido a cierta epidemia, y durante muchos años no fue posible encontrar en estos lugares ni un *susliki.* Pasaron muchos años antes de que se multiplicaran como anteriormente.

Se podría agregar en cantidad hechos semejantes, cada uno de los cuales disminuye la importancia atribuida a la competencia y a la lucha dentro de las especies. Naturalmente, se podría contestar con las palabras de Darwin, de que, sin embargo, cada ser orgánico, "en cualquier periodo de su vida, en el transcurso de cualquier estación del año, en cada generación, o de tiempo en tiempo, debe luchar por la existencia y sufrir una gran destrucción", y de que sólo los más aptos sobrevivan a tales períodos de dura lucha por la existencia. Pero si la evolución del mundo animal estuviera basada exclusivamente, o aun preferentemente en la supervivencia de los más aptos en *períodos de calamidades,* si la selección natural estuviera limitada en su acción a los períodos de sequía excepcional, o cambios bruscos de temperatura o inundaciones, entonces *la regla general en el mundo animal seria la regresión, y no el progreso.*

Aquellos que sobreviven al hambre, o a una epidemia severa de cólera, viruela o difteria, que diezman en tales medidas como las que se observan en países incivilizados, de ninguna manera son *ni más fuertes, ni más sanos ni más inteligentes.* Ningún progreso podría basarse sobre semejantes supervivencias, tanto más cuanto que *todos* los que han sobrevivido ordinariamente salen de la experiencia con la salud quebrantada, como los caballos de Transbaikalia que hemos mencionado antes, o las tripulaciones de los barcos árticos, o las guarniciones de las fronteras obligadas a vivir durante algunos meses a media ración y que, al levantarse el sitio, salen con la salud destrozada y con una mortalidad completamente anormal como consecuencia. Todo lo que la selección natural puede hacer en los períodos de calamidad se reduce a la conservación de los individuos dotados de una mayor *resistencia para* soportar toda clase de privaciones. Tal es el papel de la selección natural entre los caballos siberianos y el ganado cornúpeto. Realmente se distinguen por su resistencia; pueden alimentarse, en caso de necesidad, con abedul polar, pueden hacer frente al frío y al hambre, pero, en cambio, el caballo siberiano sólo puede llevar la mitad de la carga que lleva el caballo europeo sin esfuerzo; ninguna vaca siberiana da la mitad de la cantidad de leche que da la vaca Jersey, y ningún indígena de los países salvajes soporta la comparación con los europeos. Esos indígenas pueden resistir más fácilmente el hambre y el frío, pero sus fuerzas físicas son considerablemente inferiores a las fuerzas del europeo que se alimenta bien, y su progreso intelectual se produce con una lentitud desesperante. "Lo malo no puede engendrar lo bueno", como escribió Chemishevsky en un ensayo notable consagrado al darwinismo.

Por fortuna, la competencia no constituye regla general ni para el mundo animal ni para la humanidad. Se limita, entre los animales, a períodos determinados, y la selección natural encuentra mejor terreno para su actividad. Mejores condiciones para la selección *progresiva son* creadas por medio de la *eliminación de la competencia,* por medio de la ayuda mutua y del apoyo mutuo. En la gran lucha por la existencia -por la mayor plenitud e intensidad de vida posible con el mínimo de desgaste innecesario de energía- la selección natural busca continuamente medios, precisamente con el fin de evitar la competencia en cuanto sea posible. Las hormigas se unen en nidos y tribus; hacen provisiones, crían "vacas" para sus necesidades, y de tal modo evitan la competencia; y la selección natural escoge de todas las hormigas aquellas especies que mejor saben evitar la competencia intestina, con sus consecuencias perniciosas inevitables. La mayoría de nuestras aves se trasladan lentamente al Sur, a medida que avanza el invierno, o se reúnen en sociedades innumerables y emprenden viajes largos, y de tal modo evitan la competencia. Muchos roedores se entregan al sueño invernal cuando llega la época de la posible competencia, otras razas de roedores se proveen de alimento para el invierno y viven en común en grandes poblaciones a fin de obtener la protección necesaria durante el trabajo. Los ciervos, cuando los líquenes se secan en el interior del continente emigran en dirección del mar. Los búfalos atraviesan continentes inmensos en busca de alimento abundante. Y las colonias de castores, cuando se reproducen demasiado en un río, se dividen en dos partes: los viejos descienden el río, y los jóvenes lo remontan, para evitar la competencia. Y si, por último, los animales no pueden entregarse al sueño invernal ni emigrar, ni hacer provisiones de alimentos, ni cultivar ellos mismos el alimento necesario como hacen las hormigas, entonces se portan como los paros (véase la hermosa descripción de Wallace en *Darwinism;* cap. V); a saber: recurren a una nueva clase de alimento, y, de tal modo, una vez más, evitan incompetencias.

"Evitad la competencia. Siempre es dañina para la especie, y vosotros tenéis abundancia de medios para evitarla". Tal es la tendencia de la naturaleza, no siempre realizable por ella, pero siempre inherente a ella. Tal es la consigna que llega hasta nosotros desde los matorrales, bosques, ríos y océanos. "Por consiguiente: ¡Uníos! ¡Practicad la ayuda mutua! Es el medio más justo para garantizar la seguridad máxima tanto para cada uno en particular como para todos en general; es la mejor garantía para la existencia y el progreso físico, intelectual y moral".

He aquí lo que nos enseña la naturaleza; y esta voz suya la escucharon todos los animales que alcanzaron la más elevada posición en sus clases respectivas. A esta misma orden de la naturaleza obedeció el hombre -el más primitivo- y sólo debido a ello alcanzó la posición que ocupa ahora. Los capítulos siguientes, consagrados a la ayuda mutua en las sociedades humanas, convencerán al lector de la verdad de esto.

# Capítulo 3

## LA AYUDA MUTUA ENTRE LOS SALVAJES

Hemos considerado rápidamente, en los dos capítulos precedentes, el enorme papel de la ayuda mutua y del apoyo mutuo en el desarrollo progresivo del mundo animal. Ahora tenemos que echar una mirada al papel que los mismos fenómenos desempeñaron en la evolución de la humanidad. Hemos visto cuán insignificante es el número de especies animales que llevan una vida solitaria, y, por lo contrario, cuán innumerables la cantidad de especies que viven en sociedades, uniéndose con fines de defensa mutua, o bien para cazar y acumular depósitos de alimentos, para criar la descendencia o, simplemente, para el disfrute de la vida en común. Hemos visto, también, que aunque la lucha que se libra entre las diferentes clases de animales, diferentes especies, aun entre los diferentes grupos de la misma especie, no es poca, sin embargo, hablando en general, dentro del grupo y de la especie reinan la paz y el apoyo mutuo; y aquellas especies que poseen mayor inteligencia para unirse y evitar la competencia y la lucha, tienen también mejores oportunidades para sobrevivir y alcanzar el máximo desarrollo progresivo. Tales especies florecen mientras que las especies que desconocen la sociabilidad van a la decadencia.

Evidente es que el hombre seria la contradicción de todo lo que sabemos de la naturaleza si fuera la excepción a esta regla general: si un ser tan indefenso como el hombre en la aurora de su existencia hubiera hallado protección y un camino de progreso, no en la ayuda mutua, como en los otros animales, sino en la lucha irrazonada por ventajas personales, sin prestar atención a los intereses de todas las especies. Para toda inteligencia identificada con la idea de la unidad de la naturaleza, tal suposición parecerá completamente inadmisible. Y sin embargo, a pesar de su inverosimilitud y su falta de lógica, ha encontrado siempre partidarios. Siempre hubo escritores que han mirado a la humanidad como pesimistas. Conocían al hombre, más o menos superficialmente, según su propia experiencia personal limitada: en la historia se limitaban al conocimiento de lo que nos contaban los cronistas que siempre han prestado atención principalmente a las guerras, a las crueldades, a la opresión; y estos pesimistas llegaron a la conclusión de que la humanidad no constituye otra cosa que una sociedad de seres débilmente unidos y siempre dispuestos a pelearse entre sí, y que sólo la intervención de alguna autoridad impide el estallido de una contienda general.

Hobbes, filósofo inglés del siglo XVII, el primero después de Bacon que se decidió a explicar que las concepciones morales del hombre no habían nacido de las sugestiones religiosas, se colocó, como es sabido, precisamente en tal punto de vista. Los hombres primitivos, según su opinión, vivían en una eterna guerra intestina, hasta que aparecieron entre ellos los legisladores, sabios y poderosos que asentaron el principio de la convivencia pacífica.

En el siglo XVIII, naturalmente, había pensadores que trataron de demostrar que en ningún momento de su existencia -ni siquiera en el período más primitivo- vivió la humanidad en estado de guerra ininterrumpida, que el hombre era un ser social aún en "estado natural" y que más bien la falta de conocimientos que las malas inclinaciones naturales llevaron a la humanidad a todos los horrores que caracterizaron su vida histórica pasada. Pero, los numerosos continuadores de Hobbes prosiguieron, sin embargo, sosteniendo que el llamado "estado natural" no era otra cosa que una lucha continua entre los hombres agrupados casualmente por las inclinaciones de su naturaleza de bestia.

Naturalmente, desde la época de Hobbes la ciencia ha hecho progresos y nosotros pisamos ahora un terreno más seguro que el que pisaba él, o el que pisaban en la época de Rousseau. Pero la filosofía de Hobbes aún ahora tiene bastantes adoradores, y en los últimos tiempos se ha formado toda una escuela de escritores que, armados, no tanto de las ideas de Darwin como de su terminología, se han aprovechado de esta última para predicar en favor de las opiniones de Hobbes sobre el hombre primitivo; y consiguieron hasta dar a esta prédica un cierto aire de apariencia científica. Huxley, como es sabido, encabezaba esta escuela, y en su conferencia, leída en el año 1888, presentó a los hombres primitivos como algo a modo de tigres o leones, desprovistos, de toda clase de concepciones sociales, que no se detenían ante nada en la lucha por la existencia, y cuya vida entera transcurría en una -"pendencia continua". "Más allá de los límites familiares orgánicos y temporales, la guerra hobbesiana de cada uno contra todos era -dice- el estado normal de su existencia".

Ha sido observado más de una vez que el error principal de Hobbes, y en general de los filósofos del siglo XVIII, consistía en que se representaban el género humano primitivo en forma de pequeñas familias nómadas, a semejanza de las familias -limitadas y temporales" de los animales carnívoros algo más grandes. Sin embargo, se ha establecido ahora positivamente que semejante hipótesis es por completo incorrecta. Naturalmente, no tenemos hechos directos que testimonien el modo de vida de los primeros seres antropoides. Ni siquiera la época de la primera aparición de tales seres está aún establecida con precisión, puesto que los geólogos contemporáneos están inclinados a ver sus huellas ya en los depósitos plicénicos y hasta en los miocénicos del período terciario. Pero tenemos a nuestra disposición el método indirecto, que nos da la posibilidad de iluminar hasta cierto grado aun ese período lejano. Efectivamente, durante los últimos cuarenta años se han hecho investigaciones muy cuidadosas de las instituciones humanas de las razas más inferiores, y estas investigaciones revelaron, en las instituciones actuales de los pueblos primitivos, las huellas de instituciones más antiguas, hace muchas desaparecidas, pero que, sin embargo, dejaron signos indudables de su existencia. Poco a poco, una ciencia entera, la etnología, consagrada al desarrollo de las instituciones humanas, fue creada por los trabajos de Bachofen, Mac Lennan, Morgan, Edward B. Tylor, Maine, Post, Kovalevsky y muchos otros. Y esta ciencia ha establecido ahora, fuera de toda duda, que la humanidad no comenzó su vida en forma de pequeñas familias solitarias.

La familia no sólo no fue la forma primitiva de organización, sino que, por lo contrario, es un producto muy tardío de la evolución de la humanidad. Por más lejos que nos remontemos en la profundidad de la historia más remota del hombre, encontramos por doquier que los hombres vivían ya en sociedades, en grupos, semejantes a los rebaños de los mamíferos superiores. Fue necesario un desarrollo muy lento y prolongado para llevar estas sociedades hasta la organización del grupo (o clan), que a su vez debió sufrir otro proceso de desarrollo también muy prolongado, antes de que pudieran aparecer los primeros gérmenes de la familia, polígama o monógama.

Sociedades, bandas, clanes, tribus -y no la familia- fueron de tal modo la forma primitiva de organización de la humanidad y sus antecesores más antiguos. A tal conclusión llegó la etnología, después de investigaciones cuidadosas, minuciosas. En suma, esta conclusión podrían haberla predicho los zoólogos, puesto que ninguno de los mamíferos superiores, con excepción de bastantes pocos carnívoros y algunas especies de monos que indudablemente se extinguen (orangutanes y gorilas), viven en pequeñas familias, errando solitarias por los bosques. *Todos los otros viven en sociedades* y Darwin comprendió también que los monos que viven aislados nunca podrían haberse desarrollado en seres antropoides, y estaba inclinado a considerar al hombre como descendiente de alguna especie de mono, comparativamente débil, pero indefectiblemente social, como el chimpancé, y no de una especie más fuerte, pero insociable, como el gorila. La zoología y la paleontología (ciencia del hombre más antiguo) llegan, de tal modo, a la misma conclusión: la forma más antigua de la vida social fue el grupo, el clan y no la familia. Las primeras sociedades humanas simplemente fueron un desarrollo mayor de aquellas sociedades que constituyen la esencia misma de la vida de los animales superiores.

Si pasamos ahora a los datos positivos, veremos que las huellas más antiguas del hombre, que datan del período glacial o posglacial más remoto, presentan pruebas indudables de que el hombre vivía ya entonces en sociedades. Muy raramente suele encontrarse un instrumento de piedra aislado, aun en la edad de piedra más antigua; por el contrario, donde quiera que se ha encontrado uno o dos instrumentos de piedra, pronto se encontraron allí otros, casi siempre en cantidades muy grandes. En aquellos tiempos en que los hombres vivían todavía en cavernas o en las hendiduras de las rocas, como en Hastings, o solamente se refugiaban bajo las rocas salientes, junto con mamíferos desde entonces desaparecidos, y apenas sabían fabricar hachas de piedra de la forma más tosca, ya conocían las ventajas de la vida en sociedad. En Francia, en los valles de los afluentes del Dordogne, toda la superficie de las rocas está cubierta, de tanto en tanto, de cavernas que servían de refugio al hombre paleolítico, es decir, al hombre de la edad de piedra antigua. A veces las viviendas de las cavernas están dispuestas en pisos, y, sin duda, recuerdan más los nidos de una colonia de golondrinas que la madriguera de animales de presa. En cuanto a los instrumentos de sílice hallados en estas cavernas, según la expresión de Lubbock, "sin exageración puede decirse que son innumerables". Lo mismo es verdad con respecto a todas las otras estaciones paleolíticas. A juzgar por las exploraciones de Lartet, los habitantes de la región de Aurignac, en el sur de Francia, organizaban festines tribales en los entierros de sus muertos. De tal modo, los hombres vivían en sociedades, y en ellas aparecieron los gérmenes del rito religioso tribal, ya en aquella época muy lejana, en la aurora de la aparición de los primeros antropoides.

Lo mismo se confirma, con mayor abundancia aún de pruebas respecto al periodo neolítico, más reciente, de la edad de piedra. Las huellas del hombre se encuentran aquí en enormes cantidades, de modo que por ellas se pudo reconstituir en grado considerable toda su manera de vivir. Cuando la capa de hielo (que en nuestro hemisferio debía extenderse de las regiones polares hasta el centro de Francia, Alemania y Rusia, y cubría el Canadá y también una parte considerable del territorio ocupado ahora por los Estados Unidos), comenzó a derretirse, las superficies libradas del hielo se cubrieron primero de ciénagas y pantanos, y luego de innumerables lagos.

En aquella época los lagos, evidentemente, llenaban las depresiones y los ensanchamientos de los valles antes de que las aguas cavaran los cauces permanentes, que en la época siguiente se convirtieron en nuestros ríos. Y dondequiera nos dirijamos ahora, a Europa, Asia o América, encontramos que las orillas de los innumerables lagos de este periodo -que con justicia debería se llamar período lacustre-, están cubiertas de huellas del hombre neolítico. Estas huellas son tan numerosas que sólo podemos asombrarnos de la densidad de la población en aquella época. En las terrazas que ahora marcan las orillas de los antiguos lagos, las "estaciones" del hombre neolítico se siguen de cerca, y en cada una de ellas se encuentran instrumentos de piedra en tales cantidades que no queda ni la menor duda de que durante un tiempo muy largo estos lugares fueron habitados por tribus de hombres bastante numerosas' Talleres enteros de instrumentos de sílice que, a su vez, atestiguan la cantidad de trabajadores que se reunían en un lugar, fueron descubiertos por los arqueólogos.

Hallamos los rastros de un período más avanzado, caracterizado ya por el uso de productos de alfarería, en los llamados "desechos culinarios" de Dinamarca. Como es sabido, estos montones de conchas, de 5 a 10 pies de espesor, de 100 a 200 pies de anchura y 1.000 y más pies de longitud, están tan extendidos en algunos lugares del litoral marítimo de Dinamarca que durante mucho tiempo fueron considerados como formaciones naturales. Y, sin embargo, se componen *"exclusivamente de* los materiales que fueron usados de un modo u otro por el hombre", y están de tal modo repletos de productos del trabajo humano, que Lubbock, durante una estancia de sólo dos días en Milgaard, halló 191 piezas de instrumentos de piedra y cuatro fragmentos de productos de alfarería. Las medidas mismas y la extensión de estos montones de restos culinarios prueban que, durante muchas y muchas generaciones, en las orillas de Dinamarca se asentaron centenares de pequeñas tribus o clanes que sin ninguna duda vivían tan pacíficamente entre sí como viven ahora los habitantes de Tierra del Fuego, quienes también acumulan ahora semejantes montones de conchas y toda clase de desechos.

En cuanto a las construcciones lacustres de Suiza, que representan un grado muy avanzado en el camino de la civilización, constituyen aún mejores pruebas de que sus habitantes vivían en sociedades y trabajaban en común. Sabido es que, ya en la edad de piedra, las orillas de los lagos suizos estaban sembradas de series de aldeas, compuestas de varias chozas, construidas sobre una plataforma sostenida por numerosos pilotes clavados en el fondo del lago. No menos de veinticuatro aldeas, la mayoría de las cuales pertenecían a la edad de piedra, fueron descubiertas en los últimos años en las orillas del lago de Ginebra, treinta y dos en el lago Costanza, y cuarenta y seis en el lago de Neufehatel, etc., cada una como testimonio de la inmensa cantidad de trabajo realizado en común, no por la familia, sino por la tribu entera. Algunos investigadores hasta suponen que la vida de estos habitantes de los lagos estaba en grado notable libre de choques bélicos; y esta hipótesis es muy probable si se toma en consideración la vida de las tribus primitivas, que aún ahora viven en aldeas semejantes, construidas sobre pilotes a orillas del mar.

Se desprende de tal modo, aun del breve esbozo precedente, que al final de cuenta, nuestros conocimientos del hombre primitivo de ningún modo son tan pobres, y en todo caso refutan más que confirman las hipótesis de Hobbes y de sus continuadores contemporáneos. Además, pueden ser completadas en medida considerable si se recurre a la observación directa de las tribus primitivas que en el presente se hallan todavía en el mismo nivel de civilización en que estaban los habitantes de Europa en los tiempos prehistóricos.

Ya ha sido plenamente probado por Ed. B. Tylor y J. Lubbock que los pueblos primitivos que existen ahora de ningún modo representan -como afirmaron algunos sabios- tribus que han degenerado y que en otros tiempos han conocido una civilización más elevada, que luego perdieron. Por otra parte, a las pruebas alegadas contra la teoría de la degeneración se puede agregar todavía lo siguiente: con excepción de pocas tribus que se mantienen en las regiones montañosas poco accesibles, los llamados "salvajes" ocupan una zona que rodea a naciones más o menos civilizadas, preferentemente los extremos de nuestros continentes, que en su mayor parte conservaron hasta ahora el carácter de la época posglacial antigua o que hace poco aún lo tenía. A estos pertenecen los esquimales y sus congéneres en Groenlandia, América Ártica y Siberia Septentrional, y en el hemisferio Sur, los indígenas australianos, papúes, los habitantes de Tierra de Fuego y, en parte, los bosquímanos; y en los límites de la extensión ocupada por pueblos más o menos civilizados, semejantes tribus primitivas se encuentran sólo en el Himalaya, en las tierras altas del Sureste de Asia y en la meseta brasileña. No se debe olvidar que el periodo glacial no terminó de golpe en toda la superficie del globo terrestre; se prolonga hasta ahora en Groenlandia. Debido a esto, en la época en que las regiones litorales del océano Indico, del mar Mediterráneo, del golfo de México gozaban ya de un clima más templado y en ellos se desarrollaba una civilización más elevada, inmensos territorios de Europa Central, Siberia y América del Norte, y también de la Patagonia, Sur del África, Sureste de Asia y Australia, permanecían todavía en las condiciones del período posglacial antiguo, que las hicieron inhabitables para las naciones civilizadas de la zona tórrida y templada. En esa época, las zonas citadas constituían algo así como los actuales y terribles "urman" de la Siberia del Noroeste, y su población, inaccesible a la civilización y no tocada por ella, conservó el carácter del hombre posglacial antiguo.

Solamente más tarde, cuando la desecación hizo estos territorios más aptos para la agricultura, comenzaron a poblarse de inmigrantes más civilizados; y entonces, parte de los habitantes anteriores se fundieron poco a poco con los nuevos colonos, mientras que otra parte se retiraba más y más lejos en dirección a las zonas subglaciales y se asentaba en los lugares donde los encontramos ahora. Los territorios habitados por ellos en el presente conservaron hasta ahora, o conservaban hasta una época no muy lejana, en su aspecto físico, un carácter casi glacial; y las artes y los instrumentos de sus habitantes hasta ahora no salieron aún del período neolítico, es decir, la edad de piedra posterior. Y a pesar de las diferencias de raza y de la extensión que separa estas tribus entre sí, su modo de vida y sus instituciones sociales son asombrosamente parecidos.

Por esto podemos considerar a estos "salvajes" como resto de la población del posglacial antiguo.

Lo primero que nos asombra, no bien comenzamos a estudiar a los pueblos primitivos, es la complejidad de la organización de las relaciones maritales en que viven. En la mayoría de ellos, la familia, en el sentido como la comprendemos nosotros, existe solamente en estado embrionario. Pero al mismo tiempo, los "salvajes" de ningún modo constituyen "una turba de hombres y mujeres poco unidos entre sí, que se reúnen desordenadamente bajo la influencia de caprichos del momento". Todos ellos, por el contrario, se someten a una organización determinada, que Luis Morgan describió en sus rasgos típicos y llamó organización "tribalo de clan".

Exponiendo brevemente esta materia, muy amplia, podemos decir que actualmente no existen más dudas sobre el hecho de que la humanidad, en el principio de su existencia, ha pasado por la etapa de las relaciones conyugales que puede llamarse "matrimonio tribal o comunal"; es decir, los hombres o las mujeres, en tribus enteras, vivían entre sí como los maridos con sus esposas, prestando muy poca atención al parentesco sanguíneo. Pero es indudable también que algunas restricciones a estas relaciones entre los sexos fueron establecidas por la costumbre ya en un período muy antiguo. Las relaciones conyugales fueron pronto prohibidas entre los hijos de una misma madre y la hermana de ella, sus nietas y tías. Más tarde tales relaciones fueron prohibidas entre los hijos e hijas de una misma madre, y siguieron pronto otras restricciones.

Poco a poco se desarrolló la idea de clan *(gens)* que abarcaba a todos los descendientes reales o supuestos de una raíz común (más bien a todos los unidos en un grupo de clan por el supuesto parentesco). Y cuando el clan se multiplicó por la subdivisión en algunos clanes, cada uno de los cuales se dividía, a su vez, en clases (habitualmente en cuatro clases), el matrimonio era permitido sólo entre clases determinadas, estrictamente definidas. Se puede observar un estado semejante aun ahora entre los indígenas de Australia, sus primeros gérmenes aparecieron en la organización de clan. La mujer hecha prisionera durante la guerra con cualquier otro clan, en un período más tardío, el que la había tomado prisionera la guardaba para sí, bajo la observación, además, de determinados deberes hacia el clan. Podía ser ubicada por él en una cabaña separada después de haber pagado ella cierto género de tributo a cada miembro del clan; entonces ella podía fundar dentro del clan una familia separada, cuya aparición evidentemente, abrió una nueva fase de la civilización. Pero en ningún caso la esposa que asentaba la base de la familia especialmente patriarcal podía ser tomada de su propio clan. Podía provenir solamente de un clan extraño.

Si consideramos que esta organización compleja se ha desarrollado entre hombres que ocupaban los peldaños más bajos de desarrollo que conocemos, y que se mantuvo en sociedades que no conocían más autoridad que la autoridad de la opinión pública, comprenderemos en seguida cuán profundamente arraigados debían estar los instintos sociales en la naturaleza humana hasta en los peldaños más bajos de su desarrollo. El salvaje, que podía vivir en tal organización, sometiéndose por propia voluntad a las restricciones que constantemente chocaban con sus deseos personales, naturalmente no se parecía a un animal desprovisto de todo principio ético y cuyas pasiones no conocían freno. Pero este hecho se hace aún más asombroso si tomamos en consideración la antigüedad inconmensurablemente lejana de la organización de clan.

Actualmente es sabido que los semitas primitivos, los griegos de Homero, los romanos prehistóricos, los germanos de Tácito, los antiguos celtas y eslavos, pasaron todos por el período de organización de clan de los australianos, los indios pieles rojas, esquimales y otros habitantes del "cinturón de salvajes".

De tal modo, debemos admitir una de dos: o bien el desarrollo de las costumbres conyugales, por algunas razones, se encaminó en una misma dirección en todas las razas humanas; o bien los rudimentos de las restricciones de clan se desarrollaron entre algunos antepasados comunes que fueron el tronco genealógico de los semitas, arios, polinesios, etc., antes de que estos antepasados se dividieran en razas separadas, y estas restricciones se conservaron hasta el presente entre razas que mucho ha se separaron de la raíz común. Ambas posibilidades, en igual grado, señalan, sin embargo, la asombrosa tenacidad de esta institución -

tenacidad que no pudo destruir durante muchas decenas de milenios ningún atentado que contra ella perpetrara el individuo-. Pero la misma fuerza de la organización del clan demuestra hasta dónde es falsa la opinión en virtud de la cual se representa a la humanidad primitiva en forma de una turba desordenada de individuos que obedecen sólo a sus propias pasiones y que se sirve cada uno de su propia fuerza personal y su astucia para imponerse a todos los otros. El individualismo desenfrenado es manifestación de tiempos más modernos, pero de ninguna manera era propio del hombre primitivo.

Pasando ahora a los salvajes existentes en el presente, podemos comenzar con los bosquímanos, que ocupan un peldaño muy bajo de desarrollo, tan bajo que ni siquiera tienen viviendas y duermen en cuevas cavadas en la tierra o, simplemente, bajo la cubierta de ligeras mamparas de hierbas y ramas que los protegen del viento. Es sabido que cuando los europeos comenzaron a colonizar sus territorios y destruir enormes rebaños salvajes de ciervos que pacían hasta entonces en las llanuras, los bosquímanos comenzaron a robar ganado cornúpeta a los colonos, y estos emigrantes iniciaron entonces una guerra desesperada contra aquéllos; comenzaron a exterminarlos con una bestialidad de la que prefiero no hablar aquí. Quinientos bosquímanos fueron exterminados de tal modo en 1774; en los años 1801 - 1809, la unión de granjeros destruyó tres mil, etc. Los exterminaban como a ratas, dejándoles carne envenenada, a estos hombres llevados al hambre, o los cazaban a tiros como bestias, emboscándose detrás del cadáver de un animal puesto como cebo; los mataban donde los encontraban. De tal modo, nuestro conocimiento de los bosquímanos, recibido, en la mayoría de los casos de los mismos que los exterminaban, no puede destacarse por una especial simpatía. Sin embargo, sabemos que durante la aparición de los europeos, los bosquímanos vivían en pequeños clanes que a veces se reunían en federaciones; que cazaban en común y se repartían la presa, sin peleas ni disputas; que nunca abandonaban a los heridos y demostraban un sólido afecto hacia sus camaradas. Lichtenstein refiere un episodio sumamente conmovedor de un bosquímano que estuvo a punto de ahogarse en el río y fue salvado por sus camaradas. Se quitaron de encima sus pieles de animales para cubrirlo mientras ellos temblaban de frío; lo secaron, lo frotaron ante el fuego y le untaron el cuerpo con grasa tibia, hasta que por fin le volvieron a la vida. Y cuando los bosquímanos encontraron, en la persona de Johann van der Walt, un hombre que los trataba bien, le expresaron su reconocimiento con manifestaciones del afecto más conmovedor. Burchell y Moffat los describen como de buen corazón, desinteresados, fieles a sus promesas y agradecidos cualidades todas ellas que pudieron desarrollarse sólo siendo constantemente practicadas en el seno de la tribu. En cuanto a su amor a los niños, bastará recordar que cuando un europeo quería tener a una mujer bosquímana como esclava, le arrebataba el hijo; la madre siempre se presentaba por sí misma y se hacía esclava para compartir la suerte de su niño.

La misma sociabilidad se encuentra entre los hotentotes, que sobrepasan un poco a los bosquímanos en el desarrollo.

Lubbock habla de ellos como de los "animales más sucios", y realmente son muy sucios. Toda su vestimenta consiste en una piel de animal colgada al cuello, que llevan hasta que cae a pedazos; y sus chozas consisten en algunas varillas unidas por las puntas y cubiertas por esteras: en el interior de las chozas no hay mueble alguno. A pesar de que crían bueyes y ovejas, y, según parece, conocían el uso del hierro antes de encontrarse con s europeos, sin embargo, están hasta ahora en uno de los más bajos peldaños del desarrollo humano. No obstante eso, los europeos que conocían de cerca sus vidas, mencionaban con grandes elogios su sociabilidad y su presteza en ayudarse mutuamente. Si se da algo a un hotentote, en seguida divide lo recibido entre todos los presentes, cuya costumbre, como es sabido, asombró también a Darwin en los habitantes de la Tierra de Fuego. El hotentote no puede comer solo, y por más hambriento que esté, llama a los que pasan y comparte con ellos su alimento. Y cuando Kolben, por esta causa, expresó su asombro, le contestaron: "Tal es la costumbre de los hotentotes". Pero esta costumbre no es propia solamente de los hotentotes: es una costumbre casi universal, observada por los viajeros en todos los "salvajes". Kolben, que conocía bien a los hotentotes y que no pasaba en silencio sus defectos, no puede dejar de elogiar su moral tribal.

"La palabra dada es sagrada para ellos" -escribe-. "Ignoran por completo la corrupción y la deslealtad de los europeos". "Viven muy pacíficamente y raramente guerrean con sus vecinos"... Uno de los más grandes placeres para los hotentotes es el cambio de regalos y servicios>, ... "Por su honestidad, por la celeridad y exactitud en el ejercicio de la justicia, por su castidad, los hotentotes sobrepasan a todos, o casi todos los otros pueblos.

Tachart, Barrow y Moodie confirman plenamente las palabras de Kolben. Sólo es necesario notar que cuando Kolben escribió de los hotentotes que "en sus relaciones mutuas son el pueblo más amistoso, generoso y benévolo, que jamás haya existido en la tierra" (I, 332), dio la definición que repiten continuamente, desde entonces, los viajeros, en sus descripciones de los más diferentes salvajes. Cuando los europeos incultos chocaron por primera vez con las razas primitivas, habitualmente presentaban sus vidas de modo caricaturesco; pero bastó que un hombre inteligente viviera entre salvajes un tiempo más prolongado, para que los describiera como el pueblo "más manso" o -más noble- del mundo. Justamente con esas mismas palabras, los viajeros más dignos de fe caracterizaron a los ostiakos samoyedos, esquimales, dayacos, aleutas, papúes, etc. Semejante declaración tuve ocasión de leer sobre los tunguses, los chukchis, los indios sioux y algunas otras tribus salvajes. La repetición misma de semejantes elogios dice más que tomos enteros de investigaciones especiales.

Los indígenas de Australia ocupan, por su desarrollo, un lugar no más alto que sus hermanos sudafricanos. Sus chozas tienen el mismo carácter, y muy a menudo los hombres se conforman hasta con simples mamparas o biombos de ramas secas para protegerse de los vientos fríos. En su alimento no se destacan por su discernimiento; en caso de necesidad devoran carroña en completo estado de putrefacción, y cuando sobreviene el hambre recurren entonces hasta al canibalismo. Cuando los indígenas australianos fueron descubiertos por vez primera por los europeos, se vio que no tenían ningún otro instrumento que los hechos, en la forma más grosera, de piedra o hueso. Algunas tribus no tenían siquiera piraguas y desconocían por completo el trueque comercial. Y sin embargo, después de un estudio cuidadoso de sus costumbres y hábitos, se vio que tienen la misma organización elaborada de clan de la que se habló más arriba.

El territorio en que viven está dividido habitualmente entre diferentes clanes, pero la región en la cual cada clan realiza la caza o la pesca permanece siendo de dominio común, y los productos de la caza y la pesca van a todo el clan. También pertenecen al clan los instrumentos de caza y de pesca. La comida se realiza en común. Como muchos otros salvajes, los indígenas australianos se atienen a determinadas reglas respecto a la época en que se permite recoger diversas especies de gomeros y hierbas. En cuanto a su moral en general, lo mejor es citar aquí las siguientes respuestas a las preguntas de la Sociedad Antropológica de París, dadas por Lumholtz, un misionero que vivió en North Queesland.

"Conocen el sentimiento de amistad; está fuertemente desarrollado en ellos. Los débiles gozan de la ayuda común; cuidan mucho a los enfermos. Nunca los abandonan al capricho de la suerte y no los matan. Estas tribus son antropófagas, pero raramente comen a los miembros de su propia tribu (si no me equivoco, solamente cuando matan por razones religiosas); comen sólo a los extraños. Los padres aman a sus hijos juegan con ellos y los miman. Se practica el infanticidio sólo con el consentimiento común. Tratan a los ancianos muy bien y nunca los matan. No tienen religión ni ídolos, y solamente existe el temor a la muerte. El matrimonio es polígamo. Las disputas surgidas dentro de la tribu se resuelven por duelos con espadas de madera y escudos de madera. No existe la esclavitud; no tienen agricultura alguna; no poseen productos de alfarería; no tienen vestidos, exceptuando un delantal que a veces usan las mujeres. El clan se compone de doscientas personas divididas en cuatro clases de hombres y cuatro clases de mujeres; se permite el matrimonio solamente entre las clases habituales, pero nunca dentro del mismo clan".

Respecto a los papúes, parientes cercanos de los australianos, tenemos el testimonio de G. L. Bink, que vivió en Nueva Guinea, principalmente en Geelwink Bay, desde 1871 hasta 1883. Traemos la esencia de sus respuestas a las mismas preguntas.

"Los papúes son sociables y de un humor muy alegre. Se ríen mucho. Más bien tímidos que valientes. La amistad es bastante fuerte entre miembros de los diferentes clanes y aún más fuerte dentro del mismo clan. El papú, a menudo paga las deudas de su amigo, a condición de que este último pague esta deuda, sin intereses, a sus hijos. Cuidan a los enfermos y ancianos; nunca abandonan a los ancianos, ni los matan, con excepción de los esclavos que han estado enfermos mucho tiempo. A veces devoran a los prisioneros de guerra. Miman y aman a los niños. Matan a los prisioneros de guerra ancianos y débiles, y venden a los restantes como esclavos. No tienen religión, ni dioses, ni ídolos, ni clase alguna de autoridad; el miembro más anciano de la familia es el juez. En caso de adulterio (es decir, violación de sus costumbres matrimoniales) el culpable paga una multa, parte de la cual va a favor de la "negoria" (comunidad). La tierra es dominio común, pero los frutos de la tierra pertenecen a aquél que los ha cultivado. Los papúes tienen vasijas de arcilla y conocen el trueque comercial, y según una costumbre elaborada, el comerciante les da mercancía y ellos vuelven a sus casas y traen los productos indígenas que necesita el comerciante; si no pueden obtener los productos necesarios, entonces devuelven al comerciante su mercancía europea. Los papúes "cazan cabezas" -es decir, practican la venganza de sangre-. Además, "a veces -dice Finsch-, el asunto se somete a la consideración del Rajah de Namototte, quien lo resuelve imponiendo una multa".

Cuando se trata bien a los papúes, entonces son muy bondadosos. Mikluho-Maclay desembarcó, como es sabido, en la costa orienta] de Nueva Guinea, en compañía de un solo marinero, vivió allí dos años enteros entre tribus consideradas antropófagas y se separó de ellas con pesar; prometió volver y cumplió su palabra, y pasó de nuevo un año, y durante todo ese tiempo no tuvo ningún choque con los indígenas. Verdad es que mantuvo la regla de no decirles nunca, bajo ningún pretexto, algo que no fuera cierto, ni hacer promesas que no pudiera cumplir. Estas pobres criaturas, que no sabían siquiera hacer fuego y que por esto conservaban cuidadosamente el fuego en sus chozas, viven en condiciones de un comunismo primitivo, sin tener jefe alguno, y en sus poblados casi nunca se producen disputas de las que valga la pena hablar. Trabajan en común, sólo lo necesario para obtener el alimento de cada día; crían a sus hijos en común; y por las tardes se atavían lo más coquetamente que pueden y se entregan a las danzas. Como todos los salvajes, gustan apasionadamente de las danzas, que constituyen un género de misterios tribales. Cada aldea tiene su "barla" o "barlai" -casa "larga" o "grande"- para los solteros, en las que se realizan reuniones sociales y se juzgan los sucesos públicos, un rasgo más que es común a todos los habitantes de las islas del océano Pacífico, y también a los esquimales, indios pieles rojas, etc. Grupos enteros de aldeas mantienen relaciones amistosas, y se visitan mutuamente concurriendo toda la comunidad.

Por desgracia, entre las aldeas, a menudo surge enemistad, no por "el exceso de densidad de la población" o "de la competencia agudizada" y otros inventos semejantes de nuestro siglo mercantilista, sino principalmente debido a la superstición. Si enferma alguno, se reúnen sus amigos y parientes y del modo más cuidadoso discuten el problema de quién puede ser el culpable de la enfermedad. Entonces, consideran a todos los posibles enemigos, cada uno confiesa su mínima disputa y finalmente se halla la causa verdadera de la enfermedad. La mandó algún enemigo de la aldea vecina, y por esto resuelven hacer alguna incursión a esa aldea. Debido a ello, las riñas son corrientes, aun entre las aldeas del litoral, sin hablar ya de los antropófagos, que viven en las montañas, a los que se considera como verdaderos brujos y enemigos, a pesar de que un conocimiento más estrecho demuestra que no se distinguen en nada de su vecino que vive en las costas marítimas.

Muchas páginas asombrosas se podrían escribir sobre la armonía que reina en las aldeas de los habitantes polinesios de las islas del Océano Pacífico.

Pero ellos ocupan ya un peldaño más elevado de civilización, y por esto tomaremos otros ejemplos de la vida de los habitantes del lejano norte. Agregaré solamente, antes de abandonar el hemisferio sur; que hasta los habitantes de Tierra del Fuego, que gozan de tan mala fama, comienzan a ser iluminados con luz más favorable a medida que los conocemos mejor. Algunos misioneros franceses, que viven entre ellos, "no pueden quejarse de ningún acto hostil". Viven en clanes de ciento veinte a ciento cincuenta almas, y también practican el comunismo primitivo como los papúes. Se reparten todo entre ellos, y tratan bien a los ancianos. La paz completa reina entre estas tribus.

En los esquimales y sus más próximos congéneres, los thlinkets, koloshes y aleutas, hallamos una semejanza más aproximada a lo que era el hombre durante el período glacial. Los instrumentos que ellos emplean apenas se diferencian de los instrumentos del paleolítico, y algunas de estas tribus hasta ahora no conocen el arte de la pesca: simplemente matan a los peces con el arpón. Conocen el uso del hierro, pero lo obtienen solamente de los europeos o de lo que encuentran en los esqueletos de los barcos después de los naufragios. Su organización social se distingue por su primitivismo completo, a pesar de que ya han salido del estadio del "matrimonio comunal", aun con sus restricciones de "clase". Viven ya en familias, pero los lazos familiares todavía son débiles, puesto que de tanto en tanto se produce en ellos un cambio de esposas y esposos. Sin embargo, las familias permanecen reunidas en clanes, y no puede ser de otro modo. ¿Cómo hubieran podido soportar la dura lucha por la existencia si no reunieran sus fuerzas del modo más estrecho? Así se portan ellos, Y los lazos de clan son más estrechos allí donde la lucha por la vida es más dura, a saber, en el nordeste de Groenlandia. Viven habitualmente en una "casa larga. en la que se alojan varias familias, separadas entre sí por pequeños tabiques de pieles desgarradas, pero con un corredor común para todos. A veces la casa tiene la forma de una cruz, y en tal caso, en su centro colocan un hogar común. La expedición alemana que pasó un invierno cerca de una de esas "casas largas" se pudo convencer de que durante todo el invierno ártico no perturbó la paz ni una pelea, y que no se produjo discusión alguna por el uso de estos "espacios estrechos". No se admiten las amonestaciones, y ni siquiera las palabras inamistosas de otro modo que no sea bajo la forma legal de una canción burlesca (nigthsong), que cantan las mujeres en coro. De tal manera, la convivencia estrecha y la estrecha dependencia mutua son suficientes para mantener, de siglo en siglo, el respeto profundo a los intereses de la comunidad, que es característico de la vida de los esquimales. Aun en las comunas más vastas de los esquimales "la opinión pública es un verdadero tribunal y el castigo habitual consiste en avergonzar al culpable ante todos".

La vida de los esquimales está basada en el comunismo. Todo lo que obtienen por medio de la caza o pesca pertenece a todo el clan. Pero, en algunas tribus, especialmente en el Occidente, bajo la influencia de los daneses, comienza a desarrollarse la propiedad privada. Sin embargo, emplean un medio bastante original para disminuir los inconvenientes que surgen del acumulamiento personal de la riqueza, que pronto podría perturbar la unidad tribal. Cuando el esquimal empieza a enriquecerse excesivamente, convoca a todos los miembros de su clan a un festín, y cuando los huéspedes se sacian, distribuye toda su riqueza. En el río Yukon, en Alaska, Dall vio que una familia aleutiana repartió de tal modo diez fusiles, diez vestidos de pieles completos, doscientos hilos de cuentas, numerosas frazadas, diez pieles de lobo, doscientas pieles de castor y quinientas de armiño. Luego, los dueños se quitaron sus vestidos de fiesta y los repartieron, vistiéndose sus viejas pieles, dirigieron a los miembros de su clan un breve discurso diciendo que a pesar de que ahora se habían vuelto más pobres que cada uno de sus huéspedes, sin embargo habían ganado su amistad.

Tales distribuciones de riqueza se convirtieron aparentemente en costumbre arraigada entre los esquimales, y se practica en una época determinada todos los años, después de una exhibición preliminar de todo lo que ha sido obtenido durante el año. Constituye, aparentemente, una costumbre. La costumbre de enterrar con el muerto, o de destruir sobre su tumba, todos sus bienes personales -que encontramos en todas las razas primitivas-, aparentemente debe tener el mismo origen. En realidad, mientras que todo lo que pertenecía *personalmente* al muerto se quema o se rompe sobre su tumba, las cosas que le pertenecieron conjuntamente con toda su tribu; como, por ejemplo, las piraguas, redes de la comuna, etc., se dejan intactas. Está sujeta a la destrucción sólo la propiedad personal. En una época posterior, esta costumbre se convierte en un rito religioso: se le da interpretación mística, y la destrucción es prescrita por la religión cuando la opinión pública, sola, se muestra ya carente de fuerzas para imponer a toda la observación obligatoria de la costumbre. Finalmente, la destrucción real se reemplaza por un rito simbólico, que consiste en quemar sobre la tumba simples modelos de papel, o representaciones, de los bienes del muerto (así se hace en la China); o se llevan a la tumba los bienes del muerto y traen de vuelta a la casa al finalizar la ceremonia funeraria; en esta forma, se ha conservado la costumbre hasta ahora, como es sabido, entre los europeos con respecto a los caballos de los jefes militares, las espadas, cruces y otros signos de distinción oficial.

El alto nivel de la moral tribal de los esquimales se menciona bastante a menudo en la literatura general. Sin embargo, las observaciones siguientes de las costumbres de los aleutas -congéneres próximos de los esquimales- no están desprovistas de interés, tanto más cuanto que pueden servir de buena ilustración de la moral de los salvajes en general. Pertenecen a la pluma de un hombre extraordinariamente distinguido, el misionero ruso Venlaminof, que las escribió después de una permanencia de diez años entre los aleutas y de tener relaciones estrechas con ellos.

Las resumo, conservando en lo posible las expresiones propias del autor.

"La resistencia -escribió- en su rasgo característico, y, en verdad, es colosal. No sólo se bañan todas las mañanas en el mar cubierto de hielo y luego se quedan desnudos en la playa, respirando el aire helado, sino que su resistencia, hasta en un trabajo pesado y con alimento insuficiente, sobrepasa todo lo que se puede imaginar. Si sobreviene una escasez de alimento, el aleuta se ocupa, ante todo, de sus hijos; les da todo lo que tiene, y él mismo ayuna. No se inclinan al robo, como fue observado ya por los primeros inmigrantes rusos. No es que no hayan robado nunca; todo aleuta reconoce que alguna vez ha robado algo, pero se trata siempre de alguna fruslería, y todo esto tiene carácter completamente infantil. El afecto de los padres por los hijos es muy conmovedor, a pesar de que nunca lo expresan con caricias o palabras. El aleuta difícilmente se decide a hacer alguna promesa, pero una vez hecha, la mantiene cueste lo que cueste.

Un aleuta regaló a Venlaminof un haz de pescado seco, pero, en el apresuramiento de la partida, fue olvidado en la orilla, y el aleuta se lo llevó de vuelta a su casa. No se presentó la oportunidad de enviarlo a Venlaminof hasta enero, y mientras tanto, en noviembre y diciembre, entre estos

aleutas, hubo una gran escasez de víveres. Pero los hambrientos no tocaron el pescado ya regalado, y en enero fue enviado a su destino. Su código moral es variado y severo. Así, por ejemplo, se considera vergonzoso: temer la muerte inevitable; pedir piedad al enemigo; morir sin haber matado ningún enemigo; ser sorprendido en robo; zozobrar la canoa en el puerto; temer salir al mar con tiempo tempestuoso; desfallecer antes que los otros camaradas si sobreviene una escasez de alimentos durante un viaje largo: manifestar codicia durante el reparto de la presa -en cuyo caso, para avergonzar al camarada codicioso, los restantes le ceden su parte. Se estima vergonzoso también: divulgar un secreto público a su esposa; siendo dos en la caza, no ofrecer la mejor parte de la presa al camarada; jactarse de sus hazañas, y especialmente de las imaginadas; insultarse con malicia; también mendigar, acariciar a su esposa en presencia de los otros y danzar con ella; comerciar personalmente; toda venta debe ser hecha por medio de una tercera persona, quien determina el precio. Se estima vergonzoso para la mujer: no saber coser y, en general, cumplir torpemente cualquier trabajo femenino; no saber danzar; acariciar a su esposo y a sus niños, o hasta
hablar con el esposo en presencia de extraños"

Tal es la moral de los aleutas, y una confirmación mayor de los hechos podría ser tomada fácilmente de sus cuentos y leyendas. Sólo agregaré que cuando Venlaminof escribió sus *Memorias* (el año 1840), entre los aleutas, que constituían una población de sesenta mil hombres, en sesenta años hubo solamente un homicidio, y durante cuarenta años, entre 1.800 aleutas no se produjo ningún delito criminal. Esto, por otra parte, no parecerá extraño si se recuerda que todo género de querellas y expresiones groseras son absolutamente desconocidas en la vida de los aleutas. Ni siquiera sus hijos pelean, y jamás se insultan mutuamente de palabra. La expresión más fuerte en sus labios son frases como: "Tu madre no sabe coser", o "tu padre es tuerto".

Muchos rasgos de la vida de los salvajes continúan siendo, sin embargo, un enigma para los europeos. En confirmación del elevado desarrollo de la solidaridad tribal entre los salvajes y sus buenas relaciones mutuas, se podría citar los testimonios más dignos de fe en la cantidad que se quiera. Y, sin embargo, no es menos cierto que estos mismos salvajes practican el infanticidio, y que en algunos casos matan a sus ancianos, y que todos obedecen ciegamente a la costumbre de la venganza de sangre. Debemos, por esto, tratar de explicar la existencia simultánea de los hechos que para la mente europea parecen, a primera vista, completamente incompatibles.

Acabamos de mencionar cómo el aleuta ayunará días enteros, y hasta semanas, entregando todo comestible a su niño; cómo la madre bosquímana se hace esclava para no separarse de su hijo, y se podrían llenar páginas enteras con la descripción de las relaciones realmente *tiernas* existentes entre los salvajes y sus hijos. En los relatos de todos los viajeros se encuentran continuamente hechos semejantes. En uno leéis sobre el tierno, amor de la madre; en otro, el relato de un padre que corre locamente por el bosque, llevando sobre sus hombros a un niño mordido por una serpiente; o algún misionero narra la desesperación de los padres ante la pérdida de un niño, al que ya habían salvado de ser llevado al sacrificio inmediatamente después de haber nacido; o bien, os enteráis de que las madres "salvajes" amamantan habitualmente a sus niños hasta el cuarto año de edad, y que en las islas de la Nuevas Hébridas, en caso de la muerte de un niño especialmente querido, su madre o tía se suicidan para cuidar a su amado en el otro mundo.

Y así sin fin.

Hechos semejantes se citan en cantidad; y por ello, cuando vemos que los mismos padres amantes practican el infanticidio, debemos reconocer necesariamente que tal costumbre (cualesquiera que sean sus ulteriores transformaciones) surgió bajo la presión directa de la necesidad, como resultado del sentimiento de deber hacia la tribu, y para tener la posibilidad de criar a los niños ya crecidos. Hablando en general, los salvajes de ningún modo "se reproducen sin medida", como expresan algunos escritores ingleses. Por lo contrario, toman todo género de medidas para disminuir la natalidad. Justamente con éste objeto existe entre ellos una serie completa de las más diversas restricciones, que a los europeos indudablemente hasta les parecerían molestas en exceso, y que son, sin embargo, severamente observadas por los salvajes. Pero, con todo, los pueblos primitivos no pueden criar a todos los niños que nacen, y entonces recurren al infanticidio. Por otra parte, ha sido observado más de una vez que si bien consiguen aumentar sus recursos corrientes de existencia, en seguida dejan de recurrir a esta medida, que, en general, los padres cumplen muy a disgusto, y en la primera posibilidad recurren a todo género de compromisos con tal de conservar la vida de sus recién nacidos. Como ha sido dicho ya por mi amigo Elíseo Reclus en su hermoso libro sobre los salvajes, por desgracia insuficientemente conocido, ellos inventan, por esta razón, los días de nacimientos faustos y nefastos, para salvar siquiera la vida de los niños nacidos en los días faustos; tratan de tal modo de posponer la ejecución algunas horas y dicen después que si el niño ya ha vivido un día, está destinado a vivir toda la vida. Oyen los gritos de los niños pequeños como si vinieran del bosque, y aseguran que si se oye tal grito anuncia desgracia para toda la tribu; y puesto que no tienen nodrizas especiales ni casa de expósitos que los ayuden a deshacerse de los niños, cada uno se estremece ante la idea de cumplir la cruel sentencia, y por eso prefieren exponer al niño en el bosque, antes que quitarle la vida por un medio violento. El infanticidio es sostenido, de este modo, por la insuficiencia de conocimientos, y no por crueldad; y en lugar de llenar a los salvajes con sermones, los misioneros harían mucho mejor si siguieran el ejemplo de Venlaminof, quien todos los años, hasta una edad muy avanzada, cruzaba el mar de Ojos en una miserable goleta para visitar a los tunguses y kamchadales, o viajaba, llevado por perros, entre los chukchis, aprovisionándolos de pan y utensilios para la caza. De tal modo consiguió realmente extirpar el infanticidio.

Lo mismo es cierto, también, con respecto al fenómeno que observadores superficiales llamaron parricidio. Acabamos de ver que la costumbre de matar a los viejos no está de ningún modo tan extendida como la han referido algunos escritores. En todos estos relatos hay muchas exageraciones; pero es indudable que tal costumbre se encuentra temporalmente entre casi todos los salvajes, y tales casos se explican por las mismas razones que el abandono de los niños. Cuando el viejo salvaje comienza a sentir que se convierte en una carga para su tribu; cuando todas las mañanas ve que quitan a los niños la parte de alimento que le toca -y los pequeños que no se distinguen por el estoicismo de sus padres, lloran cuando tienen hambre-; cuando todos los días los jóvenes tienen que cargarlo sobre sus hombros para llevarlo por el litoral pedregoso o por la selva virgen, ya que los salvajes no tienen sillones con ruedas para enfermos ni indigentes para llevar tales sillones entonces el viejo comienza a repetir lo que hasta ahora repiten los campesinos viejos de Rusia: *Chuyoi viék zaidaiu: pora na pokoi* (literalmente: vivo la vida ajena, es hora de irme a descansar). Y se van a descansar. Obra de la misma forma que obra un soldado, en tales casos. Cuando la salvación de un destacamento depende de su máximo avance, y el soldado no puede avanzar más, y sabe que debe morir si queda rezagado, suplica a su mejor amigo que le preste el último servicio antes de que el destacamento avance. Y el amigo descarga, con mano temblorosa, su fusil en el cuerpo moribundo.

Así obran también los salvajes. El salvaje viejo pide la muerte; él mismo insiste en el cumplimiento de este último deber suyo hacia su tribu. Recibe primero la conformidad de los miembros de su tribu para esto. Entonces él mismo se cava la fosa e invita a todos los congéneres a su último festín de despedida. Así, en su momento, obró su padre, ahora llegó su turno, y amistosamente se despide de todos, antes de separarse de ellos. El salvaje, hasta tal punto considera semejante muerte como el cumplimiento de un *deber* hacia su tribu, que no sólo se rehúsa a que lo salven de la muerte (como refirió Moffat), sino que ni aun reconoce tal liberación si llegara a realizarse. Así, cuando una mujer que debía morir sobre la tumba de su esposo (en virtud del rito mencionado antes) fue salvada de la muerte por los misioneros y llevada por ellos a una isla, huyó durante la noche, atravesando a nado un amplio estrecho, y se presentó ante su tribu para morir sobre la tumba. La muerte en tales casos se hace para ellos una cuestión de religión. Pero, hablando en general, es tan repulsivo para los salvajes verter sangre fuera de las batallas, que aun en estos casos ninguno de ellos se encarga del homicidio, y por eso recurren, a toda clase de medios indirectos que los europeos no comprendieron y que interpretaron de un modo completamente falso. En la mayoría de los casos dejan en el bosque al viejo que se ha decidido a morir, dándole una porción de comida, mayor que la debida, de la provisión común. ¡Cuántas veces las partidas exploradoras de las expediciones polares hubieron de obrar exactamente del mismo modo cuando no tenían fuerzas para llevar a un camarada enfermo! "Aquí tienes provisiones. Vive todavía algunos días. *Tal vez* llegue de alguna parte una ayuda inesperada".

Los sabios de Europa occidental, encontrándose ante tales hechos, se muestran decididamente incapaces de comprenderlos; no pueden reconciliarlos con los hechos que testimonian el elevado desarrollo de la moral tribal, y por eso prefieren arrojar una sombra de duda sobre las observaciones absolutamente fidedignas, referentes a la última, en lugar de buscar explicación para la existencia paralela de un doble género de hechos: la elevada moral tribal y, junto a ella, el homicidio de los padres muy ancianos y los recién nacidos. Pero si los mismos europeos, a su vez, refirieran a un salvaje que personas sumamente amables, afectos a sus niños, y tan impresionables que lloran cuando ven en el escenario de un teatro una desgracia imaginaria, viven en Europa al lado de zaquizamíes donde los niños mueren simplemente por insuficiencia de alimentos, entonces el salvaje tampoco los comprendería. Recuerdo cuán vagamente me empeñé en explicar a mis amigos tunguses nuestra civilización construida sobre el individualismo; no me comprenden y recurrían a las conjeturas más fantásticas. El hecho es que el salvaje educado en las ideas de solidaridad tribal, practicada en todas las ocasiones, malas y buenas, es tan exactamente incapaz de comprender al europeo "moral" que no tiene ninguna idea de tal solidaridad, como el europeo medio es incapaz de comprender al salvaje. Además, si nuestro sabio tuviera que vivir entre una tribu semihambrienta de salvajes, cuyo alimento total disponible no alcanzara para alimentar algunos días a un hombre, entonces comprendería quizá qué es lo que guía a los salvajes en sus actos. Del mismo modo, si un salvaje viviera entre nosotros y recibiera nuestra "educación", quizá comprendiera la insensibilidad europea hacia nuestros semejantes y esas comisiones reales que se ocupan de la cuestión de la prevención de las diversas formas legales de homicidio que se practican en Europa. "En casa de piedra, los corazones se vuelven de piedra", dicen los campesinos rusos; pero el "salvaje" tendría que haber vivido primero en una casa de piedra.

Observaciones semejantes podrían hacerse también respecto a la antropofagia. Si se toman en cuenta todos los hechos que fueron dilucidados recientemente, durante la consideración de este problema, en la Sociedad Antropológica de París, y también muchas observaciones casuales diseminadas en la literatura sobre los "salvajes", estaremos obligados a reconocer que la antropofagia fue provocada por la necesidad apremiante; y que sólo bajo la influencia de los prejuicios y de la religión se desarrolló hasta alcanzar las proporciones espantosas que alcanzó en las islas de Fiji y en México, sin ninguna necesidad, cuando se convirtió en un rito religioso.

Es sabido que hasta la época presente muchas tribus de salvajes suelen verse obligadas, de tiempo en tiempo, a alimentarse con carroña casi en completo estado de putrefacción, y en casos de carencia completa de alimentos, algunas tuvieron que violar sepulturas y alimentarse con cadáveres humanos, aun en épocas de epidemia. Tales hechos son completamente fidedignos. Pero si nos trasladamos mentalmente a las condiciones que tuvo que soportar el hombre durante el período glacial, en un clima húmedo y frío, no teniendo a su disposición casi ningún alimento vegetal; si tenemos en cuenta las terribles devastaciones producidas aún hoy por el escorbuto entre los pueblos semisalvajes hambrientos y recordamos que la carne y la sangre fresca eran los únicos medios conocidos por ellos para fortificarse, deberemos admitir que el hombre, que fue primeramente un animal granívoro, se hizo carnívoro, con toda probabilidad, durante el período glacial, en que desde el norte avanzaba lentamente una capa enorme de hielo, y con su hálito frío, agotaba toda la vegetación.

Naturalmente, en aquellos tiempos probablemente había abundancia de toda clase de bestias; pero es sabido que en las regiones árticas las bestias a menudo emprenden grandes migraciones, y a veces desaparecen por completo durante algunos años de un territorio determinado. Con el avance. de la capa glacial las bestias, evidentemente, se alejaron hacia el sur, como lo hacen ahora los corzos, que huyen, en caso de grandes nevadas, de la orilla norte del Amur a la meridional. En tales casos, el hombre se veía privado de los últimos medios de subsistencia. Sabemos, además, que hasta los europeos, durante duras experiencias semejantes, recurrieron a la antropofagia; no es de extrañar que recurrieran a ella también los salvajes. Hasta en la época presente suelen verse obligados, temporalmente. a devorar los cadáveres de sus muertos, y en épocas anteriores, en tales casos, se veían obligados a devorar también a los moribundos. Los ancianos morían entonces convencidos de que con su muerte prestaban el último servicio a su tribu. He aquí por qué algunas tribus atribuyen al canibalismo origen divino, representándolo como algo sugerido por orden de un enviado del cielo.

Posteriormente, la antropofagia perdió el carácter de necesidad y se convirtió en una "supervivencia" supersticiosa. Necesario era devorar a los enemigos para heredar su coraje; luego, en una época posterior, con ese propósito sólo se devoraba el corazón del enemigo o sus ojos. Al mismo tiempo, en otras tribus, en las que se había desarrollado un clero numeroso y elaborado una mitología compleja, se inventaron dioses malignos, sedientos de sangre humana, y los sacerdotes exigieron sacrificios humanos para apaciguar a los dioses. En esta fase religiosa de su existencia, el canibalismo alcanzó su forma más repulsiva. México es bien conocido en este sentido como ejemplo, y en las Fiji, donde el rey podía devorar a cualquiera de sus súbditos, encontramos también una casta poderosa de sacerdotes, una compleja teología y un desarrollo complejo del poder ilimitado de los reyes. De tal modo el canibalismo, que nació por la fuerza de la necesidad, se convirtió en un período posterior en institución religiosa, y en esta forma existió durante mucho tiempo, después de haber desaparecido, hacía mucho, entre tribus que indudablemente lo practicaban en épocas anteriores, pero que no alcanzaron la forma religiosa de desarrollo. Lo mismo puede decirse con respecto al infanticidio y al abandono de los padres muy ancianos a los caprichos de la suerte. En algunos casos estos fenómenos se mantuvieron también como supervivencia de tiempos antiguos, en forma de tradición conservada religiosamente.

Finalmente, citaré aquí todavía una costumbre extraordinariamente importante y generalizada que ha dado motivo, en la literatura, a las conclusiones más erróneas. Me refiero a la costumbre de la venganza de sangre. Todos los salvajes están convencidos de que la sangre vertida debe ser vengada con sangre. Si alguien ha sido herido y su sangre vertida, entonces la sangre del que produjo la herida también debe ser vertida. No se admite excepción alguna a esta regla; se extiende hasta a los animales; si un cazador ha vertido sangre -matando a un oso o a una ardilla-, su sangre debe ser vertida a su vuelta de la caza. Tal es la concepción que hasta ahora se conserva en la Europa occidental con respecto al homicidio.

Mientras el ofensor y el ofendido pertenecen a la misma tribu, el asunto se resuelve muy simplemente: la tribu y las personas afectadas resuelven por sí mismas el asunto. Pero cuando el delincuente pertenece a otra tribu, y esta tribu, por cualquier razón, se rehúsa a dar satisfacción, entonces la tribu ofendida se encarga de la venganza. Los hombres primitivos conciben los actos de cada uno en particular como asuntos de toda su tribu, que han recibido la aprobación de ella y, por eso, estiman a toda la tribu responsable de los actos de cada uno de sus miembros. Debido a esto, la venganza puede caer sobre cualquier miembro de la tribu a que pertenece el ofensor.

Pero a menudo sucede que la venganza ha sobrepasado a la ofensa. Con intención de producir sólo una herida, los vengadores pudieron matar al ofensor o herirlo más gravemente de lo que habían supuesto; entonces se produce una nueva ofensa, de la otra parte, que exige una nueva venganza tribal; el asunto se prolonga de este modo, sin fin. Y, por eso, los primitivos legisladores establecían muy cuidadosamente los límites exactos del desquite: ojo por ojo, diente por diente y sangre por sangre. Pero, ¡no más! Es notable, sin embargo, que en la mayoría de los pueblos primitivos, semejantes casos de venganza de sangre son incomparablemente más raros de lo que se podría esperar, a pesar de que en ellos alcanzan un desarrollo completamente anormal, especialmente entre los montañeses, arrojados a la montaña por los inmigrantes extranjeros, como, por ejemplo, en los montañeses del Cáucaso y especialmente entre los dayacos en Borneo. Entre los dayacos -según las palabras de algunos viajeros contemporáneos- se habría llegado a tal punto que un hombre joven no puede casarse ni ser declarado mayor de edad antes de haber traído siquiera una cabeza de enemigo. Así, por lo menos, refirió con todos los detalles cierto Carl Bock. Parece, sin embargo, que los informes publicados al respecto son exagerados en extremo. En todo caso, lo que los ingleses llaman "cazar cabezas" se presenta bajo una luz completamente distinta cuando nos enteramos que el supuesto "cazador" de ningún modo "caza", y ni siquiera se guía por un sentimiento personal de venganza. Obra de acuerdo con lo que estima una obligación moral hacia su tribu, y por eso obra lo mismo que el juez europeo, que obedeciendo evidentemente al mismo principio falso: "sangre por sangre", entrega al condenado por él en manos del verdugo. Ambos -tanto el dayaco como nuestro juez experimentarían hasta remordimiento de conciencia si por un sentimiento de compasión perdonaran al homicida. He aquí por qué los dayacos, fuera de esta esfera de los homicidios cometidos bajo la influencia de sus concepciones de la justicia, son, según el testimonio ecuánime de todos los que los conocen bien, un pueblo extraordinariamente simpático. El mismo Carl Bock, que hizo tan terrible pintura de la "caza de cabezas", escribe:

"En cuanto a la moral de los dayacos, debo asignarles el elevado lugar que merecen en el concierto de los otros pueblos... El pillaje y el robo son completamente desconocidos entre ellos. Se distinguen también por una gran veracidad... Si no siempre llegué a obtener de ellos 'toda la verdad', sin embargo, nunca les oí decir nada salvo la verdad. Por desgracia, no se puede decir lo mismo de los malayos"... (págs. 209 y 210).

El testimonio de Bock es corroborado totalmente por Ida Pfeiffer: "comprendí plenamente -escribió ésta- que continuaría con placer viajando entre ellos. Generalmente los hallaba honestos, buenos y modestos... en grado bastante mayor que cualquiera de los otros pueblos que yo conocía". Stoltze, hablando de los dayacos, usa casi las mismas expresiones. Habitualmente los dayacos no tienen más que una sola esposa, y la tratan bien. Son muy sociables, y todas las mañanas el clan entero va en partidas numerosas a pescar, a cazar o a realizar sus labores de huerta. Sus aldeas se componen de grandes chozas, en cada una de las cuales se alojan alrededor de una docena de familias, y a veces un centenar de hombres, y todos ellos viven entre sí muy pacíficamente. Con gran respeto tratan a sus esposas Y aman mucho a sus hijos; cuando alguno enferma, las mujeres lo cuidan por turno. En general, son muy moderados en la comida y en la bebida. Tales son los dayacos en su vida cotidiana real.

Citar más ejemplos de la vida de los salvajes significaría solamente repetir, una y otra vez, lo que se ha dicho ya. Dondequiera que nos dirijamos, hallamos por doquier las mismas costumbres sociales, el mismo espíritu comunal. Y cuando tratamos de penetrar en las tinieblas de los siglos pasados, vemos en ellos la misma vida tribal, y las mismas uniones de hombres, aunque muy primitivas, para el apoyo mutuo. Por esto Darwin tuvo perfecta razón cuando vio en las cualidades sociales de los hombres la principal fuerza activa de su desarrollo máximo, y los expositores de Darwin de ningún modo tienen razón cuando afirman lo contrario.

"La debilidad comparativa del hombre y la poca velocidad de sus movimientos -escribió-, y también la insuficiencia de sus armas naturales, etcétera, fueron más que compensadas en primer lugar por sus facultades mentales (las que, como observó Darwin en otro lugar, se desarrollaron principalmente, o casi exclusivamente, en interés de la sociedad); y en segundo lugar, por sus *cualidades sociales,* en virtud de las cuales prestó ayuda. "

En el siglo XVIII estaba en boga idealizar "a los salvajes" y la "vida en estado natural". Ahora los hombres de ciencia han caído en el extremo opuesto, en especial desde que algunos de ellos, pretendiendo demostrar el origen animal del hombre, pero no conociendo la sociabilidad de los animales, comenzaron a acusar a los salvajes de todas las inclinaciones "bestiales" posibles e imaginables. Es evidente, sin embargo, que tal exageración es más científica que la idealización de Rousseau. El hombre primitivo no puede ser considerado como ideal de virtud ni como ideal de "salvajismo". Pero tiene una cualidad elaborada y fortificada por las mismas condiciones de su dura lucha por la existencia: identifica su propia existencia con la vida de su tribu; y, sin esta cualidad, la humanidad nunca hubiera alcanzado el nivel en que se encuentra ahora.

Los hombres primitivos, como hemos dicho antes, hasta tal punto identifican su vida con la vida de su tribu, que cada uno de sus actos, por más insignificante que sea en si mismo, se considera como un asunto de toda la tribu. Toda su conducta está regulada por una serie completa de reglas verbales de decoro, que son fruto de su experiencia general, con respecto a lo que debe considerarse bueno o malo; es decir, beneficioso o pernicioso para su propia tribu. Naturalmente, los razonamientos en que están basadas estas reglas de decencia suelen ser, a veces, absurdos en extremo. Muchos de ellos tienen su principio en las supersticiones. En general, haga lo que haga un salvaje sólo ve las consecuencias más inmediatas de sus hechos; no puede prever sus consecuencias indirectas y más lejanas; pero en esto sólo exageran el error que Bentham reprochaba a los legisladores civilizados. Podemos encontrar absurdo el derecho común de los salvajes, pero obedecen a sus prescripciones, por más que les sean embarazosas. Las obedecen más ciegamente aún de lo que el hombre civilizado obedece las prescripciones de sus leyes. El derecho común del salvaje es su religión; es el carácter mismo de su vida. La idea del clan está siempre presente en su mente; y por eso las autolimitaciones y el sacrificio en interés del clan es el fenómeno más cotidiano. Si el salvaje ha infringido algunas de las reglas menores establecidas por su tribu, las mujeres lo persiguen con sus burlas. Si la infracción tiene carácter más serio, lo atormenta entonces, día y noche, el miedo de haber atraído la desgracia sobre toda su tribu, hasta que la tribu lo absuelve de su culpa. Si el salvaje accidentalmente ha herido a alguien de su propio clan, y de tal modo ha cometido el mayor de los delitos, se convierte en hombre completamente desdichado: huye al bosque y está dispuesto a terminar consigo si la tribu no lo absuelve de la culpa, provocándole algún dolor físico o vertiendo cierta cantidad de su propia sangre. Dentro de la tribu todo es distribuido en común; cada trozo de alimento, como hemos visto, se reparte entre los presentes; hasta en el bosque el salvaje invita a todos los que desean compartir su comida.

Hablando con más brevedad, dentro de la tribu, la regla: "cada uno para todos", reina incondicionalmente hasta que el surgimiento de la familia separada empieza a perturbar la unidad tribal. Pero esta regla no se extiende a los clanes o tribus vecinas, ni siquiera si se han aliado para la defensa mutua. Cada tribu o clan representa una unidad separada. Así como entre los mamíferos y las aves, el territorio no queda indiviso, sino que es repartido entre familias separadas, del mismo modo se le distribuye entre las tribus separadas y, exceptuando épocas de guerra, estos límites se observan religiosamente. Al penetrar en territorio vecino, cada uno debe mostrar que no tiene malas intenciones; cuanto más ruidosamente anuncia su aproximación, tanto más goza de confianza; si entra en una casa, debe entonces dejar su hacha a la entrada. Pero ninguna tribu está obligada a compartir sus alimentos con otras tribus; libre es de hacerlo o no. Debido a esto, toda la vida del hombre primitivo se descompone en dos géneros de relaciones, y debe ser considerada desde dos puntos de vista éticos: las relaciones dentro de la tribu y las relaciones fuera de ella; y (como nuestro derecho internacional) el derecho "intertribal" se diferencia mucho del derecho tribal común. Debido a esto, cuando se llega hasta la guerra entre dos tribus, las crueldades más indignantes hacia el enemigo pueden ser consideradas como algo merecedor del mayor elogio.

Tal doble concepción de la moral atraviesa, por otra parte, todo el desarrollo de la humanidad, y se ha conservado hasta los tiempos presentes. Nosotros, europeos, hemos hecho algo no mucho, en todo caso- para apartamos de esta doble moral; pero necesario es, también, decir que si hasta un cierto grado hemos extendido nuestras ideas de solidaridad -por lo menos en teoría- a toda la nación, y a veces también a otras naciones, al mismo tiempo hemos debilitado los lazos de solidaridad dentro de nuestra nación y hasta dentro de nuestra misma familia.

La aparición de las familias separadas dentro del clan perturbó de manera inevitable la unidad establecida. La familia aislada conduce, inevitablemente, a la propiedad privada y a la acumulación de riqueza personal. Hemos visto, sin embargo, cómo los esquimales tratan de obviar los inconvenientes de este nuevo principio en la vida tribal.

En un desarrollo más avanzado de la humanidad, la misma tendencia toma nuevas formas: y seguir las huellas de las diferentes instituciones vitales (las comunas aldeanas, guildas, etc.), con ayuda de las cuales las masas populares se empeñaron en mantener la unidad tribal, a pesar de las influencias que se habían empeñado en destruirla, constituiría una de las investigaciones más instructivas. Por otra parte, los primeros rudimentos de conocimientos aparecidos en épocas extremadamente lejanas, en que se confundían con la hechicería, también se hicieron en manos del individuo una fuerza que podía dirigirse contra los intereses de la tribu. Estos rudimentos de conocimientos se conservaban entonces en gran secreto, y se transmitían solamente a los iniciados en las sociedades secretas de hechiceros, shamanes y sacerdotes que encontramos en todas las tribus decididamente primitivas. Además, al mismo tiempo, las guerras e incursiones creaban el poder militar y también la casta de los guerreros, cuyas asociaciones y "clubs" poco a poco adquirieron enorme fuerza. Pero con todo, nunca, en ningún período de la vida de la humanidad, las guerras fueron la condición normal de la vida. Mientras los guerreros se destruían entre sí, y los sacerdotes glorificaban estos homicidios, las masas populares proseguían llevando la vida cotidiana y haciendo su trabajo habitual de cada día. Y seguir esta vida de la masa, estudiar los métodos con cuya ayuda mantuvieron su organización social, basada en sus concepciones de la igualdad, de la ayuda mutua y del apoyo mutuo -es decir, su derecho común-, aun entonces, cuando estaban sometidos a la teocracia o aristocracia más brutal en el gobierno, estudiar esta faz del desarrollo de la humanidad es muy importante actualmente para una verdadera ciencia de la vida.

# Capítulo 4

## LA AYUDA MUTUA ENTRE LOS BARBAROS

Al estudiar a los hombres primitivos es imposible dejar de admirarse del desarrollo de la sociabilidad que el hombre evidenció desde los primerísimos pasos de su vida. Se han hallado huellas de sociedades humanas en los restos de la edad de piedra, tanto neolítica como paleolítica; y cuando comenzamos a estudiar a los salvajes contemporáneos, cuyo modo de vida no se distingue del modo de vida del hombre neolítico, encontramos que estos salvajes están ligados entre sí por una organización de clan extremadamente antigua que les da posibilidad de unir sus débiles fuerzas individuales, gozar de la vida en común y avanzar en su desarrollo. El hombre, de tal modo, no constituye una excepción en la naturaleza. También él está sujeto al gran principio de la ayuda mutua, que asegura las mejores oportunidades de supervivencia sólo a quienes mutuamente se prestan al máximo apoyo en la lucha por la existencia. Tales son las conclusiones a que hemos llegado en el capítulo precedente.

Sin embargo, no bien pasamos a un grado más elevado de desarrollo y recurrimos a la historia, que ya puede decirnos algo acerca de este grado, suelen consternarnos las luchas y los conflictos que esta historia nos descubre. Los viejos lazos parecen estar completamente rotos. Las tribus luchan contra las tribus, unos clanes contra otros, los individuos entre sí, y, de este choque de fuerzas hostiles, sale la humanidad dividida en castas, esclavizada por los déspotas, despedazada en estados separados que siempre están dispuestos a guerrear el uno contra el otro. Y he aquí que, hojeando tal historia de la humanidad, el filósofo pesimista llega triunfante a la conclusión de que la guerra y la opresión son la verdadera esencia de la naturaleza humana; que los instintos guerreros y de rapiña del hombre pueden ser, dentro de determinados límites, refrenados sólo por alguna autoridad poderosa que, por medio de la fuerza, estableciera la paz y diera de tal modo a algunos pocos hombres nobles la posibilidad de preparar una vida mejor para la humanidad del futuro.

Sin embargo, basta someter a un examen más cuidadoso la vida cotidiana del hombre durante el período histórico, como han hecho en los últimos tiempos muchos investigadores serios de las instituciones humanas, v esta vida inmediatamente adquiere un tinte completamente distinto. Dejando de lado las ideas preconcebidas de la mayoría de los historiadores, y su evidente predilección por la parte dramática de la vida humana, vemos que los mismos documentos que aprovechan ellos habitualmente son, por su esencia tales, que exageran la parte de la vida humana que se entregó a la lucha y no aprecian debidamente el trabajo pacífico de la humanidad. Los días claros y soleados se pierden de vista por obra de las descripciones de las tempestades y de los terremotos.

Aun en nuestra época, los voluminosos anales que almacenamos para el historiador futuro en nuestra prensa, nuestros juzgados, nuestras instituciones gubernamentales y hasta en nuestras novelas, cuentos, dramas y en la poesía, padecen de la misma unilateralidad. Transmiten a la posteridad las descripciones más detalladas de cada guerra, combate y conflicto, de cada discusión y acto de violencia; conservan los episodios de todo género de sufrimientos personales; pero en ellos apenas se conservan las huellas precisas de los numerosos actos de apoyo mutuo y de sacrificio que cada uno de nosotros conoce por experiencia propia; en ellos casi no se presta atención a lo que constituye la verdadera esencia de nuestra vida cotidiana, a nuestros instintos y costumbres sociales. No es de asombrarse por esto si los anales de los tiempos pasados se han mostrado tan imperfectos. Los analistas de la antigüedad inscribieron invariablemente en sus crónicas todas las guerras menudas y todo género de calamidades que sufrieron sus contemporáneos; pero no prestaron atención alguna a la vida de las masas populares, a pesar de que justamente las masas se dedicaban, sobre todo, al trabajo pacífico, mientras que la minoría se entregaba a las excitaciones de la lucha. Los poemas épicos, las inscripciones de los monumentos, los tratados de paz, en una palabra, casi todos los documentos históricos, tienen el mismo carácter; tratan de las perturbaciones de la paz y no de la paz misma. Debido a esto, aun aquellos historiadores que procedieron al estudio del pasado con las mejores intenciones, inconscientemente trazaron una imagen mutilada de la época que trataban de presentar; y para restablecer la relación real entre la lucha y la unión que existía en la vida, debemos ocuparnos ahora del análisis de los hechos pequeños y de las indicaciones débiles que fueron conservadas accidentalmente en los monumentos del pasado, y explicarlos con ayuda de la etnología comparativa. Después de haber oído tanto sobre lo que dividía a los hombres, debemos reconstruir, piedra a piedra, las instituciones que los unían.

Probablemente no está ya lejana la época en que se habrá de escribir nuevamente toda la historia de la humanidad en un nuevo sentido, tomando en cuenta ambas corrientes de la vida humana ya citada y *apreciando el papel que cada una de ellas ha desempeñado en el desarrollo de la humanidad.* Pero, mientras esto no ha sido todavía hecho, podemos ya aprovechar el enorme trabajo preparatorio realizado en los últimos años y que nos da la posibilidad de reconstruir, aún en líneas generales, la segunda corriente, que ha sido descuidada durante mucho tiempo. De períodos de la historia que están mejor estudiados, podemos esbozar algunos cuadros de la vida de las masas populares y mostrar qué papel ha desempeñado en ellas, durante estos períodos, la ayuda mutua. Observaré que, en bien de la brevedad, no estamos obligados a empezar indefectiblemente por la historia egipcia, ni siquiera griega o romana, porque en realidad la evolución de la humanidad no ha tenido el carácter de una cadena ininterrumpida de, sucesos. Algunas veces sucedió que la civilización quedaba interrumpida en cierto lugar, en cierta raza, y comenzaba de nuevo en otro lugar, en medio de otras razas. Pero, todo nuevo surgimiento comenzaba siempre desde la misma organización tribal que acabamos de ver en los salvajes. De modo que si tomamos la última forma de nuestra civilización actual -desde la época en que empezó de nuevo en los primeros siglos de nuestra era, entre aquellos pueblos que los romanos llamaron "bárbaros"- tendremos una gama completa de la evolución, empezando por la organización tribal y terminando por las instituciones de nuestra época. A estos cuadros estarán consagradas las páginas siguientes.

Los hombres de ciencia aún no se han puesto de acuerdo sobre las causas que, hace alrededor de dos mil años, movieron a pueblos enteros de Asia a Europa y provocaron las grandes migraciones de los bárbaros que pusieron fin al imperio romano de Occidente. Sin embargo, se presenta de modo natural al geógrafo una causa posible, cuando contempla las ruinas de las que fueron otrora ciudades densamente pobladas de los desiertos actuales de Asia Central, o bien sigue los viejos lechos de ríos ahora desaparecidos, y los restos de lagos que otrora fueron enormes y que ahora quedaron reducidos casi a las dimensiones de pequeños estanques. La causa es la *desecación:* una desecación reciente que continúa todavía, con rapidez que antes considerábamos imposible admitir. Contra semejantes fenómeno, el hombre no pudo luchar. Cuando los habitantes de Mongolia occidental y de Turquestán oriental vieron que el agua se les iba, no les quedó otra salida que descender a lo largo de los amplios valles que conducen a las tierras bajas y presionar hacia el oeste a los habitantes de estas tierras. Tribu tras tribu, de tal modo, fueron desplazadas hacia Europa, obligando a las otras tribus a ponerse en movimiento una y otra vez durante una serie entera de siglos; hacia el Oeste, o de vuelta al Este, en busca de nuevos lugares de residencia más o menos permanente. Las razas se mezclaron, durante estas migraciones; los aborígenes con los inmigrantes, los arios con los uralaltaicos;

y no sería nada asombroso, si las instituciones sociales que los unían en sus patrias, se desplomaran completamente durante esta estratificación de razas distintas que se realizaba entonces en Europa y Asia.

Pero estas instituciones no fueron destruidas; sólo sufrieron la transformación que requerían las nuevas condiciones de vida.

La organización social de los teutones, celtas, escandinavos, eslavos y otros pueblos, cuando por primera vez entró en contacto con los romanos, se encontraba en estado de transición. Sus uniones tribales, basadas en la comunidad de origen real o supuesta, sirvieron para unirlos durante muchos milenios. Pero semejantes uniones respondieron a su fin sólo hasta que aparecieron dentro del clan mismo las familias separadas. Sin embargo, en virtud de las razones expuestas más arriba, las familias patriarcales separadas, lenta, pero inconteniblemente, se formaban dentro de la organización tribal y su aparición, al final de cuentas, evidentemente condujo a la acumulación de riquezas y de poder, a su transmisión hereditaria en la familia y a la descomposición del clan. Las migraciones frecuentes y las guerras que las acompañaban sólo pudieron apresurar la desintegración de los clanes en familias separadas, y la dispersión de las tribus durante las migraciones y su mezcla con los extranjeros constituían exactamente las condiciones con las que se facilitó la desintegración de las uniones anteriores basadas sobre lazos de parentesco. A los bárbaros -es decir, aquellas tribus que los romanos llamaron "bárbaros" y que, siguiendo las clasificaciones de Morgan, llamaré con ese mismo nombre para diferenciarlos de las tribus más primitivas, de los llamados "salvajes"- se presentaba de tal modo una disyuntiva: dejar su clan y disolverse en grupos de familias débilmente unidas entre, sí, de las cuales, las familias más ricas (especialmente aquellas en quienes las riquezas se unían a las funciones del sacerdocio o a la gloria militar) se adueñarían del poder sobre los otros; o bien buscar alguna nueva forma de estructura social fundada sobre algún principio nuevo.

Muchas tribus fueron impotentes para oponerse a la desintegración: se dispersaron y perdiéndose para la historia. Pero las tribus más enérgicas no se dividieron; salieron de la prueba elaborando una estructura social nueva: la comuna aldeana, que continuó uniéndolas durante los quince siglos siguientes, o más aún. En ellas se elaboró la concepción del *territorio* común, de la *tierra* adquirida y defendida con sus fuerzas comunes, y esta concepción ocupó el lugar de la concepción del origen común, que ya se extinguía. Sus dioses perdieron paulatinamente su carácter de *ascendientes* y recibieron un nuevo carácter local, territorial. Se convirtieron en divinidades o, posteriormente, en patronos de un cierto lugar.

La "tierra" se identificaba con los habitantes. En lugar de las uniones anteriores por la sangre, crecieron las uniones territoriales, y esta nueva estructura evidentemente ofrecía muchas ventajas en determinadas condiciones. Reconocía la independencia de la familia y hasta aumentaba esta independencia, puesto que la comuna aldeana renunciaba a todo derecho a inmiscuirse en lo que ocurría dentro de la familia misma; daba también una libertad considerablemente mayor a la iniciativa personal; no era un principio hostil a la unión entre personas de origen distinto, y además, mantenía la cohesión necesaria en los actos y en los pensamientos de los miembros de la comunidad; y, finalmente, era lo bastante fuerte para oponerse a las tendencias de dominio de la minoría, compuesta de hechiceros, sacerdotes y guerreros profesionales o distinguidos que pretendían adueñarse del poder. Debido a esto, la nueva organización se convirtió en la célula primitiva de toda vida social futura; y en muchos pueblos, la comuna aldeana conservó este carácter hasta el presente.

Ya es sabido ahora -y apenas se discute- que la comuna aldeana de ningún modo ha sido rasgo característico de los eslavos o de los antiguos germanos. Estaba extendida en Inglaterra, tanto en el período sajón como en el normando, y se conservó en algunos lugares hasta el siglo diecinueve; fue la base de la organización social de la antigua Escocia, la antigua Irlanda y el antiguo Gales. En Francia, la posesión común y la división comunal de la tierra arable por la asamblea aldeana se conservó desde los primeros siglos de nuestra era hasta la época de Turgut, que halló las asambleas comunales "demasiado ruidosas" y por ello comenzó a destruirlas. En Italia, la comuna sobrevivió al dominio romano y renació después de la caída del imperio romano. Fue regla general entre los escandinavos, eslavos, fineses (en la *pittüyü, y* probablemente en la *kihlakunta),* los cures y los lives. La comuna aldeana en la India -pasada y presente, aria y no aria- es bien conocida gracias a los trabajos de sir Henry Maine, que han hecho época en este dominio; y Elphistone la describió en los afganos. La encontramos también en el ulus mogol, en la cabila *thaddart,* en la *dessa* javanesa, en la *kota* o tofa malaya y, bajo diferentes designaciones, en Abisinia, Sudán, en el interior de Africa, en las tribus indígenas de ambas Américas, y en todas las tribus, pequeñas y grandes, de las islas del océano Pacífico. En una palabra, no conocemos ninguna raza humana, ningún pueblo, que no hubiera pasado en determinado periodo por la comuna aldeana. Ya este solo hecho refuta la teoría según la cual se trató de representar a la comuna aldeana de Europa como un producto de la servidumbre. Se formó mucho antes que la servidumbre y ni siquiera la sumisión servil pudo destruirla. Ella constituye una fase general del desarrollo del género humano, un renacimiento natural de la organización tribal, por lo menos en todas las tribus que desempeñaron o desempeñan hasta la época presente algún papel en la historia.

La comuna aldeana constituía una institución crecida naturalmente, y por ello no podía ser de estructura completamente uniforme. Hablando en general, era una unión de familias que se consideraban originarias de una raíz común y que poseían en común una cierta tierra. Pero en algunas tribus, en circunstancias determinadas, las familias crecieron extraordinariamente antes de que de ellas brotaran nuevas familias; en tales casos, cinco, seis o siete generaciones continuaron viviendo bajo un techo o dentro de un recinto, poseyendo en común el cultivo y el ganado, y reuniéndose para la comida ante un hogar común. Entonces se formó lo que se conoce en la etnología con el nombre de "familia indivisa- o "economía doméstica indivisa", que nosotros hallamos aún ahora en toda la China, en la India, en la *zadruga* de los eslavos meridionales y, ocasionalmente, en África, América, Dinamarca, Rusia septentrional, en Siberia (las *semieskie),* y en Francia occidental. En otros pueblos, o en otras circunstancias que todavía no están determinadas con precisión, las familias no alcanzaron tan grandes proporciones; los nietos, y a veces también los hijos, salían del hogar inmediatamente después de contraer matrimonio, y cada uno de ellos asentaba el principio de su propia célula. Pero tanto las familias divididas como las indivisas, tanto las que se establecieron juntas como las que se establecieron diseminadas por los bosques, todas ellas se unieron en comunas aldeanas.

Algunas aldeas se unieron en clanes, o tribus, y algunas tribus en uniones o federaciones. Tal era la organización, social que se desarrolló entre los así llamados bárbaros cuando empezaron a asentarse en residencias más o menos permanentes en Europa. Necesario es recordar, sin embargo, que las palabras "bárbaros" y "período bárbaro" se emplean aquí siguiendo a Morgan y otros antropólogos -investigadores de la vida de las sociedades humanas- exclusivamente para designar el período de la comuna aldeana que siguió a la *organización tribal, hasta la formación de los Estados contemporáneos.*

Una larga evolución fue necesaria para que el clan llegara a reconocer dentro de él la existencia separada de la familia patriarcal que vivía en una choza separada; pero, sin embargo, aun después de tal reconocimiento, el clan, hablando en general, todavía no reconocía la herencia personal de la propiedad. Bajo la organización tribal, las pocas cosas que podían pertenecer a un individuo se destruían sobre su tumba o se enterraban junto a él. La comuna aldeana, por lo contrario, reconocía plenamente la acumulación privada de riquezas dentro de la familia, y su transmisión hereditaria. Pero la riqueza se extendía exclusivamente en forma de *bienes muebles,* incluyendo en ellos el ganado, los instrumentos y la vajilla, las armas, y la casa-habitación que, "como todas las cosas que podían ser destruidas por el fuego", se contaban en esa misma categoría. En cuanto a la propiedad privada territorial, la comuna aldeana no reconocía y no podía reconocer nada semejante, y hablando en general, no reconoce tal género de propiedad tampoco ahora. La tierra era propiedad común de todo el clan o de la tribu entera y la misma comuna aldeana poseía su parte de territorio tribal, sólo hasta donde el clan o la tribu no es posible establecer aquí límites precisos no hallaba necesaria una nueva distribución de las parcelas aldeanas.

Puesto que el desbroce de la tierra boscosa, y el desmonte de las tierras vírgenes, en la mayoría de los casos, eran realizados por toda la comuna o, por lo menos, por el trabajo conjunto de varias familias -siempre con el consentimiento de la comunales parcelas vueltas a limpiar pasaban a ser de cada familia por cuatro, doce, veinte años, después de lo cual, se consideraban ya como parte de la, tierra arable perteneciente a toda la comuna. La propiedad privada o el dominio "perpetuo" de la tierra era también incompatible con las concepciones fundamentales de las ideas religiosas de la comuna aldeana, como antes eran incompatibles con las concepciones de clanes; de modo que fue necesaria la influencia prolongada del derecho romano y de la iglesia cristiana, que asimiló presto las leyes de la Roma pagana, para acostumbrar a los bárbaros a la practicabilidad de la propiedad privada territorial. Pero, aun entonces, cuando la propiedad privada o el dominio por tiempo, indeterminado fue reconocido, el propietario de una parcela separada seguía siendo, al mismo tiempo, copropietario de una parcela de los bosques y de las dehesas comunes. Además, vemos continuamente, en especial en la historia de Rusia, que cuando varias familias, actuando completamente por separado, habían tomado posesión de alguna tierra perteneciente a las tribus que consideraban como extranjeras, las familias de los usurpadores se unían en seguida entre sí y formaban una comuna aldeana que, en la tercera o cuarta generación, ya creía en la comunidad de su origen. Siberia está llena hasta ahora de tales ejemplos.

Una serie completa de instituciones, en parte heredadas del *período tribal,* empezó entonces a elaborarse sobre esta base del dominio común de la tierra, y continuó elaborándose a través de las largas series de siglos que fueron necesarios para someter a los comuneros a la autoridad de los Estados, organizados según el modelo romano o bizantino. La comuna aldeana no sólo era una sociación para asegurar a cada uno la parte justa en el disfrute de la tierra común; era, también, una asociación para el cultivo común de la tierra, para el apoyo mutuo en todas las formas posibles, para la defensa contra la violencia y para el máximo desarrollo de los conocimientos, los lazos nacionales y las concepciones morales; y cada cambio en el derecho jurídico, militar, educacional o económico de la comuna era decidido por todos, en la reunión del mir de la aldea, la asamblea de la tribu, o en la asamblea de la confederación de las tribus y comunas. La comuna, siendo continuación del clan, heredó todas sus funciones. Representaba a la *universitas,* el mir en sí mismo.

La caza en común, la pesca en común y el cultivo comunal de las plantaciones frutales, era la regla general bajo los antiguos órdenes tribales. Del mismo modo, el cultivo común de los campos se hizo regla en las comunas aldeanas de los bárbaros. Es cierto que tenemos muy pocos testimonios directos en este sentido, y que en la literatura antigua encontramos en total algunas frases de Diodoro y Julio César que se refieren a los habitantes de las islas de Lipari, a una de las tribus celtiberas y a los suevos. Pero no existe, sin embargo, insuficiencia de hechos que prueben que el cultivo común de la tierra era practicado entre algunas tribus germánicas, entre los francos y entre los antiguos escoceses, irlandeses y galeses. En cuanto a las últimas supervivencias del cultivo comunal, son simplemente innumerables. Hasta en la Francia completamente romanizada, el arar en común era un fenómeno corriente hace apenas unos veinticinco años; en Morbihan (Bretaña). Hallamos el antiguo cyvar galés, o el "arado conjunto", por ejemplo, en el Cáucaso, y el cultivo común de la tierra entregada en usufructo al santuario de la aldea constituye un fenómeno corriente en las tribus del Cáucaso, menos tocadas por la civilización; hechos semejantes se encuentran constantemente entre los campesinos rusos.

Además, es bien sabido que muchas tribus del Brasil, de América Central y México cultivaban sus campos en común, y que la misma costumbre está ampliamente difundida, aún ahora, entre los malayos, en Nueva Celedonia, entre algunas tribus negras, etc. Hablando más brevemente, el cultivo comunal de la tierra constituye un fenómeno tan corriente en muchas tribus arias, uralaltaicas, mogólicas, negras y pieles rojas, malayas y melanesias, que debemos considerarlo como una forma general -aunque no la única posible- de agricultura primitiva.

Necesario es recordar, sin embargo, que el cultivo comunal de la tierra no implica aún el necesario consumo común. Ya en la organización tribal vemos, a menudo, que cuando los botes cargados de frutas o pescados vuelven a la aldea, el alimento transportado en ellos se reparte entro las chozas separadas y las "casas largas" (en las que se alojan ya varias familias, ya los jóvenes) y el alimento se prepara en cada fuego separado. La costumbre de sentarse a la mesa en un círculo más estrecho de parientes o camaradas, de tal modo, aparece ya en el período antiguo de la vida tribal. En la comuna aldeana se convierte en regla.

Hasta los productos alimenticios cultivados en común, habitualmente se dividían entre los dueños de casa después que una parte había sido almacenada para uso común. Además, la tradición de los festines comunales se conservaba piadosamente. En cada caso oportuno, como, por ejemplo, en los días consagrados a la recordación de los antepasados, durante las fiestas religiosas, al comienzo o al final de las labores campestres y, también con motivo de sucesos tales como nacimiento de los niños, bodas y entierros, la comuna se reunía en un festín comunal. Aún era la época presente, en Inglaterra, encontramos una supervivencia de esta costumbre, bien conocida bajo el nombre de cena de la cosecha (Harvest Supper): se ha conservado más que todas las otras costumbres. Aún mucho tiempo después que los campos dejaron de ser cultivados conjuntamente por toda la comuna, vemos que algunas labores agrícolas continúan realizándose por medio de ella. Cierta parte de la tierra comunal, aun ahora, en muchos lugares es cultivada en común, con el objeto de ayudar a los indigentes, y también para formar depósitos comunales o para usar los productos de semejante trabajo durante las fiestas religiosas. Los canales de regadío y las acequias son cavadas y reparadas en común. Los prados comunales son segados por la comuna; y uno de los espectáculos más inspiradores lo constituye la comuna aldeana rusa durante la siega, en la cual los hombres rivalizan entre sí en la, amplitud del corte de guadaña y la rapidez de las siegas, y las mujeres remueven la hierba cortada y la recogen en gavillas; vemos aquí qué podría ser y qué debería ser el trabajo humano. En tales casos, se reparte el heno entre los hogares separados, y es evidente que ninguno tiene derecho a tomar el heno del henar de su vecino sin su permiso; pero la restricción a esta regla general, que se encuentra en los osietinos, en el Cáucaso, es muy instructiva: ni bien comienza a cantar el cuclillo anunciando la entrada de la primavera, que pronto vestirá todos los prados de hierba, adquieren todos el derecho de tomar del henar vecino el heno que necesiten para alimentar a su ganado. De tal modo, se afirman una vez más los antiguos derechos comunales, como para demostrar con ello hasta qué punto el individualismo sin restricciones contradice a la naturaleza humana.

Cuando el viajero europeo desembarca en alguna isleta del océano Pacífico, y viendo de lejos un grupo de palmeras se dirige hacia allí, generalmente le asombra el descubrimiento de que las aldehuelas de los indígenas están unidas entre sí por caminos pavimentados con grandes piedras, perfectamente cómodos para los aborígenes descalzos, y que en muchos sentidos recuerdan a los "viejos caminos" de las montañas suizas. Caminos semejantes fueron trazados por los "bárbaros" por toda Europa, y es necesario viajar por los países salvajes, poco poblados, que están situados lejos de las líneas principales de las comunicaciones internacionales, para comprender las proporciones de ese trabajo colosal que realizaron las comunas bárbaras para vencer la aspereza de las inmensas extensiones boscosas y pantanosas que presentaba

Europa alrededor de dos mil años atrás. Las familias separadas, débiles y sin los instrumentos necesarios, no hubieran podido jamás vencer la selva, virgen. El bosque y el pantano las hubieran vencido. Solamente las comunas aldeanas, trabajando en común, pudieron conquistar estos bosques salvajes, estas ciénagas absorbentes y las estepas Limitadas.

Los senderos, los caminos de fajinas, las balsas y los puentes livianos que se quitaban en invierno y se construían de nuevo después de las crecidas de primavera, las trincheras y empalizadas con las que se cercaban las aldeas, las fortalezas de tierra, las pequeñas torres y ata layas de que estaba sembrado el territorio, todo esto fue obra de las manos de las comunas aldeanas. Y cuando la comuna creció, comenzó el proceso de echar brotes. A alguna distancia de la primera, brotó una nueva comuna, y de tal modo, paso a paso, los bosques y las estepas cayeron bajo el poder del hombre. Todo el proceso de la formación de las naciones europeas fue en esencia el fruto de tal brote de las comunas aldeanas. Hasta en la época presente los campesinos rusos, si no están completamente abrumados por la necesidad, emigran en comunas, cultivan la tierra virgen en común y, también, en común, cavan las chozas de tierra, y luego construyen las casas, cuando se asientan en las cuencas del Amur o en Canadá. Hasta los ingleses, al principio de la colonización de América, volvieron al antiguo sistema: se asentaron y vivieron en comunas.

La comuna aldeana era entonces el arma principal en la dura lucha contra la naturaleza hostil. Era, también, el lazo que los campesinos oponían a la opresión de parte de los más hábiles y fuertes, que trataban de reforzar su autoridad en aquellos agitados tiempos. El "bárbaro" imaginario, es decir, el hombre que lucha y mata a los hombres por bagatelas, existió tan poco en la realidad como el "sanguinario" salvaje de nuestros literatos.

El bárbaro comunal, por lo contrario, en su vida se sometía a una serie entera y completa de instituciones, imbuidas de cuidadosas consideraciones sobre qué puede ser útil o nocivo para su tribu o su confederación; y las instituciones de este género fueron transmitidas religiosamente de generación en generación en versos y cantos, en proverbios y tríades, en sentencias e instrucciones.

Cuanto más estudiamos este período, tanto más nos convencemos de los lazos estrechos que ligaban a los hombres en sus comunas. Toda riña surgida entre dos paisanos se consideraba asunto que concernía a toda la comuna, hasta las palabras ofensivas que escaparan durante una riña se consideraban ofensas a la comuna y a sus antepasados. Era necesario reparar semejantes ofensas con disculpas y una multa liviana en beneficio del ofendido y en beneficio de la comuna. Si la riña terminaba en pelea y heridas, el hombre que la presenciara y no interviniera para suspenderla era considerado como si él mismo hubiera producido las heridas causadas.

El procedimiento jurídico estaba imbuido del mismo espíritu. Toda riña, ante todo, se sometía a la consideración de mediadores o árbitros, y la mayoría de los casos eran resueltos por ellos, puesto que el árbitro desempeñaba un papel importante en la sociedad bárbara. Pero si el asunto era demasiado serio y no podía ser resuelto por los mediadores, se sometía al juicio de la asamblea comunal, que tenía el deber de "hallar la sentencia" y la pronunciaba siempre en forma condicional: es decir, "el ofensor deberá pagar tal compensación al ofendido si la ofensa es probada". La ofensa era probada o negada por seis o doce personas, quienes confirmaban o negaban el hecho de la ofensa bajo juramento: se recurría a la ordalía solamente en el caso de que surgiera contradicción entre los dos cuerpos de jurados de ambas partes litigantes. Semejante procedimiento, que estuvo en vigor más de dos mil años, habla suficientemente por sí mismo; muestra cuán estrechos eran los lazos que unían entre sí a todos los miembros de la comuna.

No está de más recordar aquí que, aparte de su autoridad moral, la asamblea comunal no tenía ninguna otra fuerza para hacer cumplir su sentencia. La única amenaza posible era declarar al rebelde, proscrito, fuera de la ley; pero aun esta amenaza era un arma de doble filo. Un hombre descontento con la decisión de la asamblea comunal podía declarar que abandonaba su tribu y que se unía a otra, y ésta era una amenaza terrible, puesto que, según la convicción general, atraía indefectiblemente todas las desgracias posibles sobre la tribu, que podía haber cometido una injusticia con uno de sus miembros. La oposición a una decisión justa, basada sobre el derecho común, era sencillamente "inimaginable" según la expresión muy afortunada de Henry Maine, puesto que "la ley, la moral y el hecho constituían, en aquellos tiempos, algo inseparable". La autoridad moral de la comuna era tan grande que hasta en una época considerablemente posterior, cuando las comunas aldeanas fueron sometidas a los señores feudales, conservaron, sin embargo, la autoridad jurídica; sólo permitían al señor o a su representante "hallar" las sentencias arriba citadas condicionales, de acuerdo con el derecho común que él juraba mantener en su pureza; y se le permitía percibir en su beneficio la multa *(fred)* que antes se percibía en favor de la comunal. Pero, durante mucho tiempo, el mismo señor feudal, si era copropietario de los baldíos y dehesas comunales, se sometía, en los asuntos comunales, a la decisión de la comuna. Perteneciera ya a la nobleza o al clero, debía someterse a la decisión de la asamblea comunal. "Wer daselbst Wasser und Weid gerusst, muss gehorsan sein" -quien goza del derecho al agua y a los pastos, debe obedecer-, dice una antigua sentencia. Hasta cuando los campesinos se convirtieron en esclavos de los señores feudales, los últimos estaban obligados a presentarse ante la asamblea comunal si los citaban.

En sus concepciones de la justicia, los bárbaros evidentemente no se alejaron mucho de los salvajes. También ellos consideraban que todo homicidio debía implicar la muerte del homicida; que la herida producida debía ser castigada, produciendo, punto por punto, la misma herida, y que la familia ofendida debía cumplir, ella misma, la sentencia pronunciada o a virtud del derecho común; es decir, matar al homicida o a alguno de sus congéneres, o producir un determinado género de heridas al ofensor o a uno de sus allegados. Esto era para ellos un deber sagrado, una deuda hacía los antepasados que debía ser cumplida completamente en público y de ningún modo en secreto, y debía dársele la más amplia publicidad. Por esto, los pasajes más inspirados de las sagas y de todas las obras de la poesía épica en general de aquella época están consagrados a glorificar lo que siempre se consideró justo, es decir, la venganza tribal. Los mismos dioses se unían a los matadores, en tales casos, y los ayudaban.

Además, el rasgo predominante de la justicia de los bárbaros es ya, por una parte, el intento de limitar la cantidad de personas que pueden ser arrastradas en una guerra de dos clanes por causa de la venganza de sangre, y por otra parte, el intento de extirpar la idea brutal de la necesidad de pagar sangre por sangre y herida por herida, y el deseo de establecer un sistema de indemnizaciones al ofendido, por la ofensa. Los códigos de leyes bárbaras que constituían colecciones de resoluciones de derecho común, escritos para gula de los jueces, "al principio permitían y luego estimulaban y por último exigían" la sustitución de la venganza de sangre por la indemnización, como lo observó Kbnigswarter. Pero representar este sistema de compensaciones judiciales por las ofensas, como un sistema de multas que era igual que si diera al hombre rico *carta blanche* es decir, pleno derecho a obrar como se le antojara, demuestra una incomprensión completa de esta institución. La compensación monetaria, es decir, *Wehrgeld,* que se pagaba al ofendido, es completamente distinta de la pequeña multa o *fred* que se pagaba a la comuna o a su representante. La compensación monetaria que se fijaba comúnmente para todo género de violencia era tan elevada que, naturalmente, no era un estímulo para semejante género de delitos. En caso de homicidio, la compensación monetaria comúnmente excedía todos los bienes posibles del homicida. "Dieciocho veces dieciocho vacas" -tal era la indemnización de los osietinos, que no sabían contar más allá de dieciocho; en las tribus africanas, la compensación monetaria por un homicidio alcanza a ochocientos vacas o cien camellos con su cría, y sólo en las tribus más pobres se reducía a 416 ovejas. En general, en la enorme mayoría de los casos, era imposible pagar la compensación monetaria por un homicidio, de modo que sólo restaba al homicida hacer una cosa: convencer a la familia ofendida, con su arrepentimiento, de que lo adoptara. Hasta ahora, en el Cáucaso, cuando una guerra de tribus, por venganza de sangre, termina en paz, el ofensor toca con sus labios el pecho de la mujer más anciana de la tribu, y de tal modo se convierte en "hermano de leche" de todos los hombres de la familia ofendida. En algunas tribus africanas, el homicida debe dar en matrimonio su hija o hermana a uno de los miembros de la familia del muerto; en otras tribus debe casarse con la viuda del muerto; y en todos los casos se convierte, después de esto, en miembro de la familia, cuya opinión es escuchada en todos los asuntos familiares importantes.

Además, los bárbaros no sólo no menospreciaban la vida humana, sino que de ningún modo conocían los castigos espantosos que fueron introducidos más tarde por la legislación laica y canónica bajo la influencia de Roma y Bizancio.

Si el derecho sajón fijaba la pena de muerte con bastante facilidad, aun en caso de incendio y asalto a mano armada, los otros códigos bárbaros recurrían a ella sólo en caso de traición a su tribu y de sacrilegio hacia los dioses comunales. Veían en la pena de muerte el único medio de apaciguar a los dioses.

Todo esto, evidentemente, está muy lejos del supuesto "desenfreno moral de los bárbaros". Por lo contrario, no podemos hacer menos que admirar los principios profundamente morales que fueron elaborados por las antiguas comunas aldeanas y que hallaron su expresión en las tríades galesas, en las leyendas del Rey Arturo, en los comentarios irlandeses, "Brehon", en las antiguas leyendas germánicas, etcétera, y también ahora se expresan en los proverbios de los bárbaros modernos. En su introducción a *The Story of Brunt Njal,* George Dasent caracterizó muy fielmente, del modo siguiente, las cualidades del normando, tal como se precisan sobre la base de las sagas:

"Hacer franca y varonilmente lo que ha de hacerse, sin temer a los enemigos, ni a las enfermedades, ni al destino... ; ser libre y atrevido en todos los actos; ser gentil y generoso con los amigos y congéneres; ser severo y temible con los enemigos (es decir, con aquellos que caían bajo la ley del talión), pero cumplir, aun con ellos, todas las obligaciones debidas... No romper los armisticios, no ser murmurador ni calumniador. No decir en ausencia de una persona nada que no se atreva a decir en su presencia. No arrojar del umbral de su casa al hombre que pida alimento o refugio, aunque fuera el propio enemigo".

De tales, o aún más elevados principios, está imbuida toda la poesía épica y las tríades galesas. Obrar "con dulzura y según los principios de la equidad" con los otros, sin distinción de que sean enemigos o amigos, y "reparar el mal ocasionado", tales son los más elevados deberes del hombre, -el mal es la muerte, y el bien es la vida-, exclama la poeta legisladora. "El mundo sería absurdo si los acuerdos hechos verbalmente no fueran respetados" -dice la ley de Brehon-. Y el apacible shaman mordvino, después de haber alabado cualidades semejantes, agrega, en sus principios di derecho común, que "entre los vecinos, la vaca y la vasija de ordeñar es un bien común", y que "necesario es ordeñar la vaca para sí y para aquél que pueda pedir leche"; que "el cuerpo del miro enrojece por los golpes, pero el rostro del que golpea al niño enrojece de vergüenza", etc. Se podría llenar muchas páginas con la exposición de principios morales similares, que los -bárbaros" no sólo expresaron, sino que siguieron.

Necesario es mencionar aquí todavía un mérito de las antiguas comunas aldeanas. Y es que paulatinamente ampliaron el círculo de las personas que estaban estrechamente ligadas entre sí. En el periodo de que hablamos, no sólo las clases se unieron en tribus, sino que a su vez, las tribus, aun siendo de orígenes distintos, se unieron en federaciones y confederaciones. Algunas federaciones eran tan estrechas que, por ejemplo, los vándalos que quedaron en el lugar, después que parte de su confederación fue hacia el Rhin y de allí a España y África, durante cuarenta años, cuidaron las tierras comunales y las aldeas abandonadas de sus confederados; no tomaron posesión de ellas hasta que sus enviados especiales los convencieron de que sus confederados no tenían intención de volver más. Entre otros bárbaros, encontramos que la tierra era cultivada por una parte de la tribu, mientras la otra parte combatía en las fronteras de su territorio común, o más allá de sus límites. En cuanto a las ligas entre varias tribus, constituían el fenómeno más corriente. Los sicambrios se unieron con los keruscos y suevos; los cuados con los sármatas; los sármatas con los alanos, carpios y hunos. Más tarde, vemos también cómo la concepción de nación se desarrolla gradualmente en Europa, considerablemente antes de que algo del género de Estado comenzara a formarse en lugar alguno de la parte del continente ocupada por los bárbaros. Estas naciones -porque no es posible negar el nombre de nación a la Francia merovingia o la Rusia del siglo undécimo o duodécimo-, estas naciones no estaban, sin embargo, unidas entre sí por otra cosa que no fuera la unidad de la lengua y el acuerdo tácito de sus pequeñas repúblicas de elegir sus duques (protectores militares y jueces) de entre una familia determinada.

Naturalmente, las guerras eran ineludibles: las migraciones inevitablemente llevan consigo las guerras, pero ya sir Henry Maine, en su notable trabajo sobre el origen tribal del derecho internacional, demostró plenamente que "el hombre nunca fue tan brutal ni tan estúpido como para someterse a un mal como la guerra sin hacer algunos esfuerzos para conjurarla". Mostró también cuán grande era -el número de las antiguas instituciones que revelan la intención de prevenir la guerra o encontrarle algunas alternativas. En realidad, el hombre, a despecho de las suposiciones corrientes, es un ser tan antiguérrero que cuando los bárbaros se asentaron finalmente en sus lugares, perdieron el hábito de la guerra tan rápidamente que pronto debieron establecer caudillos militares especiales, acompañados por *Scholae* especiales o mesnadas guerreras para la defensa de sus aldeas en contra de posibles ataques. Prefirieron el trabajo pacífico a la guerra, y el mismo pacifismo del hombre fue causa de la especialización de la profesión militar, y se obtuvo corno resultado de esta especialización, posteriormente, la esclavitud y las guerras "del período estatal" de la historia de la humanidad.

La historia encuentra grandes dificultades en sus tentativas para restablecer las instituciones del período bárbaro. A cada paso, el historiador halla débiles indicios de una u otra institución. Pero el pasado se ilumina con luz brillante ni bien recurrimos a las instituciones de las numerosas tribus que aún viven bajo una organización social que casi es idéntica a la organización de la vida de nuestros antepasados, los bárbaros.

Aquí encontramos tal abundancia de material que la dificultad se presenta en la selección, puesto que las islas del océano Pacífico, las estepas de Asia y las mesetas de África son verdaderos museos históricos que contienen muestras de todas las posibles instituciones intermedias por las que ha atravesado la humanidad en su paso de la condición tribal de los salvajes a la organización estatal. Examinemos algunas de estas muestras.

Si tomamos, por ejemplo, las comunas aldeanas de los mogoles buriatos, especialmente de aquellos que viven en la estepa de Kudinsk, en el Lena superior, y que evitaron más que los otros la influencia rusa, tenemos en ellos una muestra bastante buena de los bárbaros en estado de transición de la ganadería a la agricultura. Estos buriatos viven, hasta ahora, en "familias indivisas", es decir, que a pesar de que cada hijo después de su casamiento, se va a vivir a una choza separada, sin embargo las chozas de por lo menos tres generaciones se encuentran dentro de un recinto, y la familia indivisa trabaja en común en sus campos y posee en común sus bienes domésticos, el ganado y también los "teliátniki" (pequeños espacios cercados en los que guardan el pasto tierno para alimentar a los terneros).

Comúnmente cada familia se reúne para comer en su choza; pero cuando se asa carne, todos los miembros de la familia indivisa, de veinte a sesenta personas, banquetean juntos.

Varias de tales grandes familias, que viven en grupo, y también familias de menor proporción, asentadas en el mismo lugar (en la mayoría de los casos, constituyen restos de familias indivisas, disgregadas por cualquier razón), forman un "ulus" o comuna aldeana. Varios "ulus" componen un clan - más exactamente una tribu- y cada cuarenta y seis "clanes" de la estepa de Kudinsk están unidos en una confederación. En caso de necesidad, provocada por tales o cuales circunstancias especiales, varios "clanes- ingresan en uniones menores, pero más estrechas. Estos buriatos no reconocen la propiedad privada agraria, que los "ulus" poseen la tierra en común, o más exactamente, la posee toda la confederación, y de ser preciso se procede a la redistribución de las tierras entre los diferentes "ulus", en la asamblea de todo el clan, y entre los cuarenta y seis clanes en la asamblea de la confederación. Menester es observar que la misma organización tienen todos los 250.000 buriatos de la Siberia Oriental, a pesar de que ya hace más de trescientos años que se encuentran bajo el dominio de Rusia y conocen bien las instituciones rusas.

No obstante, todo lo dicho, la desigualdad de fortunas se desarrolla rápidamente entre los buriatos, especialmente desde que el gobierno ruso comenzó a atribuir importancia excesiva a los "taisha" (príncipes) elegidos por los buriatos, a quienes consideran recaudadores responsables de impuestos y representantes de la confederación en sus relaciones administrativas y hasta comerciales con los rusos. De tal modo, se ofrecen numerosos caminos para el enriquecimiento de una minoría que marcha a la par con el empobrecimiento de la masa, debido a la usurpación de las tierras buriatas por los rusos. Sin embargo, entre los buriatos, especialmente los de Kudinsk, se conserva la costumbre (y la costumbre es más fuerte que la ley) según la cual si una familia ha perdido su ganado, las familias más ricas le dan algunas vacas y caballos para reparar la pérdida. En cuanto a los pobres sin familia, comen en casa de sus congéneres; el pobre penetra en la choza y ocupa -por derecho, no por caridad- un lugar junto al fuego y recibe una porción de comida que se divide siempre del modo más escrupuloso en partes iguales; se queda a dormir allí donde ha cenado. En general, los conquistadores rusos de la Siberia se sorprendieron tanto de las costumbres comunistas de los buriatos, que los llamaron "bratskyie" (los fraternales) e informaron a Moscú: "lo tienen todo en común-; todo lo que poseen es dividido entre todos.

Hasta en la actualidad, los buriatos de Kudinsk, cuando venden el trigo o mandan a vender su ganado al carnicero ruso, todas las familias del "ulus", o hasta de la tribu, vierten su trigo en un lugar y reúnen su ganado en un rebaño, vendiendo todo al por mayor, como si perteneciera a una persona. Además, cada "ulus" tiene su depósito de granos para préstamo en caso de necesidad, sus hornos comunales para cocer el pan (el *four banal* de las antiguas comunas francesas), y su herrero, quien, como el herrero de las aldeas indias, siendo miembro de la comuna, nunca recibe pago por su trabajo dentro de ella. Debe efectuar gratuitamente todo el trabajo de herrería necesario, y si utiliza sus horas de ocio para fabricar discos de hierro cincelados y plateados, que sirven a los buriatos para adornar los vestidos, puede venderlos a una mujer de otro clan, pero sólo puede regalarlos a la mujer que pertenece a su propio clan. La compra-venta de ningún modo puede tener lugar dentro de la comuna, y esta regla es observada tan severamente que cuando una familia buriata acomodada toma a un trabajador, debe hacerlo de otro clan o de los rusos. Observaré que tal costumbre con respecto a la compra-venta no existe sólo en los buriatos: está tan bastamente difundida entre los comuneros contemporáneos -los "bárbaros"- arios y uralaltaicos, que debe haber sido general entre nuestros antepasados.

El sentimiento de unión dentro de la confederación es mantenido por los intereses comunes de todos los clanes, sus conferencias comunales y los festejos que generalmente tienen lugar en conexión con las conferencias. El mismo sentimiento es mantenido, además, también por otra institución: por la caza tribal, *aba*, que evidentemente constituye una reminiscencia de un pasado muy lejano. Cada otoño se reúnen todos los cuarenta y seis clanes de Kudinsk para tal caza, cuya presa es repartida después entre todas las familias. Además, de tiempo en tiempo, se convoca a una aba nacional, para afirmar los sentimientos de unión de toda la nación buriata. En tales casos, todos los clanes buriatos dispersos en centenares de verstas al este y oeste del lago Baikal deben enviar cazadores especialmente elegidos para este fin. Miles de personas se reúnen para esta caza nacional, y cada una trae provisiones para un mes entero. Todas las porciones de provisión deben ser iguales, y por ello antes de depositarlas todas juntas, cada porción es sopesada por un anciano (starschiná) elegido (indefectiblemente "a mano": la balanza sería una infracción a la costumbre antigua). A continuación de esto, los cazadores se dividen en destacamentos, a razón de veinte hombres cada uno, y comienzan la caza según un plan trazado de antemano. En tales cazas nacionales, toda la nación buriata revive las tradiciones épicas de aquellos tiempos en que estaba unida en una federación poderosa. Puedo también agregar que semejantes cacerías son un fenómeno corriente entre los indios pieles rojas y entre los chinos de las orillas del Usuri (kada).

En los kabdas, cuyo modo de vida ha sido tan bien descrito por dos investigadores franceses, tenemos a los representantes de los "bárbaros" que han hecho algún progreso más en la agricultura. Sus campos están regados por acequias, abonados y, en general, bien trabajados, y en las zonas montañosas, todo pedazo de tierra apto es labrado a pico. Los kabilas han pasado por no pocas vicisitudes en su historia: siguieron por algún tiempo la ley musulmana sobre la herencia, pero no pudieron conformarse con ella, y hace unos ciento cincuenta años volvieron a su anterior derecho común tribal. Debido a esto, la posesión de la tierra tiene en ellos un carácter mixto, y la propiedad privada de la tierra existe junto con la posesión comunal. En todo caso, la base de la organización comunal actual es la comuna aldeana *(thaddart),* que generalmente se compone de algunas familias indivisas *(klaroubas),* que reconocen la comunidad de su origen, y también, en menor proporción, de algunas familias de extranjeros. Las aldeas se agrupan en clanes o tribus *(arch);* varios clanes constituyen la confederación *(thak' ebilt);* y finalmente, varias confederaciones se constituyen a veces en una liga cuyo fin principal es la protección armada.

Los kabilas no conocen autoridad alguna fuera de su *djemda* o asamblea de la comuna aldeana. Participan en ella todos los hombres adultos, y se reúnen simplemente bajo el cielo abierto, o bien en un edificio especial que tiene asientos de piedras. Las decisiones de la djemda, evidentemente, deben ser tomadas por unanimidad, es decir, el juicio se prolonga hasta que todos los presentes están de acuerdo en tomar una decisión determinada, o en someterse a ella. Puesto que en la comuna aldeana no existe autoridad que pueda obligar a la minoría a someterse a la decisión de la mayoría, el sistema de decisiones unánimes era practicado por el hombre en todas partes donde existían tales comunas, y se practica aún ahora allí donde continúan existiendo, es decir, entre varios centenares de millones de hombres, sobre toda la extensión del globo terrestre. La *djemaa* kabileña misma designa su poder ejecutivo al anciano, al escriba y al tesorero; ella misma determina sus impuestos y administra la repartición de las tierras comunales, lo mismo que todos los trabajos de utilidad pública.

Una parte importante del trabajo es efectuado en común; los caminos, las mezquitas, las fuentes, los canales de regadío, las torres de defensa contra las incursiones, las cercas de las aldeas, etc., todo esto es construido por la comuna aldeana, mientras que los grandes caminos, las mezquitas de mayores dimensiones y los grandes mercados son obras de la tribu entera. Muchas huellas del cultivo comunal existen aún hoy, y las casas siguen siendo construidas por toda la aldea, o bien, con ayuda de todos los hombres y mujeres de la aldea. En general, recurren a la "ayuda" casi diariamente, para el cultivo de los campos, para la recolección, las construcciones, etc. En cuanto a los trabajos artesanos, cada comuna tiene su herrero a quien se da parte de la tierra comunal, y él trabaja para la comuna. Cuando se aproxima la época de arar, recorre todas las casas y repara gratuitamente los arados y otros instrumentos agrícolas; el forjar un arado nuevo es considerado una obra piadosa que no puede ser recompensada con dinero ni, en general, con ninguna clase de paga.

Puesto que en los kabilas existe ya la propiedad privada, evidentemente existen entre ellos ricos y pobres. Pero, como todos los hombres que viven en estrecha relación y saben cómo y dónde comienza la pobreza, consideran que la pobreza es una eventualidad que puede presentárselas a todos. "De la miseria y de la cárcel nadie está libre" -dicen los campesinos rusos-; los kabilas llevan a la práctica este proverbio, y en su medio es imposible notar ni la más ligera diferencia en el trato entre pobres y ricos; cuando un pobre solicita "ayuda", el rico trabaja en su campo exactamente lo mismo que el pobre trabaja, en caso parecido, en el campo del rico. Además, la *djemáa* aparta determinados huertos y campos, a veces cultivados en común, en beneficio de los miembros más pobres de la comuna. Muchas costumbres parecidas se conservaron hasta hoy. Puesto que las familias más pobres no están en condiciones de comprarse carne, regularmente compra con la suma formada por el dinero de las multas, de las donaciones en beneficio de la *djemáa,* o del pago para el uso de los depósitos comunales de extracción de aceite de oliva; y esta carne se reparte equitativamente entre aquellos que por su pobreza no están en condiciones de comprarla. Exactamente lo mismo, cuando alguna familia sacrifica una oveja o un buey en día que no es de mercado, el pregonero de la aldea lo anuncia por todas las calles para que los enfermos y las mujeres encinta puedan recibir cuanta carne necesiten.

El apoyo mutuo atraviesa como un hilo rojo toda la vida de los kabilas, y si uno de ellos, durante un viaje fuera de los límites de la tierra natal, encuentra a otro kabila necesitado, debe prestarle ayuda, aunque para esto tuviera que arriesgar sus propios bienes y su vida. Si tal cosa no fuera prestada, la comuna a que pertenece el que ha sido damnificado por semejante egoísmo, puede quejarse y entonces la comuna del egoísta lo indemniza inmediatamente. En el caso que tratamos, tropezamos de tal modo con una costumbre que conoce bien aquél que ha estudiado las guildas comerciales medievales.

Todo extranjero que aparece en la aldea kabila tiene derecho, en invierno, a refugiarse en una casa, y sus caballos pueden pastar durante un día en las tierras comunales. En caso de necesidad, puede, además, contar con un apoyo casi ilimitado. Así, durante el hambre de los años 1867-1868, los kabilas aceptaban y alimentaban, sin hacer diferencia de origen, a todos aquellos que buscaban refugio en sus aldeas. ¡En el distrito de Deflys se reunieron no menos de doce mil personas, negadas no solamente de todas las partes de Argelia, sino hasta de Marruecos, y los kabilas las alimentaron a toda! Mientras que por toda Argelia la gente se moría de hambre, en la tierra kabileña no hubo un solo caso de muerte por hambre; las comunas kabileñas, a menudo privándose de lo más necesario, organizaron la ayuda, sin pedir ningún socorro al gobierno y sin quejarse por la carga; la consideraban como su deber natural. Y mientras que entre los colonos europeos se tomaban todas las medidas policiales posibles para prevenir el robo y el desorden originados por la afluencia de extranjeros, no fue necesario ninguna vigilancia semejante para el territorio kabileño; las *djemáas* no tuvieron necesidad de defensa ni de ayuda exterior.

Puedo citar, sólo brevemente, dos rasgos extraordinariamente interesantes de la vida kabileña, a saber: el establecimiento de la llamada *anaya,* que tiene por objeto vigilar, en caso de guerra, los pozos, las acequias de riego, las mezquitas, las plazas de los mercados y algunos caminos, y, también, la institución de los *Cofs,* de la que hablaré más abajo. En la *anaya* tenemos propiamente una serie completa de disposiciones que tienden a disminuir el mal causado por la guerra, y a conjurarla. Así, la plaza del mercado es anaya, especialmente si se halla cerca de la frontera y sirve de lugar de encuentro de los kabilas con los extranjeros; nadie se atreve a perturbar la paz en el mercado; y si se produjeran desordenes, en seguida son reprimidos por los mismos extranjeros reunidos en la ciudad. El camino por donde las mujeres aldeanas van por agua a la fuente, se considera también *anaya* en caso de guerra, etc. La misma institución se encuentra en ciertas islas del Océano Pacífico.

En cuanto al Cof, esta institución constituye una forma bastamente extendida de asociación en ciertos respectos, análoga a las sociedades y guildas medievales (Bürgschaften o Gegilden), y también constituye una sociedad existente tanto para la defensa mutua como para diversos fines intelectuales, políticos, religiosos, morales, etc., que no pueden ser satisfechos por la organización territorial de la comuna, del clan o de la confederación. El *Cof* no conoce limitaciones territoriales; recluta sus miembros en diferentes aldeas, hasta entre los extranjeros, y ofrece a sus miembros protección en todas las circunstancias posibles de la vida. En general, es una tentativa de completar la asociación territorial por medio de una agrupación extraterritorial, con el fin de dar expresión a la afinidad mutua de todo género de aspiraciones que va más allá de los límites de un lugar determinado. De tal modo, las libres asociaciones internacionales de gustos e ideas, que nosotros consideramos una de las mejores expresiones de nuestra vida contemporánea, tiene su principio en el período bárbaro antiguo.

La vida de los montañeses caucasianos ofrece otra serie de ejemplos del mismo género, sumamente instructiva. Estudiando las costumbres contemporáneas de los osietines - sus familias indivisas, sus comunas y sus concepciones jurídicas-, el profesor M. Kovalevsky, en su notable obra *Las costumbres modernas y la ley antigua,* pudo, paso a paso, compararlas con disposiciones similares de las antiguas leyes bárbaras, y hasta tuvo posibilidad de observar el nacimiento primitivo del feudalismo. En otras tribus caucasianas, encontramos a veces indicios del modo cómo se originó la comuna aldeana en los casos en que no era tribal, sino que había nacido, de la unión voluntaria entre familias de diferentes orígenes. Tal caso se observó, por ejemplo, recientemente en las aldeas de los jevsures, cuyos habitantes prestaban juramento de "comunidad y fratemidad". En otra parte del Cáucaso, en el Daghestan, vemos los orígenes de las relaciones feudales entre dos tribus, conservándose ambas, al mismo tiempo, constituidas en comunas aldeanas y conservando hasta las huellas de las "clases" de la organización tribal.

En este caso, tenemos, de este modo, un ejemplo vivo de las formas que tomó la conquista de Italia y de la Galia por los bárbaros. Los vencedores lezhinos, que han sometido a varias aldeas georgianas y tártaras del distrito de Zakataly, no sometieron estas aldeas a la autoridad de las familias separadas; organizaron un clan feudal, compuesto ahora de doce mil hogares divididos en tres aldeas, y poseyendo en común no menos de doce aldeas georgianas y tártaras. Los conquistadores repartieron sus propias tierras entre sus clanes, y los clanes, a su vez, la dividieron en partes iguales entre sus familias; pero no intervienen en los asuntos de las comunas de sus tributarios, quienes hasta ahora practican la costumbre mencionada por Julio César, a saber: la comuna decide anualmente qué parte de la tierra comunal debe ser cultivada, y esta tierra se reparte en parcelas según la cantidad de familias, y dichas parcelas se distribuyen por sorteo. Es menester observar que a pesar de que los propietarios no son raros entre los lezhinos -que viven bajo el sistema de la propiedad territorial privada y la posesión común de los esclavos-, son muy raros entre los georgianos sometidos a la servidumbre y que continúan manteniendo sus tierras en propiedad comunal.

En cuanto al derecho común de los montañeses georgianos, es muy similar al derecho de los longobardos y los francos sálicos, y algunas de sus disposiciones arrojan nueva luz sobre el procedimiento jurídico del período bárbaro. Destacándose por su carácter muy impresionable, los habitantes del Cáucaso emplean todas sus fuerzas para que sus riñas no lleguen hasta el homicidio: así, por ejemplo, entre los jevsures pronto se desnudan los sables, pero si acude una mujer y arroja entre los contendientes un trozo de lienzo que sirve a las mujeres como adorno de la cabeza, los sables vuelven en seguida a sus vainas y se interrumpe la riña. El adorno de cabeza de las mujeres en este caso es *anaya.* Si la riña no se interrumpiera a tiempo y terminara con un homicidio, la compensación monetaria impuesta al homicida es tan grande, que el culpable queda arruinado para toda la vida, si no lo adopta como hijo la familia del muerto; si ha recurrido al puñal en una riña sin importancia y producido heridas, pierde para siempre el respeto de sus congéneres.

En todas las riñas, los asuntos pasan a mano de mediadores: ellos eligen a los jueces entre sus congéneres -seis si los asuntos son más bien pequeños, y de diez a quince en los asuntos más serios- y observadores rusos atestiguan la absoluta incorruptibilidad de los jueces. El juramento tiene tal importancia, que las personas que gozan de respeto general son dispensadas de él, confirmación simple que es plenamente suficiente, tanto más cuanto que en los asuntos serios el jevsur nunca vacila en reconocer su culpa (naturalmente, me refiero al jevsur no tocado todavía por la llamada "cultura"). El juramento se reserva principalmente para asuntos tales como las disputas sobre bienes, en las cuales, aparte del simple establecimiento de los hechos, se requiere además un determinado género de apreciación de ellos. En tales casos, los hombres, cuya afirmación influye de manera decisiva en la solución de la discusión, actúan con la mayor circunspección. En general, puede decirse que las sociedades "bárbaras" del Cáucaso se distinguen por su honestidad y su respeto a los derechos de los congéneres. Las diferentes tribus africanas presentan tal diversidad de sociedades, interesantes en grado sumo, y situadas en todos los grados intermedios de desarrollo, comenzando por la comuna aldeana primitiva y terminando por las monarquías bárbaras despóticas, que debo abandonar todo pensamiento de dar siquiera los resultados más importantes del estudio comparativo de sus instituciones. Será suficiente decir que, aun bajo el despotismo más cruel de los reyes, las asambleas de las comunas aldeanas y su derecho común siguen dotadas de plenos poderes sobre un amplio círculo de toda clase de asuntos. La ley de Estado permite al rey quitar la vida a cualquier súbdito, por simple capricho, o hasta para satisfacer su glotonería, pero el derecho común del pueblo continúa conservando aquella red de instituciones que sirven para el apoyo mutuo, que existe entre otros "bárbaros" o existía entre nuestros antepasados. Y en algunas tribus en mejor situación (en Bornu, Uganda y Abisinia), y en especial entre los bogos, algunas disposiciones del derecho común están espiritualizadas por sentimientos realmente exquisitos y refinados.

Las comunas aldeanas de los indígenas de ambas Américas tenían el mismo carácter. Los tupíes de Brasil, cuando fueron descubiertos por los europeos, vivían en "casas largas" ocupadas por clanes enteros que cultivaban en común sus sementeras de grano y sus campos de mandioca. Los aran, que han avanzado más en el camino de la civilización, cultivaban sus campos en común; lo mismo los ucagas, que permaneciendo bajo el sistema del comunismo primitivo y de las "casas largas" aprendieron a trazar buenos caminos y en algunos dominios de la producción doméstica no eran inferiores a los artesanos del período antiguo de la Europa medieval. Todos ellos obedecían al mismo derecho común, cuyos ejemplos hemos citado en las páginas precedentes.

En el otro extremo del mundo encontramos el feudalismo malayo, el cual, sin embargo, mostróse impotente para desarraigar la *negaria;* es decir, la comuna aldeana, con su dominio comunal, por lo menos, sobre una parte de la tierra y su redistribución entre las *negarias* de la tribu entera. En los *alfurus* de Minahasa encontramos el sistema comunal de labranzas de tres amelgas; en la tribu india de los wyandots encontramos la redistribución periódica de la tierra, realizada por todo el clan. Principalmente en todas las partes de Sumatra, donde el derecho musulmán aún no ha logrado destruir por completo la antigua organización tribal, hallamos a la familia indivisa *(suka)* y a la comuna aldeana (kohta) que conservan sus derechos sobre la tierra, aun en los casos en que parte de ella ha sido desbrozada sin permiso de la comunal. Pero decir esto significa decir, al mismo tiempo, que todas las costumbres que sirven para la protección mutua y la conjuración de las guerras tribales a causa de la venganza de sangre y, en general, de todo género de guerra -costumbres que hemos señalado brevemente más arriba como costumbres típicas de la comuna-, también existen en el caso que nos ocupa. Más aún: cuando más completa se ha conservado la posesión comunal, tanto mejores y más suaves son las costumbres. De Stuers afirma positivamente que en todas partes donde la comuna aldeana ha sido menos oprimida por los conquistadores, se observa menos desigualdad de bienes materiales, y las mismas prescripciones de venganza de sangre se distinguen por una crueldad menor; y, por lo contrario, en todas partes donde la comuna aldeana ha sido destruida definitivamente, "los habitantes sufren una opresión insoportable de parte de los gobernantes despóticos". Y esto es completamente natural. De modo que cuando Waitz observó que las tribus que han conservado sus confederaciones tribales se hallan en un nivel más elevado de desarrollo y poseen una literatura más rica que las tribus en las cuales estos lazos han sido destruidos, expresó justamente lo que se hubiera podido prever anticipadamente.

Citar más ejemplos significaría ya repetirse, tan sorprendentemente se parecen las comunas bárbaras entre sí, a pesar de la diversidad de climas y de razas. Un mismo proceso de desarrollo se produjo en toda la humanidad, con uniformidad asombrosa. Cuando, destruida interiormente por la familia separada, y exteriormente por el desmembramiento de los clanes que emigraban y por la necesidad de aceptar en su medio a los extranjeros, la organización tribal comenzó a descomponerse, en su reemplazo apareció la comuna aldeana, basada sobre la concepción de territorio común. Esta nueva organización, crecida de modo natural de la organización tribal precedente, permitió a los bárbaros atravesar el período más turbio de la historia sin desintegrarse en familias separadas, que hubieran perecido inevitablemente en la lucha por la existencia. Bajo la nueva organización se desarrollaron nuevas formas de cultivo de la tierra, la agricultura alcanzó una altura que la mayoría de la población del globo terrestre no ha sobrepasado hasta los tiempos presentes; la producción artesana doméstica alcanzó un elevado nivel de perfección. La naturaleza salvaje fue vencida; se practicaron caminos a través de los bosques, y pantanos, y el desierto se pobló de aldeas, brotadas como enjambres de las comunas maternas. Los mercados, las ciudades fortificadas, las iglesias, crecieron entre los bosques desiertos y las llanuras. Poco a poco empezaron a elaborarse las concepciones de uniones más amplias, extendidas a tribus enteras, y a grupos de tribus, diferentes por su origen. Las viejas concepciones de la justicia, que se reducían simplemente a la venganza, de modo lento sufrieron una transformación profunda y el deber de reparar el perjuicio producido ocupó el lugar de la idea de venganza.

El derecho común, que hasta ahora sigue siendo ley de la vida cotidiana para las dos terceras partes de la humanidad, si no más, se elaboró poco a poco bajo esta organización, lo mismo que un sistema de costumbres que tendían a prevenir la opresión de las masas por la minoría, cuyas fuerzas crecían a medida que aumentaba la posibilidad de la acumulación individual de riqueza.

Tal era la nueva forma en que se encauzó la tendencia de las masas al apoyo mutuo. Y nosotros veremos en los capítulos siguientes que el progreso -económico, intelectual y moral- que alcanzó la humanidad bajo esta forma nueva popular de organización fue tan grande, que cuando más tarde comenzaron a formarse los Estados, simplemente se apoderaron, en interés de las minorías, de todas las funciones jurídicas, económicas y administrativas que la comuna aldeana desempeñaba ya en beneficio de todos.

# Capítulo 5

## LA AYUDA MUTUA EN LA CIUDAD MEDIEVAL

La sociabilidad y la necesidad de ayuda y apoyo mutuo son cosas tan innatas de la naturaleza humana, que no encontramos en la historia épocas en que los hombres hayan vivido dispersos en pequeñas familias individuales, luchando entre sí por los medios de subsistencia. Por el contrario, las investigaciones modernas han demostrado, como hemos visto en los dos capítulos precedentes, que desde los tiempos más antiguos de su vida prehistórica, los hombres se unían ya en clanes mantenidos juntos por la idea de la unidad de origen de todos los miembros del clan y por la veneración de los antepasados comunes. Durante muchos milenios, la organización tribal sirvió, de tal modo, para unir a los hombres, a pesar de que no existía en ella decididamente ninguna autoridad para hacerla obligatoria; y esta organización de vida dejó una impresión profunda en todo el desarrollo subsiguiente de la humanidad.

Cuando los lazos del origen común comenzaron a debilitarse a causa de las migraciones frecuentes y lejanas, y el desarrollo de la familia separada dentro del clan mismo, también destruyó la antigua unidad tribal; entonces, una nueva forma de unión, fundada en el *principio territorial* -es decir, la comuna aldeana' fue llamada a la vida por el genio social creador del hombre. Esta institución, a su vez, sirvió para unir a los hombres durante muchos siglos, dándoles la posibilidad de desarrollar más y más sus instituciones sociales, y junto con eso, ayudándolos a atravesar los períodos más sombríos de la historia sin haberse desintegrado en conglomerados de familias e individuos a quienes nada ligaba entre sí. Gracias a esto, como hemos visto en los dos capítulos precedentes, el hombre pudo avanzar al máximo en su desarrollo y elaborar una serie de instituciones sociales secundarias, muchas de las cuales han sobrevivido hasta el presente.

Ahora tenemos que seguir el desarrollo más avanzado de aquella tendencia a la ayuda mutua, siempre inherente al hombre. Tomando las comunas aldeanas de los llamados bárbaros en la época en que entraron en el nuevo período de civilización, después de la caída del imperio romano de Occidente, debemos estudiar ahora las nuevas formas en que se encauzaron las necesidades sociales de las masas durante la edad media, y especialmente, las *guildas medievales* en la *ciudad medieval*

Los así llamados bárbaros de los primeros siglos de nuestra era, lo mismo que muchas tribus mogólicas, africanas, árabes, etc., que aún ahora se encuentran en el mismo nivel de desarrollo, no sólo no se parecían a los animales sanguinarios con los que se les compara a menudo, sino que, por el contrario, invariablemente preferían la paz a la guerra. Con excepción de algunas pocas tribus, que durante las grandes migraciones fueron arrojadas a los desiertos estériles o a las altas zonas montañosas, y de tal modo se vieron obligadas a vivir de incursiones periódicas contra sus vecinos más afortunados; con excepción de estas tribus, decíamos, la gran mayoría de los germanos, sajones, celtas, eslavos, etc., en cuanto se asentaron en sus tierras recién conquistadas, inmediatamente se volvieron al arado, o al pico, y a sus rebaños. Los códigos bárbaros más antiguos nos describen ya sociedades compuestas de comunas agrícolas pacíficas, y de ninguna manera hordas desordenadas de hombres que se hallaban en guerra ininterrumpida entre sí.

Estos bárbaros cubrieron los piases ocupados por ellos de aldeas y granjas; desbrozaron los bosques, construyeron puentes sobre los torrentes bravíos, levantaron senderos de tránsito sobre los pantanos, colonizaron el desierto completamente inhabitable hasta entonces, y dejaron las arriesgadas ocupaciones guerreras a las hermandades, scholae, mesnadas de hombres inquietos que se reunían alrededor de caudillos temporarios, que iban de lugar en lugar ofreciendo su pasión de aventuras, sus armas y conocimientos de los asuntos militares para proteger la población que deseaba sólo una cosa: que la permitieran vivir en paz. Bandas de tales guerreros iban y venían, librando entre sí guerras tribales por venganzas de sangre; pero la masa principal de la población continuaba arando la tierra, prestando muy poca atención a sus pretendidos caudillos, mientras no perturbara la independencia de las comunas aldeanas. Y esta masa de nuevos pobladores de Europa elaboró, ya entonces, sistemas de posesión de la tierra y métodos de cultivo que hasta ahora permanecen en vigor y en uso entre centenares de millones de hombres. Elaboraron su sistema de compensación por las ofensas inferidas, en lugar de la antigua venganza de sangre; aprendieron los primeros oficios; y después de haber fortificado sus aldeas con empalizadas, ciudadelas de tierra y torres, en donde podían ocultarse en caso de nuevas incursiones, pronto entregaron la protección de estas torres y ciudadelas a quienes hacían de la guerra un oficio.

Precisamente este pacifismo de los bárbaros, y de ningún modo los supuestos instintos bélicos, se convirtió de tal manera en la fuente del sojuzgamiento de los pueblos por los caudillos militares que siguió a este período. Es evidente que el mismo modo de vida de las hermandades armadas daba a las mesnadas oportunidades considerablemente mayores para el enriquecimiento que las que podrían presentárselas a los labradores que llevaban una vida pacífica en sus comunas agrícolas. Aun hoy vemos que los hombres armados, de tanto en tanto, emprenden incursiones de piratería para matar a los matabeles africanos y quitarles sus rebaños, a pesar de que los matabeles sólo aspiran a la paz y están dispuestos a comprarla, aunque sea a un precio elevado; así en la antigüedad los mesnaderos evidentemente no se distinguían por una escrupulosidad mayor que sus descendientes contemporáneos. De este modo se apropiaron de ganado, hierro (que tenía en aquellos tiempos un valor muy elevado) y esclavos; y a pesar de que la mayor parte de los bienes saqueados se gastaba allí mismo en los gloriosos festines que canta la poesía épica, de todos modos, una cierta parte quedaba y contribuía a un enriquecimiento mayor.

En aquellos tiempos existían aún abundancia de tierras incultas y no había escasez de hombres dispuestos a cultivarla siempre que pudieran conseguir el ganado necesario y los instrumentos de trabajo. Aldeas enteras llevadas a la miseria por las enfermedades, las epizootias del ganado, los incendios o ataques de nuevos inmigrantes, abandonaban sus casas y se iban a la desbandada en búsqueda de nuevos lugares de residencia lo mismo que en Rusia aún en el presente hay aldeas que vagan dispersas por las mismas causas. Y he aquí que si algunos de los *hirdmen,* es decir, jefes de mesnaderos, ofrecían entregar a los campesinos algún ganado para iniciar su nuevo hogar, hierro para forjar el arado, si no el arado mismo, y también protección contra las incursiones y los saqueos, y si declaraba que por algunos años los nuevos colonos estarían exentos de toda paga antes de comenzar a amortizar la deuda, entonces los inmigrantes de buen grado se asentaban en su tierra. Por consiguiente, cuando después de una lucha obstinada con las malas cosechas, inundaciones y fiebres, estos pioneros comenzaban a rembolsar sus deudas, fácilmente se convertían en siervos del protector del distrito.

Así se acumulaban las riquezas; y detrás de las riquezas sigue siempre el poder. Pero, sin embargo, cuanto más penetramos en la vida de aquellos tiempos -siglo sexto y séptimo- tanto más nos convencemos de que para el establecimiento del poder de la minoría se requería, además de la riqueza y de la fuerza militar, todavía un elemento. Este elemento fue la ley y el derecho, el deseo de las masas de mantener la paz y establecer lo que consideraban justicia; y este deseo dio a los caudillos de las mesnadas, a los *knyazi,* príncipes, reyes, etc., la fuerza que adquirieron dos o tres siglos después. La misma idea de la justicia, nacida en el período tribal, pero concebida ahora como la compensación debida por la ofensa causada, pasé como un hilo rojo a través de la historia de todas las instituciones siguientes; y en medida considerablemente mayor que las causas militares o económicas, sirvió de base sobre la cual se desarrolló la autoridad de los reyes y de los señores feudales.

En realidad, la principal preocupación de las comunas aldeanas bárbaras era entonces (como también ahora en los pueblos contemporáneos nuestros, situados en el mismo nivel de desarrollo) la rápida suspensión de las guerras familiares, surgidas de la venganza de sangre, debidas a las concepciones de la justicia, corrientes entonces. No bien se producía una riña entre dos comuneros, inmediatamente la comuna, y la asamblea comunal, después de escuchar el caso, fijaba la compensación monetaria *(wergeld),* es decir, la compensación que debía pagar al perjudicado o a su familia, y de modo igual también el monto de la multa *(fred)* por la perturbación de la paz, que se pagaba a la comuna. Dentro de la misma comuna las disensiones se arreglaban fácilmente de este modo. Pero cuando se producía un caso de venganza de sangre entre dos tribus diferentes, o dos confederaciones de tribus -entonces, a pesar de todas las medidas tomadas para conjurar tales guerras- era difícil encontrar el árbitro o conocedor del derecho común, cuya decisión fuera aceptable para ambas partes, por confianza en su imparcialidad y en su conocimiento de las leyes más antiguas. La dificultad se Complicaba aún más porque el derecho común de las diferentes tribus y confederaciones no determinaba igualmente el monto de la compensación monetaria en los diferentes casos.

Debido a esto, apareció la costumbre de tomar un juez de entre las familias o clanes conocidos por que conservaban la ley antigua en toda su pureza, y poseían el conocimiento de las canciones, versos, sagas, etcétera, con cuya ayuda se retenía la ley en la memoria. La conservación de la ley, de este modo, se hizo un género de arte, "misterio", cuidadosamente transmitido de generación en generación, en determinadas familias. Así, por ejemplo, en Islandia y en los otros países escandinavos, en cada *Alithing* o asamblea nacional, el *lövsögmathr* (recitador de los derechos) cantaba de memoria todo el derecho común, para edificación de los reunidos, y en Irlanda, como es sabido, existía una clase especial de hombres que tenían la reputación de ser conocedores de las tradiciones antiguas, y debido a esto gozaban de gran autoridad en calidad de jueces. Por esto, cuando encontramos en los anales rusos noticias de que algunas tribus de Rusia noroccidental, viendo los desórdenes que iban en aumento y que tenían su origen en el hecho de que "el clan se levanta contra el clan", acudieron a los *varingiar* normandos y les pidieron que se convirtiesen en sus jueces y en comandantes de sus mesnadas; cuando vemos más tarde a los *knyazi,* elegidos invariablemente durante los dos siglos siguientes de una misma familia normanda, debemos reconocer que los eslavos admitían en estos normandos un mejor conocimiento de las leyes de derecho común, el cual los diferentes clanes eslavos reconocían como conveniente para ellos. En este caso, la posesión de las runas, que servían para anotar las antiguas costumbres, fue entonces una ventaja positiva en favor de los normandos; a pesar de que en otros casos existen también indicaciones de que acudían en procura de jueces al clan más "antiguo", es decir, a la rama que se consideraba materna, y que las resoluciones de estos jueces eran consideradas justísimas. Por último, en una época posterior vemos la inclinación más notoria a elegir jueces entre el clero cristiano, que entonces se atenta aún al principio fundamental del cristianismo, ahora olvidado: que la venganza no constituye un acto de justicia. Entonces el clero cristiano abría sus iglesias como lugar de refugio a los hombres que huían de la venganza de sangre, y de buen grado intervenía en calidad de mediador en los asuntos criminales, oponiéndose siempre al antiguo principio tribal: "vida por vida y sangre por sangre".

En una palabra, cuanto más profundamente penetramos en la historia de las antiguas instituciones, tanto menos encontramos fundamentos para la teoría del origen militar de la autoridad que sostiene Spencer. Juzgando por todo eso hasta la autoridad que más tarde se convirtió en fuente de opresión tuvo su origen en las inclinaciones pacíficas de las masas.

En todos los casos jurídicos, la multa (fred) que a menudo alcanzaba a la mitad del monto de la compensación monetaria *(wergeld)* se ponía a disposición de la asamblea comunal, y desde tiempos inmemoriales se empleaba en obras de utilidad común, o que servían para la defensa. Hasta ahora tiene el mismo destino (erección de torres) entre los kabilas y algunas tribus mogólicas; y tenemos testimonios históricos directos de que aun bastante más tarde, las multas judiciales, en Pskov y en algunas ciudades francesas y alemanas, se empleaban en la reparación de las murallas de la ciudad. Por esto era perfectamente natural que las multas se confiaran a los jueces (knyaziá), condes, etc., quienes, al mismo tiempo, debían mantener la mesnada de hombres armados para la defensa del territorio, y también debían hacer cumplir la sentencia. Esto se hizo costumbre general en los siglos octavo y noveno, hasta en los casos en que actuaba como juez un obispo electo. De tal modo aparecieron los gérmenes de la fusión en una misma persona de lo que ahora llamamos poder judicial y ejecutivo.

Además, la autoridad del rey, *knyaz,* conde, etc., estaba estrictamente limitada, a estas dos funciones. No era, de ningún modo, el gobernador del pueblo, el poder supremo pertenecía aún a la asamblea popular; no era ni siquiera comandante de la milicia popular, puesto que cuando el *pueblo* tomaba las armas se hallaba bajo el comando de un caudillo también electo, que no estaba sometido al rey o al *knyaz,* sino que era considerado su igual. El rey o el *knyaz* era señor todopoderoso sólo en sus dominios personales. Prácticamente, en la lengua de los bárbaros la palabra *knung, konung, koning o cyning* -sinónimo del *rex* latino-, no tenía otro significado que el de simple caudillo temporal o jefe de un destacamento de hombres. El comandante de una flotilla de barcos, o hasta de un simple navío pirata, era también konung; aun ahora en Noruega, el pescador que dirige la pesca local se llama *Not-kcing* (rey de las redes). Los honores con que más tarde comenzaron a rodear la personalidad del rey aún no existían entonces, y mientras que el delito de traición al clan se castigaba con la muerte, por el asesinato del rey se imponía solamente una compensación monetaria, en cuyo caso solamente se valoraba el rey tantas veces más que un hombre libre común. Y cuando el rey (o Kanut) mató a uno de los miembros de su mesnada, la saga le representa convocándolos a la asamblea (thing), durante la cual se puso de rodillas suplicando perdón. Su culpa fue perdonada, pero sólo después de haber aceptado pagar una compensación monetaria nueve veces mayor que la habitual, y de esta compensación recibió él mismo una tercera parte, por la pérdida de su hombre, una tercera parte fue entregada a los parientes del muerto y una tercera parte (en calidad de *fred,* es decir multa) a la mesnada. En realidad, fue necesario que se efectuara el cambio más completo en las concepciones corrientes, bajo la influencia de la Iglesia y el estudio del derecho romano, antes de que la idea de la sagrada inviolabilidad comenzara a aplicarse a la persona del rey.

Me saldría yo, sin embargo, de los límites de los ensayos presentes si quisiera seguir desde los elementos arriba citados el desarrollo paulatino de la autoridad. Historiadores tales como Green y la señora de Green con respecto a Inglaterra; Agustin Thierry, Michelet y Luchaire en Francia; Kaufmann,

Janssen y hasta Nitzsch en Alemania; Leo y Botta en Italia, y Bielaief, Kostomarof y sus continuadores en Rusia, y muchos otros, nos han referido esto detalladamente. Han mostrado cómo la población, plenamente libre y que había acordado solamente "alimentar" a determinada cantidad de sus protectores militares, paulatinamente se convirtió en sierva de estos protectores; cómo el entregarse a la protección de la Iglesia, o del señor feudal (commendation), se convirtió en una onerosa necesidad para los ciudadanos libres, siendo la única protección contra los otros depredadores feudales; cómo el castillo del señor feudal y del obispo se convirtió en un nido de asaltantes, en una palabra, cómo se introdujo el yugo del feudalismo y cómo las cruzadas, librando a todos los que llevaban la cruz, dieron el primer impulso para la liberación del pueblo. Pero no tenemos necesidad de referir aquí todo esto, pues nuestra tarea principal es seguir ahora la *obra del genio constructor de las masas populares,* en sus instituciones, que servían a la obra de ayuda mutua.

En la misma época en que parecía que las últimas huellas de la libertad habían desaparecido entre los bárbaros, y que Europa, caída bajo el poder de mil pequeños gobernantes, se encaminaba directamente al establecimiento de los Estados teocráticos y despóticos que comúnmente seguían al período bárbaro en la época precedente de civilización, o se encaminaba a la creación de las monarquías bárbaras, como las que ahora vemos en África, en esta misma época, decíamos, la vida en Europa tomaba una nueva dirección. Se encaminó en dirección semejante a la que ya había sido tomada una vez por la civilización de las ciudades de la antigua Grecia. Con unanimidad que nos parece ahora casi incomprensible, y que durante mucho tiempo realmente no ha sido observada por los historiadores, las poblaciones urbanas, hasta los burgos más pequeños, comenzaron a sacudir el yugo de sus señores temporales y espirituales. La villa fortificada se rebeló contra el castillo del señor feudal; primeramente, sacudió su autoridad, luego atacó al castillo, y finalmente lo destruyó. El movimiento se extendió de una ciudad a otra, y en breve tiempo participaron de él todas las ciudades europeas. En menos de cien años, las ciudades libres crecieron a orillas del Mediterráneo, del mar del Norte, del Báltico, el océano Atlántico y de los fiordos de Escandinavia; al pie de los Apeninos, Alpes Schwarzenwald, Grampianos, Cárpatos; en las llanuras de Rusia, Hungría, Francia y España. Por doquier ardían las mismas rebeliones, que tenían en todas partes los mismos caracteres, pasando en todas partes aproximadamente a través de las mismas formas y conduciendo a los mismos resultados.

En cada ciudad pequeña, en cualquier parte donde los hombres encontraban o pensaban encontrar cierta protección tras las murallas de la ciudad, ingresaban en las "conjuraciones" *(cojurations),* "hermandades y amistades" (amicia), unidas por un sentimiento común, e iban atrevidamente al encuentro de la nueva vida de ayuda mutua y de libertad. Y lograron realizar sus aspiraciones tanto que, en trescientos o cuatrocientos años cambió por completo el aspecto de Europa. Cubrieron el país de ciudades, en las que se elevaron edificios hermosos y suntuosos que eran expresión del genio de las uniones libres de hombres libres, edificios cuya belleza y expresividad aún no hemos superado. Dejaron en herencia a las generaciones siguientes, artes y oficios completamente nuevos, y toda nuestra educación moderna, con todos los éxitos que ha obtenido y todos los que se esperan en lo futuro, constituyen solamente un desarrollo ulterior de esta herencia. Y cuando ahora tratamos de determinar qué fuerzas produjeron estos grandes resultados, las encontramos no en el genio de los héroes individuales ni en la poderosa organización de los grandes Estados, ni en el talento político de sus gobernantes, sino en la misma corriente de ayuda mutua y apoyo mutuo, cuya obra hemos visto en la comuna aldeana, y que se animó y renovó en la Edad Media mediante un nuevo género de uniones, las guildas, inspiradas por el mismo espíritu, pero que se había encauzado ya en una nueva forma.

En la época presente, es bien sabido que el feudalismo no implica la descomposición de la comuna aldeana, a pesar de que los gobernantes feudales consiguieron imponer el yugo de la servidumbre a los campesinos y apropiarse de los derechos que antes pertenecían a la comuna aldeana (contribuciones, mano-muerta, impuestos a la herencia y casamientos), los campesinos, a pesar de todo, conservaron dos derechos comunales fundamentales: la posesión comunal de la tierra y la jurisdicción propia. En tiempos pasados, cuando el rey enviaba a su vogt Guez) a la aldea, los campesinos iban al encuentro del nuevo juez con flores en una mano y un arma en la otra, y le preguntaban qué ley tenía intención de aplicar, si la que él hallaba en la aldea o la que él traía. En el primer caso, le entregaban las flores y lo aceptaban, y en el segundo, entablaban guerra contra él. Ahora los campesinos habían de aceptar al juez enviado por el rey o el señor feudal, puesto que no podían rechazarlo; pero a pesar de todo, retenían el derecho de jurisdicción para la asamblea comunal, y ellos mismos designaban seis, siete o doce jueces que actuaban conjuntamente con el juez del señor feudal, en presencia de la asamblea comunal, en calidad de mediadores o personas que "hallaban las sentencias". En la mayoría de los casos, ni siquiera quedaba al juez real o feudal más que confirmar la resolución de los jueces comunales y recibir la multa (fred) habitual.

El preciso derecho al procedimiento judicial propio, que en aquel tiempo implicaba el derecho a la administración propia y a la legislación propia, se conserva en medio de todas las guerras y conflictos. Ni siquiera los jurisconsultos que rodeaban a Carlomagno pudieron destruir este derecho; se vieron obligados a confirmarlo. Al mismo tiempo, en todos los asuntos relativos a las posesiones comunales, la asamblea comunal conservaba la soberanía y, como ha sido demostrado por Maurer, a menudo exigía la sumisión de parte del mismo señor feudal en los asuntos relativos a la tierra. El desarrollo más fuerte del feudalismo no pudo quebrantar la resistencia de la comuna aldeana: se aferraba firmemente a sus derechos; y cuanto, en el siglo noveno y en el décimo, las invasiones de los normandos, árabes y húngaros, mostraron claramente que las mesnadas guerreras en realidad eran impotentes para proteger el país de las incursiones, por toda Europa los campesinos mismos comenzaron a fortificar sus poblaciones con muros de piedras y fortines. Miles de centros fortificados fueron erigidos entonces, gracias a la energía de las comunas aldeanas; y una vez que alrededor de las comunas se erigieron baluartes y murallas, y en este nuevo santuario se crearon nuevos intereses comunales, los habitantes comprendieron en seguida que ahora, detrás de sus muros, podían resistir no sólo los ataques de los enemigos exteriores, sino también los ataques de. los enemigos interiores, es decir, los señores feudales. Entonces una nueva vida libre comenzó a desarrollarse dentro de estas fortalezas. Había nacido la ciudad medieval.

Ningún período de la historia sirve de mejor confirmación de las fuerzas creadoras del pueblo que los siglos décimo y undécimo, en que las aldeas fortificadas y las villas comerciales que constituían un género de "oasis en la selva feudal" comenzaron a liberarse del yugo de los señores feudales y a elaborar lentamente la organización futura de la ciudad. Por desgracia, los testimonios históricos de este período se distinguen por su extrema escasez: conocemos sus resultados, pero muy poco ha llegado hasta nosotros sobre los medios con que estos resultados fueron obtenidos. Bajo la protección de sus muros, las asambleas urbanas -algunas completamente independientes, otras bajo la dirección de las principales familias de nobles o de comerciantes- conquistaron y consolidaron el derecho a elegir el protector militar de la ciudad *(defensor municipit)* y el del juez supremo, o por lo menos el derecho de elegir entre aquellos que expresaran sus deseos de ocupar este puesto. En Italia, las comunas jóvenes expulsaban continuamente a sus protectores *(defensores o domina)* y hasta sucedió que las comunas debieron luchar con los que no consentían en irse de buen grado. Lo mismo sucedía en el Este. En Bohemia, tanto los pobres como los ricos *(Bohemicae gentis magni et parvi, nobiles et ignobiles),* tomaban igualmente parte en las elecciones; y las asambleas populares *(viéche)* de las ciudades rusas regularmente elegían, ellas mismas, a sus *knyaz* - siempre de una misma familia, los Rurik-; contraían pactos (convenciones) y expulsaban al *knyaz* si provocaba descontento. Al mismo tiempo, en la mayoría de las ciudades del Oeste y Sur de Europa existía la tendencia a designar en calidad de protector de la ciudad *(defensor)* al obispo, que la ciudad misma elegía; y los obispos a menudo sobresalieron tanto en la defensa de los privilegios (inmunidades) y de las libertades urbanas, que muchos de ellos, después de muertos, fueron reconocidos como santos o patronos especiales de sus diferentes ciudades. San Uthelred de Winchester, San Ulrico de Augsburg, San Wolfgang de Ratisbona, San Heriberto de Colonia, San Adalberto de Praga, etc., y numerosos abates y monjes se convirtieron en santos de sus ciudades por haber defendido sus derechos populares. Y con la ayuda de estos nuevos defensores, laicos y clérigos, los ciudadanos conquistaron para su asamblea popular plenos derechos a la independencia en la jurisdicción y administración.

Todo el proceso de liberación fue avanzando poco a poco, gracias a una serie ininterrumpida de actos en que se manifestaba su fidelidad a la obra común y que eran realizados por hombres salidos de las masas populares, por héroes desconocidos, cuyos mismos nombres no han sido conservados por la historia. El asombroso movimiento, conocido bajo el nombre de "paz de Dios *(treuga Dei)",* con cuya ayuda las masas populares trataban de poner límite a las interminables guerras tribales por venganza de sangre que se prolongaba entre las familias de los notables, nació en las jóvenes ciudades libres, y los obispos y los ciudadanos se esforzaban por extender a la nobleza la paz que establecieron entre ellos, dentro de sus murallas urbanas.

Ya en este período, las ciudades comerciales de Italia, y en especial Amalfi (que tenía cónsules electos desde el año 844) y a menudo cambiaban a su dux en el siglo décimo, elaboraron el derecho común marítimo y comercial, que más tarde sirvió de ejemplo para toda Europa. Ravenna elaboró, en la misma época, su organización artesanal, y Milán, que hizo su primera revolución en el año 980, se convirtió en centro comercial importante y su comercio gozaba de una completa independencia ya en el siglo undécimo. *Lo mismo puede decirse con respecto a Brujas y Gante, y también a varias ciudades francesas en las que el Mahl o* forum (asamblea popular) se había hecho ya una institución completamente independiente. Ya durante este período comenzó la obra de embellecimiento artístico de las ciudades con las producciones de la arquitectura que admiramos aún, y que atestiguan elocuentemente el movimiento intelectual que se producía entonces. "Casi por todo el mundo se renovaban los templos" -escribía en su crónica Raúl Cylaber, y algunos de los monumentos más maravillosos de la arquitectura medieval datan de este período: la asombrosa iglesia antigua de Bremen fue construida en el siglo noveno; la catedral de San Marcos, en Venecia, fue terminada en el año 1071, y la hermosa catedral de Pisa, en el año 1063. En realidad, el movimiento intelectual que se ha descrito con el nombre de Renacimiento del siglo duodécimo y de racionalismo del siglo duodécimo, que fue precursor de la Reforma, tiene su principio en este período en que la mayoría de las ciudades constituían aún simples aglomeraciones de pequeñas comunas aldeanas, rodeadas por una muralla común, y algunas se convirtieron ya en comunas independientes.

Pero se requería todavía otro elemento, a más de la comuna aldeana, para dar a estos centros nacientes de libertad e ilustración la unidad de pensamiento y acción y la poderosa fuerza de iniciativa que crearon su poderío en el siglo duodécimo y decimotercero. Bajo la creciente diversidad de ocupaciones, oficios y artes, y el aumento del comercio con países lejanos, se requería una forma de unión que no había dado aún la comuna aldeana, y este nuevo elemento necesario fue encontrado en las *guildas.* Muchos volúmenes se han escrito sobre estas uniones que, bajo el nombre de guildas, hermandades, *drúzhestva, minne, artiél,* en Rusia; *esnaf* en Servía y Turquía, *amkari* en Georgia, etc., adquirieron gran desarrollo en la Edad Media. Pero los historiadores hubieron de trabajar más de sesenta años sobre esta cuestión antes de que fuera comprendida la universalidad de esta institución y explicado su verdadero carácter. Sólo ahora, que ya están impresos y estudiados centenares de estatutos de guildas y se ha determinado su relación con los *collegia romana, y* también con las uniones aún más antiguas de Grecia e India, podemos afirmar con plena seguridad que estas hermandades son solamente el desarrollo mayor de aquellos mismos principios cuya aparición hemos visto ya en la organización tribal y en la comuna aldeana.

Nada puede ilustrar mejor estas hermandades medievales que las guildas temporales que se formaban en las naves comerciales. Cuando la nave hanseática se había hecho a la mar, solía ocurrir que, pasado el primer medio día desde la salida del puerto, el capitán o *skiper (Schiffer)* generalmente reunía en cubierta a toda la tripulación y a los pasajeros y les dirigía, según el testimonio de un contemporáneo, el discurso siguiente:

"Como nos hallamos ahora a merced de la voluntad de Dios y de las olas -decía- debemos ser iguales entre nosotros. Y puesto que estamos rodeados de tempestades, altas olas, piratas marítimos y otros peligros, debemos mantener un orden estricto, a fin de llevar nuestro viaje a un feliz término. Por esto debemos rogar que haya viento favorable y buen éxito y, según la ley marítima, elegir a aquellos que ocuparán el asiento de los jueces *(Schöffenstellen)"*. Y luego la tripulación elegía a un *Vogt y* cuatro *scabini* que se convertían en jueces. Al final de la navegación, el *Vogt* y los *scabini* se despojaban de su obligación y dirigían a la tripulación el siguiente discurso: "Debemos perdonarnos todo lo que sucedió en la nave y considerarlo muerto *(todt und ab sein lassen).* Hemos juzgado con rectitud y en interés de la justicia. Por esto, rogamos a todos vosotros, en nombre de la justicia honesta, olvidar toda animosidad que podáis albergar el uno contra el otro y jurar sobre el pan y la sal que no recordaréis lo pasado con rencor. Pero si alguno se considera ofendido, que se dirija al *Landvogt* (juez de tierra) y, antes de la caída del sol, solicite justicia ante él". "Al desembarcar a tierra todas las multas (fred) cobradas en el camino se entregaban al Vogt portuario para ser distribuidas entre los pobres".

Este simple relato quizá caracterice mejor que nada el espíritu de las guildas medievales. Organizaciones semejantes brotaban doquiera apareciese un grupo de hombres unidos por alguna actividad común: pescadores, cazadores, comerciantes, viajeros, constructores, o artesanos asentados, etc. Como hemos visto, en la nave ya existía una autoridad, en manos del capitán, pero, para el éxito de la empresa común, todos los reunidos en la nave, ricos y pobres, los amos y la tripulación, el capitán y los marineros, acordaban ser iguales en sus relaciones personales -acordaban ser simplemente hombres obligados a ayudarse mutuamente- y se obligaban a resolver todos los desacuerdos que pudieran surgir entre ellos con la ayuda de los jueces elegidos por todos. Exactamente lo mismo cuando cierto número de artesanos, albañiles, carpinteros, picapedreros, etc., se unían para la construcción, por ejemplo, de una catedral, a pesar de que todos ellos pertenecían a la ciudad, que tenía su organización política, y a pesar de que cada uno de ellos, además, pertenecía a su corporación, sin embargo, al juntarse para una empresa común -para una actividad que conocían mejor que las otras- se unían además en una organización fortalecida por lazos más estrechos, aunque fuesen temporarios: fundaban una guilda, un artiél, para la construcción de la catedral. Vemos lo mismo, también actualmente, en el kabileño. Los kabilas tienen su comuna aldeana, pero resulta insuficiente para la satisfacción de todas sus necesidades políticas, comerciales y personales de unión, debido a lo cual se constituye una hermandad más estrecha en forma de *cof*.

En cuanto al carácter fraternal de las guildas medievales, para su explicación, puede aprovecharse cualquier estatuto de guilda. Si tomamos, por ejemplo, la skraa de cualquier guilda danesa antigua, leemos en ella, primeramente, que en las guildas deben reinar sentimientos fraternales generales; siguen luego las reglas relativas a la jurisdicción propia en las guildas, en caso de riña entre dos hermanos de las guildas o entre un hermano y un extraño, y por último, se enumeran los deberes de los hermanos. Si la casa de un hermano se incendia, si pierde su barca, si sufre durante una peregrinación, todos los demás hermanos deben acudir en su ayuda. Si el hermano se enferma de gravedad, dos hermanos deben permanecer junto a su lecho hasta que pase el peligro; si muere, los hermanos deben enterrarlo -un deber de no poca importancia en aquellos tiempos de epidemias frecuentes- y acompañarlo hasta la iglesia y la sepultura. Después de la muerte de un hermano, si era necesario, debían cuidarse de sus hijos; muy a menudo, la viuda se convertía en hermana de la guilda.

Los dos importantes rasgos arriba citados se encuentran en todas las hermandades, cualquiera que fuera la finalidad para la cual han sido fundadas. En todos los casos, los miembros precisamente se trataban así y se llamaban mutuamente hermano y hermana. En las guildas, todos eran iguales. Las guildas tenían en común alguna propiedad (ganado, tierra, edificios, iglesias o "ahorros comunales"). Todos los hermanos juraban olvidar todos los conflictos tribales anteriores por venganza de sangre; y, sin imponerse entre sí el deber incumplible de no reñir nunca, llegaban a un acuerdo para que la riña no pasara a ser enemistad familiar con todas las consecuencias de la venganza tribal, y para que, en la solución de la riña, los hermanos no se dirigieran a ningún otro tribunal fuera del tribunal de la guilda de los mismos hermanos. En el caso de que un hermano fuera arrastrado a una riña con una persona ajena a la guilda, los hermanos estaban obligados a apoyarlo a cualquier precio; y si fuera él acusado, justa o injustamente, de inferir la ofensa, los hermanos debían ofrecerle apoyo y tratar de llevar el asunto a una solución pacífica. Siempre que la violencia ejercida por un hermano no fuera secreta -en este último caso estaría fuera de la ley- la hermandad salía en su defensa. Si los parientes del hombre ofendido quisieran vengarse inmediatamente del ofensor con una agresión, la hermandad lo proveería de caballo para la huida, o de un bote, o de un par de remos, de un cuchillo y un acero para producir fuego; si permanecía en la ciudad, lo acompañaba por todas partes una guardia de doce hermanos; y durante este tiempo la hermandad trataba por todos los medios de arreglar la reconciliación *(composition).* Cuando el asunto llegaba a los tribunales, los hermanos se presentaban al tribunal para confirmar, bajo juramento, la veracidad de las declaraciones del acusado; si el tribunal lo hallaba culpable, no le dejaban caer en la ruina completa, o ser reducido a la esclavitud debido a la imposibilidad de pagar la indemnización monetaria reclamada: todos participaban en el pago de ella, exactamente lo mismo que lo hacía en la antigüedad todo el clan. Sólo en el caso de que el hermano defraudara la confianza de sus hermanos de guilda, o hasta de otras personas, era expulsado de la hermandad con el nombre de "inservible" *(tha scal han maeles af brödrescap met nidings nafn).* La guilda era, de tal modo, prolongación del "clan" anterior.

Tales eran las ideas dominantes de estas hermandades que gradualmente se extendieron a toda la vida medieval. En realidad, conocemos guildas surgidas entre personas de todas las profesiones posibles: guildas de esclavos, guildas de ciudadanos libres y guildas mixtas, compuestas de esclavos y ciudadanos libres; guildas organizadas con fines especiales: la caza, la pesca o determinada expedición comercial y que se disolvían cuando se había logrado el fin propuesto, y guildas que existieron durante siglos en determinados oficios o ramos de comercio. Y a medida que la vida desarrollaba una variedad de fines cada vez mayor, crecía, en proporción, la variedad de las guildas. Debido a esto, no sólo los comerciantes, artesanos, cazadores y campesinos se unían en guildas, sino que encontramos guildas de sacerdotes, pintores, maestros de escuelas primarias y universidades; guildas para la representación escénica de "La Pasión del Señor", para la construcción de iglesias, para el desarrollo de los "misterios" de determinada escuela de arte u oficio; guildas para distracciones especiales, hasta guildas de mendigos, verdugos y prostitutas, y todas estas guildas estaban organizadas según el mismo doble principio de jurisdicción propia y de apoyo mutuo. En cuanto a Rusia, poseemos testimonios positivos que indican que el hecho mismo de la formación de Rusia fue tanto obra de los artieli de pescadores, cazadores e industriales como del resultado del brote de las comunas aldeanas. Hasta en los días presentes, Rusia está cubierta por artieli.

Se ve ya por las observaciones precedentes cuán errónea era la opinión de los primeros investigadores de las guildas cuando consideraban como esencia de esta institución la festividad anual que era organizada comúnmente por los hermanos. En realidad, el convite común tenía lugar el mismo día, o el día siguiente, después de realizada la elección de los jefes, la deliberación de las modificaciones necesarias en los reglamentos y, muy a menudo, el juicio de las riñas surgidas entre hermanos; por último, en este día, a veces, se renovaba el juramento de fidelidad a la guilda. El convite común, como el antiguo festín de la asamblea comunal de la tribu -mahl *o mahlum*- o la *aba* de los buriatos, o la fiesta parroquias y el festín al finalizar la recolección, servían simplemente para consolidar la hermandad. Simbolizaba los tiempos en que todo era del dominio común del clan. En ese día, por lo menos, todo pertenecía a todos; se sentaban todos a una misma mesa. Hasta en un período considerablemente más avanzado, los habitantes de los asilos de una de las guildas de Londres, ese día, se sentaban a una mesa común junto con los ricos *alderpnen.*

En cuanto a la diferencia que algunos investigadores trataron de establecer entre las viejas -guildas de paz" sajonas *(frith guild)* y las llamadas guildas "sociales" o "religiosas", con respecto a esto puede decirse que todas eran guildas de paz en el sentido ya dicho y todas ellas eran religiosas en el sentido en que la comuna aldeana o la ciudad puesta bajo la protección de un santo especial son sociales y religiosas. Si la institución de la guilda tuvo tan vasta difusión en Asia, África y Europa, si sobrevivió un milenio, surgiendo nuevamente cada vez que condiciones similares la llamaban a la vida, se explica porque la guilda representaba algo considerablemente mayor que una simple asociación para la comida conjunta, o para concurrir a la iglesia en determinado día, o para efectuar el entierro por cuenta común. Respondía a una necesidad hondamente arraigada en la naturaleza humana; reunía en sí todos aquellos atributos de que posteriormente se apropió el Estado por medio de su burocracia su policía, y aun mucho más. La guilda era una asociación para el apoyo mutuo "de hecho y de consejo", en todas las circunstancias y en todas las contingencias de la vida; y era una organización para el afianzamiento de la justicia, diferenciándose del gobierno, sin embargo, en que, en lugar del elemento formal, que era el rasgo esencial característico de la intromisión del Estado. Hasta cuando el hermano de la guilda aparecía ante el tribunal de la misma, era juzgado por personas que le conocían bien, estaban a su lado en el trabajo conjunto, se habían sentado con él más de una vez en el convite común, y juntos cumplían toda clase de deberes fraternales; respondía ante hombres que eran sus iguales y sus hermanos verdaderos, y no ante teóricos de la ley o defensores de ciertos intereses ajenos.

Es evidente que una institución tal como la guilda, bien dotada para la satisfacción de la necesidad de unión, sin privar por eso al individuo de su independencia e iniciativa, debió extenderse, crecer y fortalecerse. La dificultad residía solamente en hallar una forma que permitiera a las federaciones de guildas unirse entre sí, sin entrar en conflicto con las federaciones de comunas aldeanas, y uniera unas y otras en un todo armonioso. Y cuando se halló la forma conveniente -en la ciudad libre- y una serie de circunstancias favorables dio a las ciudades la posibilidad de declarar y afirmar su independencia, la realizaron con tal unidad de pensamiento, que habría de provocar admiración aun en nuestro siglo de los ferrocarriles, las comunicaciones telegráficas y la imprenta. Centenares de Cartas con las que las ciudades afirmaron su unión llegaron hasta nosotros; y en todas estas Cartas aparecen las mismas ideas dominantes, a pesar de la infinita diversidad de detalles que dependían de la mayor o menor plenitud de libertad. Por doquier la ciudad se organizaba como una federación doble, de pequeñas comunas aldeanas y de guildas.

"Todos los pertenecientes a la amistad de la ciudad -como dice, por ejemplo, la Carta acordada en 1188 a los ciudadanos de la ciudad de Aire, por Felipe, conde de Flandes- han prometido y confirmado, bajo juramento, que se ayudarán mutuamente como hermanos en todo lo útil y honesto; que si el uno ofende al otro, de palabra o de hecho, el ofendido no se vengará por sí mismo ni lo harán sus allegados... presentará una queja y el ofensor pagará la debida indemnización por la ofensa, de acuerdo con la resolución dictada por doce jueces electos que actuarán en calidad de árbitros. Y si el ofensor o el ofendido, después de la tercera advertencia, no se somete a la resolución de los árbitros, será excluido de la amistad como hombre depravado y perjuro.

"Todo miembro de la comuna será fiel a sus conjurados, y les prestará ayuda y consejo de acuerdo con lo que dicte la justicia" -así dicen las Cartas de Amiens y Abbeville-. "Todos se ayudarán mutuamente, cada uno según sus fuerzas, en los límites de la comuna, y no permitirán que uno tome algo a otro comunero, o que obligue a otro a pagar cualquier clase de contribución", leemos en las cartas de Soissons, Compiégne, Senlis, y de muchas otras ciudades del mismo tiempo.

"La comuna -escribió el defensor del antiguo orden, Guilbert de Nogent- es un juramento de ayuda mutua (*mutui adjutori conjuratio)"*... "Una palabra nueva y detestable. Gracias a ella, los siervos *(capite sensi)* se liberan de toda servidumbre; gracias a ella, se liberan del pago de las contribuciones que generalmente pagaban los siervos".

Esta misma ola liberadora rodó en los siglos décimo, undécimo y duodécimo por toda Europa, arrollando tanto las ciudades ricas como las más pobres. Y si podemos decir que, hablando en general, primero se liberaron las ciudades italianas (muchas aún en el siglo undécimo y algunas también en el siglo décimo), sin embargo no podemos dejar de señalar el centro menudo, un pequeño burgo de un punto cualquiera de Europa central se ponía a la cabeza del movimiento de su región, y las grandes ciudades tomaban su Carta como modelo. Así, por ejemplo, la Carta de la pequeña ciudad de Lorris fue aceptada por ciudades del sureste de Francia, y la Carta de Beaumont sirvió de modelo a más de quinientas ciudades y villas de Bélgica y Francia. Las ciudades enviaban continuamente diputados especiales a la ciudad vecina, para obtener copia de su Carta, y sobre esa base elaboraban su propia constitución. Sin embargo, las ciudades no se conformaban con la simple trascripción de las Cartas: componían sus cartas en conformidad con las concesiones que conseguían arrancar a sus señores feudales; resultando, como observó un historiador, que las cartas de las comunas medievales se distinguen por la misma diversidad que la arquitectura gótica de sus iglesias y catedrales. La misma idea dominante en todas, puesto que la catedral de la ciudad representaba simbólicamente la unión de las parroquias o de las comunas pequeñas y de las guildas en la ciudad libre, y en cada catedral había una infinita riqueza de variedad en los detalles de su ornamento.

El punto más esencial para las ciudades que se liberaban era su jurisdicción propia, que implicaba también la administración propia. Pero la ciudad no era simplemente una parte "autónoma" del Estado -tales palabras ambiguas no habían sido inventadas-, constituía un Estado por sí mismo. Tenía derecho a declarar la guerra y negociar la paz, el derecho de establecer alianzas con sus vecinos y de federarse con ellos. Era soberana en sus propios asuntos y no se inmiscuía en los ajenos.

El poder político supremo de la ciudad se encontraba, en la mayoría de los casos, íntegramente en manos de la asamblea popular (forum) democrática, como sucedía, por ejemplo, en Pskof, donde la *viéche* enviaba y recibía los embajadores, concluía tratados, invitaba y expulsaba a los *knyaziá,* o prescindía por completo de ellos durante décadas enteras. 0 bien, el alto poder político era transferido a manos de algunas familias notables, comerciantes o hasta de nobles; o era usurpado por ellos, como sucedía en centenares de ciudades de Italia y Europa central. Pero los principios fundamentales continuaban siendo los mismos: la ciudad era un Estado y, lo que es quizá aún más notable, si el poder de la ciudad había sido usurpado, o se habían apropiado paulatinamente de él la aristocracia comercial o hasta la nobleza, la vida interior de la ciudad y el carácter democrático de sus relaciones cotidianas sufrían por ello poca mengua: dependía poco de lo que se puede llamar forma política del Estado.

El secreto de esta contradicción aparente reside en que la ciudad medieval no era un Estado centralizado. Durante los primeros siglos de su existencia, la ciudad apenas se podía llamar Estado, en cuanto se refería a su organización interna, puesto que la edad media, en general, era ajena a nuestra centralización moderna de las funciones, como también a nuestra centralización de las provincias y distritos en manos de un gobierno central. Cada grupo tenía, entonces, su parte de soberanía.

Comúnmente la ciudad estaba dividida en cuatro barrios, o en cinco, seis o siete *kontsi* (sectores) que irradiaban de un centro donde estaba situada la catedral y a menudo la fortaleza (krieml). Y cada barrio o *koniets* en general representaba un determinado género de comercio o profesión que predominaban en él, a pesar de que en aquellos tiempos en cada barrio o *koniets* podían vivir personas que ocupaban diferentes posiciones sociales y que se entregaban a diversas ocupaciones: la nobleza, los comerciantes, los artesanos y aún los semi-siervos. Cada *koniets* o sector, sin embargo, constituía una unidad enteramente independiente. En Venecia, cada isla constituía una comuna política independiente, que tenía su organización propia de oficios y comercios, su comercio de sal y pan, su administración y su propia asamblea popular o *forum.* Por esto, la elección por toda Venecia de uno u otro dux, es decir, el jefe militar y gobernador supremo, no alteraba la independencia interior de cada una de estas comunas individuales.

En Colonia, los habitantes se dividían en *Geburschaften y Heimschaften (viciniae),* es decir, guildas vecinales cuya formación data del periodo de los francos, y cada una de estas guildas tenía en juez *(Burgrichter)* y los doce jurados electos corrientes *(Schóffen),* -su *Vogt* (especie de jefe policial) y su *greve* o jefe de la milicia de la guilda.

La historia del Londres antiguo, antes de la conquista normanda del siglo XII, dice Green, es la historia de algunos pequeños grupos, dispersos en una superficie rodeada por los muros de la ciudad, y donde cada grupo se desarrollaba por sí solo, con sus instituciones, guildas, tribunales, iglesias, etc.; sólo poco a poco estos grupos se unieron en una confederación municipal. Y cuando consultamos los anales de las ciudades rusas, de Novgorod y de Pskof, que se distinguen tanto los unos como los otros por la abundancia de detalles puramente locales, nos enteramos de que también los *kontsi,* a su vez, consistían en calles *(ulitsy)* independientes, cada una de las cuales, a pesar de que estaba habitada preferentemente por trabajadores de un oficio determinado, contaba, sin embargo, entre sus habitantes también comerciantes y agricultores, y constituía una comuna separada. La ulitsa asumía la responsabilidad comuna por todos sus miembros, en caso de delito. Poseía tribunal y administración propios en la persona de los magistrados de la calle *(ulitchánske stárosty)* tenía sello propio *(el símbolo del poder estatal) y* en caso de necesidad, se reunía su viéche (asamblea) de la calle. Tenía, por último, su propia milicia, los sacerdotes que ella elegía, y tenía su vida colectiva propia y sus empresas colectivas. De tal modo, la ciudad medieval era una *federación doble:* de todos los jefes de familia reunidos en pequeñas confederaciones territoriales -calle, parroquia, *koniets*- y de individuos unidos por un juramento común en guildas, de acuerdo con sus profesiones. La primera federación era fruto del crecimiento subsiguiente, provocado por las nuevas condiciones.

En esto residía toda la esencia de la organización de las ciudades medievales libres, a las que debe Europa el desarrollo esplendoroso tomado por su civilización.

El objeto principal de la ciudad medieval era asegurar la *libertad, la administración propia y la paz;* y la base principal de la vida de la ciudad, como veremos en seguida, al hablar de las guildas artesanos, era *el trabajo.* Pero la "producción- no absorbía toda la atención del economista medieval. Con su espíritu práctico comprendía que era necesario garantizar el "consumo" para que la producción fuera posible; y por esto el proveer a "la necesidad común de alimento y habitación para pobres y ricos- *(gemeine notdurft und gemach armer und richer),* era el principio fundamental de toda ciudad. Estaba terminantemente prohibido comprar productos alimenticios y otros artículos de primera necesidad (carbón, leña, etc.) antes de ser entregados al mercado, o comprarlos en condiciones especialmente favorables -no accesibles a otros-, en una palabra, el *preempcio,* la especulación. Todo debía ir primeramente al mercado, y allí ser ofrecido para que todos pudieran comprar hasta que el sonido de la campana anunciara la clausura del mercado. Sólo entonces podía el comerciante minorista comprar los productos restantes: pero aun en este caso, su beneficio debía ser "un beneficio honesto". Además, si un panadero, después de la clausura del mercado, compraba grano al por mayor, entonces cualquier ciudadano tenía derecho a exigir determinada cantidad de este grano (alrededor de medio quarter) al precio por mayor si hacía tal demanda antes de la conclusión definitiva de la operación; pero, del mismo modo, cualquier panadero podía hacer la demanda si un ciudadano compraba centeno para la reventa. Para moler el grano bastaba con llevarlo al molino de la ciudad, donde era molido por turno, a un precio determinado; se podía cocer el pan en el *four banal,* es decir, el horno comunal. En una palabra, si la ciudad sufría necesidad, la sufrían entonces más o menos todos; pero, aparte de tales desgracias, mientras existieron las ciudades Ubres, dentro de sus muros nadie podía morir de hambre como sucede demasiado a menudo en nuestra época.

Además, todas estas reglas datan ya del período más avanzado de la vida de las ciudades, pues al principio de su vida las ciudades libres generalmente compraban por sí mismas todos los productos alimenticios para el consumo de los ciudadanos. Los documentos publicados recientemente por Charles Gross contienen datos plenamente precisos sobre este punto, y confirman su conclusión de que las cargas de productos alimenticios llegadas a la ciudad "eran compradas por funcionarios civiles especiales, en nombre de la ciudad, y luego distribuidas entre los comerciantes burgueses, y a nadie se permitía comprar mercancía descargada en el puerto a menos que las autoridades municipales hubieran rehusado comprarla. Tal era -agrega Gross- según parece, la práctica generalizada en Inglaterra, Irlanda, Gales y Escocia. Hasta en el siglo XVI vemos que en Londres se efectuaba la compra común de grano -para comodidad y beneficio en todos los aspectos, de la ciudad y del Palacio de Londres y de todos los ciudadanos y habitantes de ella en todo lo que de nosotros depende", como escribía el alcalde en l565.

En Venecia, todo el comercio de granos, como se sabe bien ahora, se hallaba en manos de la ciudad, y de los "barrios", al recibir el grano de la oficina que administraba la importación, debían distribuir por las casas de todos los ciudadanos del barrio la cantidad que corresponda a cada uno. En Francia, la ciudad de Amiens compraba sal y la distribuía entre todos los ciudadanos al precio de compra; y aún en la época presente encontramos en muchas ciudades francesas las *halles* que antes eran el depósito municipal para el almacenamiento del grano y de la sal. En Rusia, era esto un hecho corriente en Novgorod y
Pskof.

Necesario es decir que toda esta cuestión de las compras comunales para consumo de los ciudadanos y de los medios con que eran realizadas no ha recibido aún la debida atención de parte de los historiadores; pero aquí y allá se encuentran hechos muy instructivos que arrojan nueva luz sobre ella. Así, entre los documentos de Gross existe un reglamento de la ciudad de Kilkenny, que data del año 1367, y por este documento nos enteramos de qué modo se establecían los precios de las mercaderías. "Los comerciantes y los marinos -dice Gross- debían mostrar, bajo juramento, el precio de compra de su mercadería y los gastos originados por el transporte. Entonces el alcalde de la ciudad y dos personas honestas fijaban el precio *(named the price)* a que debía venderse la mercadería." La misma regla se observaba en Thurso para las mercaderías que llegaban "por mar y por tierra". Este método "de fijar precio" armoniza tan justamente con el concepto que sobre el comercio predominaba en la Edad Media que debe haber sido corriente. El que una tercera persona fijara el precio era costumbre muy antigua; y para todo género de intercambio dentro de la ciudad indudablemente se recurría muy a menudo a la determinación del precio, no por el vendedor o el comprador, sino por una tercera persona -una persona "honesta"-. Pero este orden de cosas nos remonta a un período aún más antiguo de la historia del comercio, precisamente al período en que todo el comercio de productos importantes era *efectuado por la ciudad entera,* y los compradores eran sólo comisionistas apoderados de la ciudad para las ventas de la mercadería que ella exportaba. Así el reglamento de Waterford, publicado también por Gross, dice que "todas las mercaderías, *de cualquier género que fueran*... debían ser compradas por el alcalde (el jefe de la ciudad) y los ujieres (balives), designados compradores comunales (para la ciudad) para el caso, y debían ser distribuidas entre todos los ciudadanos libres de la ciudad (exceptuando solamente las mercancías propias de los ciudadanos y habitantes libres"). Este estatuto apenas se puede interpretar de otro modo que no sea admitiendo que todo el comercio exterior de la ciudad era efectuado por sus agentes apoderados. Además, tenemos el testimonio directo de que precisamente así estaba establecido en Novgorod y Pskof. El soberano señor Novgorod y el soberano señor Pskof enviaban ellos mismos sus caravanas de comerciantes a los países lejanos.

Sabemos también que en casi todas las ciudades medievales de Europa central y occidental, cada guilda de artesanos habitualmente compraba en común todas las materias primas para sus hermanos y vendía los productos de su trabajo por medio de sus delegados; y apenas es admisible que el comercio exterior no se realizara siguiendo este orden, tanto más cuanto que, como bien saben los historiadores, hasta el siglo XIII todos los compradores de una determinada ciudad en el extranjero no sólo se consideraban responsables, como corporación, de las deudas contraídas por cualquiera de ellos, sino que también la ciudad entera era responsable de las deudas contraídas por cada uno de sus ciudadanos comerciantes. Solamente en los siglos XII y XIII las ciudades del Rhin concertaron pactos especiales que anulaban esta caución solidaria. Y por último, tenemos el notable documento de Ipswich, publicado por Gross, en el cual vemos que la guilda comercial de esta ciudad se componía de todos aquellos que se contaban entre los hombres libres de la ciudad, y expresaban conformidad en pagar su cuota (su "hanse") a la guildas, y toda la comuna juzgaba en común cuál era el mejor modo de apoyar a la guilda comercial y qué privilegios debía darle. La guilda comercial *(the Merchant guild)* de Ipswich resultaba de tal modo más bien una corporación de apoderados de la ciudad que una guilda común privada.

En una palabra, cuanto más conocemos la ciudad medieval, tanto más nos convencemos de que no era una simple organización política para la protección de ciertas libertades políticas. Constituía una tentativa -en mayor escala de lo que se había hecho en la comuna aldeana- de unión estrecha con fines de ayuda y apoyo mutuos, para el consumo y la producción y para la vida social en general, sin imponer a los hombres, por ello, los grillos del Estado, sino, por el contrario, dejando plena libertad a la manifestación del genio creador de cada grupo individual de hombres en el campo de las artes, de los oficios, de la ciencia, del comercio y de la organización política.

Hasta dónde tuvo éxito esta tentativa lo veremos, mejor que nada, examinando en el capítulo siguiente la organización del trabajo en la ciudad medieval y las relaciones de las ciudades con la población campesina que las rodeaba.

# Capítulo 6

## LA AYUDA MUTUA EN LA CIUDAD MEDIEVAL (Continuación)

Las ciudades medievales no estaban organizadas según un plano trazado de antemano por voluntad de algún legislador extraño a la población: Cada una de estas ciudades era fruto del crecimiento natural, en el sentido pleno de la palabra- era el resultado, en constante variación de la lucha entre diferentes fuerzas, que se ajustaban mutuamente una y otra vez, de conformidad con la fuerza viva de cada una de ellas, y también según las alternativas de la lucha y según el apoyo que hallaban en el medio que las circundaba. Debido a esto, no se hallarán dos ciudades cuya organización interna y cuyos destinos históricos fueran idénticos; y cada una de ellas, -tomada en particular-, cambia su fisonomía de siglo en siglo. Sin embargo, si echamos un vistazo amplio sobre todas las ciudades de Europa, las diferencias locales y nacionales desaparecen y nos sorprendemos por la similitud asombrosa que existe entre todas ellas, a pesar de que cada una de ellas se desarrolló por sí misma, independientemente de las otras, y en condiciones diferentes. Cualquiera pequeña ciudad del Norte de Escocia, poblada por trabajadores y pescadores pobres, o las ricas ciudades de Flandes, con su comercio mundial, con su lujo, amor a los placeres y con su vida animada; una ciudad italiana enriquecida por sus relaciones con Oriente y que elaboró dentro de sus muros un gusto artístico refinado y una civilización refinada, y, por último, una ciudad pobre, de la región pantanoso-lacustre de Rusia, dedicada principalmente a la agricultura, parecería que poco tienen de común entre sí. Y, sin embargo, las líneas dominantes de su organización y el espíritu de que están impregnadas asombran por su semejanza familiar.

Por doquier hallamos las mismas federaciones de pequeñas comunas o parroquias o guildas; los mismos "suburbios" alrededor de la "ciudad" madre; la misma asamblea popular; los mismos signos exteriores de independencia; el sello, el estandarte, etc. El protector *(defensor)* de la ciudad bajo distintas denominaciones, y distintos ropajes, representa a una misma autoridad defendiendo los mismos intereses; el abastecimiento de víveres, el trabajo, el comercio, están organizados en las mismas líneas generales; los conflictos interiores y exteriores nacen de los mismos motivos; más aún, las mismas consignas desplegadas durante estos conflictos y hasta las fórmulas utilizadas en los anales de la ciudad, ordenanzas, documentos, son las mismas; y los monumentos arquitectónicos, ya sean de estilo gótico, romano o bizantino, expresan las mismas aspiraciones y los mismos ideales; estaban concebidos para expresar el mismo pensamiento y se construían del mismo modo. Muchas disimilitudes son simplemente el resultado de las diferencias de edad de dos ciudades, y esas disimilitudes entre ciudades de la misma región, por ejemplo, Pskof y Novgorod, Florencia y Roma, que tenían un carácter real, se repiten en distintas partes de Europa. La unidad de la idea dominante y las razones idénticas del nacimiento allanan las diferencias aparecidas como resultado del clima, de la posición geográfica, de la riqueza, del lenguaje y de la religión. He aquí por qué podemos hablar de la *ciudad medieval* en general, como de una fase plenamente definida de la civilización; y a pesar de que son de desear en grado superlativo las investigaciones que señalen las particularidades locales. e individuales de las ciudades, podemos, no obstante, señalar los rasgos principales del desarrollo que eran comunes a todas ellas.

No cabe duda alguna de que la protección que habitual y universalmente se acordaba al mercado, ya desde las primeras épocas bárbaras, desempeñó un papel importante, a pesar de no ser exclusivo, en la obra de la liberación de las ciudades medievales. Los bárbaros del período antiguo no conocían el comercio dentro de, sus comunas aldeanas; comerciaban solamente con los extranjeros en ciertos lugares determinados y ciertos días fijados de antemano. Y para que el extranjero, pudiera presentarse en el lugar de trueque, sin riesgo de ser muerto en cualquier altercado sostenido por dos clanes, a causa de una venganza de sangre, el mercado se ponía siempre bajo la protección especial de todos los clanes. También era inviolable, como el lugar de veneración religiosa bajo cuya sombra se organizaba generalmente. Entre los kabilas, el mercado hasta ahora es *anaya,* lo mismo que el sendero por el cual las mujeres acarrean el agua de los pozos; no era posible aparecer armado en el mercado ni en el sendero, ni siquiera durante las guerras intertribales. En la época medieval, el mercado gozaba por lo común exactamente de la misma protección. La venganza tribal nunca debía proseguirse hasta la plaza donde se reunía el pueblo con propósitos de comerciar, y, del mismo modo, en determinado radio alrededor de esta plaza; y si en la abigarrada multitud de vendedores y compradores se producía alguna riña, era menester someterla al examen de aquéllos bajo cuya protección se encontraba el mercado; es decir, al tribunal de la comuna, o al juez del obispado, del señor feudal o del rey. El extranjero que se presentara con fines comerciales era *huésped,* y hasta usaba este hombre; en el mercado era inviolable. ¡Hasta el barón feudal, que sin escrúpulos despojaba a los comerciantes en el camino real, trataba con respeto al Weichbild, la señal de la asamblea popular, es decir, la pértiga que se elevaba en la plaza del mercado, en cuyo tope se hallaban las armas reales! o un guante de caballero, o la imagen del santo local, o simplemente la cruz, según estuviera el mercado bajo la protección del rey, de la asamblea popular, *viéche,* o de la iglesia local.

Es fácil comprender de qué modo el poder judicial propio de la ciudad, pudo originarse en el poder judicial especial del mercado, cuando este poder fue cedido, de buen grado o no, a la ciudad misma. Es comprensible, también, que tal origen de las libertades urbanas, cuyas huellas se pueden seguir en muchos casos, imprimió tu seno inevitablemente. a su desarrollo ulterior. Dio el predominio a la parte comercial de la comuna. Los burgueses que poseían en aquellos tiempos una casa en la ciudad y que eran copropietarios de las tierras de ella, muy a menudo organizaban entonces una guilda comercial, la cual tenía en sus manos también el comercio de la ciudad, y a pesar de que al principio cada ciudadano, pobre o rico, podía ingresar en la guilda comercial, y hasta el comercio mismo era efectuado en interés de toda la ciudad, por medio de sus apoderados, no obstante la guilda comercial paulatinamente se convertía en un género de corporación privilegiada. Llena de celo, no admitió en sus filas a la población advenediza, que pronto comenzó a afluir a las ciudades libres y todas las ventajas derivadas del comercio las conservaban en beneficio de unas pocas "familias" *(les familles, los staroyíby,* viejos habitantes) que eran ciudadanos cuando la ciudad proclamó su independencia. De tal modo, evidentemente, amenazaba el peligro del surgimiento de una oligarquía comercial. Pero, ya en el siglo X, y aún más, en los siglos XI y XII, los oficios principales también se organizaban en guildas, que en la mayoría de los casos podían limitar las tendencias oligárquicas de los comerciantes.

La guilda de artesanos de aquellos tiempos, generalmente vendía por sí misma los productos que sus miembros elaboraban, y compraban en común las materias primas para ellos, y de este modo sus miembros eran, al mismo tiempo, tanto comerciantes cornos artesanos. Debido a esto, el predominio alcanzado por las viejas guildas de artesanos desde el principio mismo de la vida libre de las ciudades dio al trabajo de artesano aquella elevada posición que ocupó posteriormente en la ciudad. En realidad, en la ciudad medieval, el trabajo del artesano no era signo de posición social inferior, por lo contrario, no sólo conservaba huellas del profundo respeto con que se le trataba antes, en la comuna aldeana, sino que el rápido desarrollo de la habilidad artística en la producción de todos los oficios: de la joyería, del tejido, de la cantería, de la arquitectura, etcétera, hacía que todos los que estaban en el poder en las repúblicas libres de aquella época, trataran con profundo respeto personal al artesano-artista.

En general, el trabajo manual se consideraba en: los "misterios" *(artiéti, guildas)* medieval es como un deber piadoso hacia los conciudadanos, corno una función (*Amt*) social, tan honorable corno cualquier otra. La idea de "justicia" con respecto a la comuna y de "verdad" con respecto al producto y al consumidor, que nos parecería tan extraña en nuestra época, entonces impregnaba todo el proceso de producción y trueque. El trabajo del curtidor, calderero, zapatero, debía ser "justo", Concienzudo escribían entonces. La madera, el cuero o los hilos utilizados por los artesanos, debían ser "honestos"; el pan debía ser amasado "a conciencia", etcétera. Transportado este lenguaje a nuestra vida moderna, aparecerá artificioso y afectado; pero entonces era completamente natural y estaba desprovisto de toda afectación, pues que el artesano medieval no producía para un comprador que no conocía, no arrojaba sus mercancías en un mercado desconocido; antes que nada producía para su propia guilda, que al principio vendía ella misma, en su cámara de tejedores, de cerrajeros, etcétera, la mercancía elaborada por los hermanos de la guilda; para una hermandad de hombres en la que todos se conocían, en la que todos conocían la técnica del oficio y, al estabais el precio al producto, cada uno podía apreciar la habilidad puesta en la producción de un objeto determinado y el trabajo empleado en él. Además, no era un, productor aislado que ofrecía a la comuna la mercancía pala la compra, la ofrecía la guilda; la comuna misma, a su vez, ofrecía a la hermandad de las comunas confederadas aquellas mercancías que eran exportadas por ella y por cuya calidad respondía ante ellas.

Con tal organización para cada oficio, era cuestión de amor propio no ofrecer mercancía de calidad inferior; los defectos técnicos de la mercancía o adulteraciones afectaban a toda la comuna, pues, según las palabras de una ordenanza, "destruyen la confianza pública" De tal modo la producción era un *deber social* y estaba puesta bajo el control de toda las *amitas* -de toda la hermandad-; debido a lo cual, el trabajo manual, mientras existieron las ciudades libres, no podía descender a la posición inferior a la cual, a menudo, llega ahora.

LA diferencia entre el maestro y el aprendiz, o entre el maestro y el medio oficial *(compayne, Geselle)* ha existido ya desde la época misma del establecimiento de las ciudades medievales libres; pero al principio esta diferencia era sólo diferencia de edad y de grado de habilidad, y no de autoridad y riqueza. Después de haber estado siete años como aprendiz y de haber demostrado conocimiento y capacidad en un determinado oficio, por medio de una obra hecha especialmente, el aprendiz se convertía, en maestro a su vez.

¡Y solamente bastante más tarde, en e! siglo XVI, cuando la autoridad real ya había destruido la organización de la ciudad y de los artesanos, se podía llegar a maestro simplemente por herencia o en virtud de la riqueza. Pero ésta ya era la época de la decadencia general de la industria y del arte de la Edad Media.

En el primer período, floreciente, de las ciudades medievales, no había en ellas mucho lugar para el trabajo alquilado y para los alquiladores individuales. El trabajo de los tejedores, armeros, herreros, panaderos, etcétera, efectuábase para la guilda y la ciudad; y cuando en los oficios de la construcción se alquilaban artesanos extraños, éstos trabajaban como corporación temporal (como se observa también en la época presente en los artiéli rusos) cuyo trabajo se pagaba a todo el artiél, en bloque. El trabajo para un patrón individual empezó a extenderse más tarde; pero también en estas circunstancias se pagaba al trabajador mejor de lo que se paga ahora, aun en Inglaterra, y considerablemente mejor de lo que se pagaba comúnmente en toda Europa en la primera mitad del siglo XIX. Thorold Rogers hizo conocer este hecho en grado suficiente a los lectores ingleses; pero es menester decir lo mismo de la Europa continental, como lo demuestran las investigaciones de Falke y Schónberg, y también muchas indicaciones ocasionales. Aún en el siglo XV, el albañil, carpintero o herrero, recibía en Amiens un salario diario a razón de cuatro *sols,* que correspondían a 48 libras de pan o a una octava parte de un buey pequeño *(bouverd).* En Sajonia, el salario de un *Geselle* (medio oficial) en el oficio de la construcción era tal que, expresándonos con las palabras de Falke, el obrero podía comprar con su sueldo de seis días tres ovejas y un par de botas. Las ofrendas de los obreros *(Geselle)* en los distintos templos son también testimonios de su relativo bienestar, sin hablar ya de las ofrendas suntuosas de algunas guildas de artesanos y de sus gastos para las festividades y sus procesiones pomposas. Realmente, cuanto más estudiamos las ciudades medievales, tanto más nos convencemos que nunca el trabajo ha sido tan bien pagado y ha gozado de respeto general como en la época en que la vida de las ciudades libres se hallaba en su punto máximo de desarrollo. Más aún. No sólo, muchas aspiraciones de nuestros radicales modernos habían sido realizadas ya en la Edad media, sino que hasta mucho de lo que ahora se considera utópico se aceptaba entonces como algo completamente natural. Se burlan de nosotros cuando decimos que el trabajo debe ser agradable, pero, según las palabras de la ordenanza de la Edad Media de Kuttenberg, "cada uno debe hallar placer en su trabajo y nadie debe, pasando el tiempo en holganza *(mit nichts thun),* apropiarse de lo que ha sido producido con la aplicación y el trabajo ajeno, pues las leyes deben ser un escudo para la defensa de la aplicación y del trabajo". Y entre todas las charlas modernas sobre la jornada de ocho horas de trabajo, no sería inoportuno recordar la ordenanza de Fernando I, relativa a las minas imperiales de carbón; según esta ordenanza se establece la jornada de trabajo del minero en ocho horas "como se ha hecho desde antiguo" *(wie vor Alters herkommen),* y que estaba completamente prohibido trabajar después del mediodía del sábado. Una jornada de trabajo más larga era muy rara, dice Janssen, mientras que se daban con bastante frecuencia las más cortas. Según las palabras de Rogers, en Inglaterra, en el siglo XV, los trabajadores trabajaban solamente cuarenta y ocho "horas por semana". El semi-feriado del sábado, que consideramos una conquista moderna, en realidad era una antigua institución medieval; era ese el día de baño de una parte considerable de los miembros de la comuna, y los jueves, después del mediodía, lo era para todos los medios oficiales *(Geselle)*. Y a pesar de que en aquella época no existían aun los comedores escolares -probablemente porque no enviaban hambrientos los niños a la escuela- se había establecido, en diversas ciudades, el distribuir dinero a los niños para el baño, si este gasto constituía una carga para sus padres.

En cuanto a los congresos de trabajadores, eran un fenómeno corriente en la Edad Media. En algunas partes de Alemania, los artesanos de un mismo oficio, pero que pertenecían a diferentes comunas, generalmente se reunían para determinar el plazo del aprendizaje, el salario, la condición del viaje por su país, que se consideraba entonces obligatorio para todo trabajador que había terminado su aprendizaje, etcétera. En el año 1572, las ciudades que pertenecían a la liga hanseática formalmente reconocían a los artesanos el derecho de reunirse periódicamente en asamblea y adoptar cualquier género de resoluciones, siempre que estas últimas no se opusieran a las ordenanzas de las ciudades, que determinaban la calidad de las mercancías. Es sabido que tales congresos de trabajadores, en parte internacionales (como la misma Hansa), eran convocados por los panaderos, fundadores, curtidores, herreros, espaderos, toneleros.

La organización de las guildas requería, naturalmente, una supervisión cuidadosa de ellas sobre los artesanos, y para este fin se designaban jurados especiales. Es notable, sin embargo, el hecho de que mientras las ciudades llevaban una vida libre, no se oían quejas sobre supervisión; mientras que cuando el Estado intervino y confiscó la propiedad de las guildas y violó su independencia en beneficio de su propia burocracia, las quejas se hicieron simplemente innumerables. Por otra parte, el enorme progreso en el campo de todas las artes, alcanzado bajo el sistema de la guilda medieval, es la mejor demostración de que este sistema no era un obstáculo para el desarrollo de la iniciativa personal. El hecho es que la guilda medieval, como la parroquia medieval, la *ulitsa* o el *koniets,* no era una Corporación de ciudadanos puestos bajo en control de los funcionarios del Estado; era una confederación de todos los hombres unidos para una determinada producción, y en su composición entraban compradores jurados de materias primas, vendedores de mercancías manufacturadas y maestros artesanos, medio oficiales, *compaynes* y aprendices. Para la organización interna de una determinada producción, la asamblea de todas estas personas era soberana, mientras no afectara a las otras guildas, en cuyo caso el asunto se sometía a la consideración de la guilda de las guildas, es decir, de la ciudad. Aparte de las funciones recién indicadas, la guilda representaba aún algo más. Tenía su jurisdicción propia, es decir, el derecho propio de justicia en sus asuntos, y su propia fuerza armada; tenía sus asambleas generales o *viéche,* propias tradiciones de lucha, gloria e independencia, y sus relaciones propias con las otras guildas del mismo oficio u ocupación de otras ciudades. En una palabra, llevaba una vida orgánica plena, que provenía de que abrazaba en un conjunto la vida toda de esta unión. Cuando la ciudad era convocada a las urnas, la guilda marchaba como una compañía separada (*Schaar*), equipada con las armas que le pertenecían (y en una época más avanzada, con sus cañones propios, adornados amorosamente por la guilda), bajo el mando de los jefes elegidos por ella misma. En una palabra, la guilda era la misma unidad independiente, era la federación, como lo era la república de Uri, o Ginebra, cincuenta años atrás, en la confederación suiza. Por esta razón, comparar las guildas con los sindicatos modernos o las uniones profesionales, despojados de todos los atributos de la soberanía del Estado y reducidos al cumplimiento de dos o tres funciones secundarias, es tan irrazonable corno comparar Florencia y Brujas con cualquier comuna aldeana francesa que arrastra una vida desgraciada, bajo la opresión del prefecto y del código napoleónico, o con una ciudad rusa administrada según las ordenanzas municipales de Catalina II. La aldehuela francesa y la ciudad rusa tienen también su alcalde electo, como lo tenían Florencia y Brujas, y la ciudad rusa hasta tenía las corporaciones de aduanas; pero la diferencia entre ellos es toda la diferencia que existe entre Florencia, por una parte, y cualquier aldehuela de Fontenay-les Oises, en Francia, o Tsarevokokshaisk, por otra; o bien, entre el dux veneciano y el alcalde de aldea moderno, que se inclina ante el escribiente del señor subprefecto.

Las guildas de la Edad Media estaban en condición de sostener su independencia, y cuando más tarde especialmente en el siglo XIV, debido a varias razones que indicaremos en seguida, la antigua vida de la ciudad empezó a sufrir profundos cambios, entonces los oficios más jóvenes demostraron ser lo bastante fuertes para conquistarse, a su vez, la parte que les correspondía en la dirección de los asuntos de la ciudad. Las masas organizadas en guildas "menores" se rebelaron para arrancar el poder de manos de la oligarquía creciente, y en la mayoría de los casos obtuvieron éxito, y entonces abrieron una nueva era de florecimiento de las ciudades libres. Verdad es que, en algunas ciudades, la rebelión de las guildas menores fue ahogada en sangre, y entonces se decapitó sin piedad a los trabajadores, como sucedió en el año 1306 m París y en 1374 en Colonia. En esos casos, las libertades urbanas, después de tales derrotas, se encaminaron hacia la decadencia, y la ciudad cayó bajo el yugo del poder central. Pero en la mayoría de las ciudades existían fuerzas vitales suficientes como para salir de la lucha renovadas y con energías nuevas. Un nuevo período de renovación juvenil fue entonces su recompensa. Se infundió a las ciudades una ola de vida nueva, que halló también su expresión en magníficos monumentos arquitectónicos nuevos y en un- nuevo período de prosperidad, en el progreso repentino de la técnica y de los inventos, y en el nuevo movimiento intelectual que condujo pronto a la época del Renacimiento y de la Reforma. La vida de la ciudad medieval era una serie completa de luchas que tenían que librar los burgueses para obtener la libertad y conservarla. Verdad es que durante esta dura lucha se desarrolló la raza de los ciudadanos fuerte y tenaz; verdad es que esta lucha creó el amor y la adoración por la ciudad natal y que los grandes hechos realizados por las comunas, medievales estaban inspirados precisamente por este amor. Pero los sacrificios que tuvieron que hacer las comunas en las luchas por la libertad eran, sin embargo, muy duros, y la lucha sostenida por las comunas introdujo fuentes profundas de disensiones en su vida interior misma. Muy pocas ciudades consiguieron, gracias al concurso de circunstancias favorables, alcanzar la libertad inmediatamente, y en la mayoría de los casos la perdieron con la misma facilidad. La enorme mayoría de las ciudades hubo de luchar durante cincuenta y cien años, y a veces más, para alcanzar el primer reconocimiento de sus derechos a una vida libre, y otro siglo más antes de que consiguieran afirmar su libertad sobre una base sólida; las Cartas del siglo XII fueron solamente los primeros pasos hacia la libertad. En realidad, la ciudad medieval era un oasis fortificado en un país hundido en la sumisión feudal, y tuvo que afirmar con la fuerza de las armas su derecho a la vida.

Debido a las razones expuestas brevemente en el capítulo que precede, toda comuna aldeana cayó gradualmente bajo el yugo de algún señor laico o clérigo. La casa de tal señor poco a poco se transformó en castillo, y sus hermanos de armas se convirtieron entonces en la peor clase de vagabundos mercenarios, siempre dispuestos a despojar a los campesinos. A más de la *barchina,* es decir, de los tres días semanales que los campesinos debían trabajar para el señor, imponíanles ahora iodo género de contribuciones por todo: por el derecho de sembrar y cosechar por el derecho de estar triste o de alegrarse, por el derecho de vivir, casarse y morir. Pero lo peor de todo era que constantemente los despojaban los hombres armados que pertenecían a las mesnadas de los terratenientes feudales vecinos, quienes miraban a los campesinos cómo si fueran familiares del señor, y por ello, si estallaba entre sus señores una guerra tribal por venganza de sangre, ejercían su venganza sobre sus campesinos, sus ganados y sus sembrados. Además, todos los prados, todos los campos, todos los ríos y caminos, todo alrededor de la ciudad y todo hombre asentado sobre la tierra estaban bajo la autoridad de algún señor feudal.

El odio de los burgueses contra los terratenientes feudales halló una expresión muy precisa en algunas Cartas que obligaron a firmar a sus ex-señores. Enrique V, por ejemplo, debió firmar, en la Carta acordada a la ciudad de Speier, en el año 1111, que libraba a los burgueses de "la ley horrible e indigna de la posesión de manomuerta, por la cual la ciudad fue llevada a la miseria más profunda *(von dem Scheusslichen und nichtswurdigen Gesetze, welches gemein Budel genannt wird.* Kallsen, T. I. 397). En la *coutume,* es decir, ordenanza de la ciudad de Bayona, existen tales líneas: "El pueblo es anterior al señor. El pueblo, que sobrepasa por su número a las otras clases, deseando la paz, creó a los señores para frenar y reprimir a los poderosos", etc. (Giry, *Etablissements de Rouen,* T. I., 117, citado por Luchairel pág. 24). Una carta sometida a la firma del rey Roberto no es menos característica. Le obligaron a decir en ella: "No robaré bueyes ni otros animales. No me apoderaré de los comerciantes ni les quitaré su dinero, ni les impondré rescate. Desde la Anunciación hasta el día de Todos los Santos, no me apoderaré, en los prados, de caballos, yeguas ni potros. No incendiaré los molinos y no robaré la harina... No prestaré protección a los ladrones", etc. (Pfister publicó este documento, reproducido también por Luchaire). La Carta "otorgada" por el obispo de Besangon, Hugues, a la ciudad que se había rebelado contra él, en la cual debió enumerar todas las calamidades causadas por sus derechos a la posesión feudal, no es menos característica. Se podrían citar muchos otros ejemplos.

Conservar la libertad entre la arbitrariedad de los barones feudales que las rodeaban hubiera sido imposible, y por esto las ciudades libres se vieron obligadas a iniciar una guerra fuera de sus muros. Los burgueses comenzaron a enviar sus hombres para levantar a las aldeas contra los terratenientes y dirigir la insurrección; aceptaron a las aldeas en la organizaci6n de sus corporaciones; y por último iniciaron la guerra directa contra la nobleza. En Italia, donde la tierra estaba densamente poblada de castillos feudales, la guerra asumió proporciones heroicas y era librada por ambas partes con extrema dureza. Florencia tuvo que sostener, durante setenta y siete años enteros guerras sangrientas para liberar

su *contado* (es decir, su provincia) de los nobles, pero, cuando la lucha se terminó victoriosamente (en el año 1181), hubo que empezar de nuevo. La nobleza reunió sus fuerzas y formó sus propias ligas en contraposición a las ligas de las ciudades, y recibió el apoyo creciente ya sea de parte del emperador o del papa, y prolongó la guerra aún ciento treinta años más. Lo mismo sucedió en la región de
Roma, en Lombardía, en la región de Génova, por toda Italia.

Prodigios de valor, audacia y tenacidad fueron real izados por los burgueses durante estas guerras. ¡Pero el arco y las segures de guerra de los artesanos de las ciudades no siempre se impusieron a lo! caballeros vestidos de armaduras, y muchos castillos resistieron el asedio con éxito, a pesar de las ingeniosas máquinas agresivas y la tenacidad de los burgueses que lo sitiaban. Algunas ciudades, como por ejemplo Florencia, Bolonia y muchas otras en Francia, Alemania y Bohemia, consiguieron liberar a las aldeas que las rodeaban, y la recompensa de sus esfuerzos fue una notable prosperidad y tranquilidad. Pero aun en estas ciudades, y más aún en las ciudades menos poderosas o menos emprendedoras, los comerciantes y los artesanos, agotados por la guerra y comprendiendo falsamente sus propios intereses, concertaron la paz con lo barones, vendiéndoles, por así decirlo, los campesinos. Obligaron al barón a prestar juramento de lealtad a la ciudad; su castillo fue derruido hasta los cimientos y él dio su conformidad para construir una casa y vivir en la ciudad, donde se convirtió entonces en conciudadano *(combourgeois, concittadino),* pero en cambio, conservó la mayoría de sus derechos sobre los campesinos, quienes de tal modo recibieron sólo un alivio parcial de la carga servil que pesaba sobre ellos. Los burgueses no comprendieron que les era menester dar iguales derechos de ciudadanía al campesino, en quien tenían que confiar en materia de aprovisionamiento de productos alimenticios para la ciudad; y debido a esta incomprensión entre la ciudad y la aldea se abrió entre ellos, desde entonces, un profundo abismo. En algunas ocasiones, los campesinos solamente cambiaron de señores, puesto que la ciudad compraba los derechos al barón y los vendía en parte a sus propios ciudadanos. La servidumbre se mantuvo de tal modo, y sólo considerablemente más tarde, al final del siglo XIII, revolución de los oficios menores le puso fin; pero, habiendo destruido la servidumbre personal, esta revolución, al mismo tiempo, quitaba no pocas veces al campesino sus tierras. Apenas es necesario agregar que las ciudades sintieron pronto en carne propia las consecuencias fatales de tal política miope: la aldea se convirtió en enemiga de la ciudad.

La guerra contra los castillos tuvo todavía una consecuencia perniciosa más: arrojó a las ciudades a guerras prolongadas, lo que permitió que se formara entre los historiadores la teoría que estuvo en boga hasta tiempos recientes, y según la cual las ciudades perdieron su libertad debido a la envidia recíproca y a la lucha entre sí. Sostenían esta teoría especialmente los historiadores imperialistas, pero fue sacudida fuertemente por las recientes investigaciones. Es indudable que en Italia las ciudades lucharon entre sí con animosidad obstinada; pero en ninguna parte, fuera de Italia, las guerras urbanas, especialmente en el período antiguo, tuvieron sus causas especiales. Fueron (como lo han demostrado ya Sismondi y Ferrari) la prolongación de la lucha contra los castillos, la prolongación inevitable de la lucha del principio del municipio libre y federativo en contra del feudalismo, del imperialismo y del papado; es decir, en contra de los partidarios de la servidumbre, apoyados unos por el emperador germano y otros por el papa. Muchas ciudades que se habían liberado sólo en parte del poder del obispo, del señor feudal o del emperador, fueron arrastradas por la fuerza a la lucha contra las ciudades libres, por los nobles, el emperador y la Iglesia, cuya política tendía a no permitir que las ciudades se unieran, y a armarlas una contra la otra. Estas condiciones especiales (que parcialmente se habían reflejado también sobre Alemania) explican por qué las ciudades italianas, de las cuales algunas buscaron el apoyo del emperador para luchar contra el papa, otras el de la Iglesia para luchar contra el emperador, Pronto se dividieron en dos campos, gibelinos y güelfos, y por qué la misma división apareció también dentro de cada ciudad. El enorme progreso económico alcanzado por la mayoría de las ciudades italianas justamente en la época en que estas guerras estaban en su apogeo, y la ligereza con que se concertaban las alianzas entre las ciudades, dan una idea aún más fiel de la lucha de las ciudades y socava más aún la teoría arriba citada. Y en los años 1130-1150 empezaron a formarse poderosas *alianzas o ligas de ciudades;* y transcurridos algunos años, cuando Federico

Barbarroja atacó a Italia, y, apoyado por la nobleza y algunas ciudades retardadas marchó contra Milán, el entusiasmo del pueblo se despertó con fuerza en muchas ciudades, bajo la influencia de los predicadores populares. Cremona, Piacenza, Brescia, Tortona y otras se lanzaron al rescate; los estandartes de las guildas de Verona, Padua, Vicenzia y Trevisso, llameaban juntos en el campamento de las ciudades contra los estandartes del emperador y de la nobleza. El año siguiente se formó la *alianza lombarda,* y sesenta años después vemos ya que esta liga se fortificó con las alianzas de muchas otras ciudades, y constituyó una organización durable que guardaba la mitad de sus fondos de guerra en Génova y la mitad en Venecia. En Toscana, Florencia encabezaba otra liga poderosa, la de *Toscana,* a la que pertenecían Lucea, Bologna, Pistoia y otras ciudades, y la cual desempeñó un papel importante en la derrota de la nobleza de Italia central. Ligas más reducidas eran, en aquella misma época, el fenómeno más corriente. De tal modo, es indudable que a pesar de que existía rivalidad entre las ciudades, y no era difícil sembrar la discordia entre ellas, esta rivalidad no impedía a las ciudades unirse para la defensa común de su libertad. Solamente más tarde, cuando cada una de las ciudades se convirtió en un pequeño Estado, empezaron entre ellas guerras, como sucede siempre que los Estados comienzan a luchar entre sí por el predominio o por las colonias.

Ligas semejantes se formaron, con el mismo fin, en Alemania. Cuando, bajo los herederos de Conrado, el país se convirtió en un campo de interminables guerras de venganza entre los barones, las ciudades de *Westfalia* formaron una liga contra los caballeros, y uno de los puntos del pacto era la obligación de no dar nunca préstamo de dinero al caballero que continuara ocultando mercancías robadas. En los tiempos en que "los caballeros y la nobleza vivían de la rapiña y mataban a quienes querían", como dice la queja de Worms *(Wormser Zorn)*, las ciudades del Rhin (Mainz, Colonia, Speier, Strassbourg y Basel) tomaron la iniciativa de formar una liga para perseguir a los saqueadores y mantener la paz; pronto contó con sesenta ciudades que habían ingresado en la alianza. Más tarde, *la liga de las ciudades de Suabia,* divididas en tres círculos de paz (Augsburg, Constanza y Ulm) perseguía el mismo objeto. Y a pesar de que estas alianzas fueron rotas se prolongaron el tiempo suficiente como para demostrar que mientras los pretendidos pacificadores -los reyes, emperadores y la Iglesia- fomentaban la discordia, y ellos mismos eran impotentes contra los rapaces caballeros, el impulso para el establecimiento de la paz y la unión provino de las ciudades. Las ciudades -y no los emperadores- fueron los verdaderos creadores de la unión nacional.

Alianzas similares, mejor dicho, federaciones, con fines semejantes, se organizaron también entre las aldeas, y ahora que Luchaire ha llamado la atención sobre este fenómeno es de esperar que pronto conoceremos más detalles de estas federaciones. Sabemos que las aldeas se unieron en pequeñas ligas en el distrito *(contado)* de Florencia; también en los distritos sometidos a Novgorod y Pskof. En cuanto a Francia, existe el testimonio positivo de la federación de diecisiete aldeas campesinas que ha existido en el Laonnais durante casi cien años (hasta el año 1256) y que han luchado obstinadamente por su independencia. Además, en las vecindades de la ciudad de Laon existían tres repúblicas campesinas que tenían tartas juradas, según el modelo de la Carta de Laon y Soissons, y como sus tierras lindaban, se apoyaban mutuamente en sus guerras de liberación. En general, Luchaire opina que muchas de tales uniones se formaron en Francia en los siglos XII y XIII, pero en la mayoría de los casos se han perdido las noticias documentales sobre ellas. Naturalmente, no estando protegidas por muros, como las ciudades, las uniones aldeanas fueron fácilmente destruidas por los reyes y barones, pero bajo algunas condiciones favorables, cuando hallaron apoyo en las uniones de las ciudades, o protección en sus montañas, semejantes repúblicas campesinas se hicieron independientes, como ocurrió en la Confederación Suiza.

En cuanto a las uniones concertadas por las ciudades con fines especiales, eran un fenómeno muy corriente. Las relaciones establecidas en el período de liberación, cuando las ciudades se copiaban mutuamente las cartas, no se interrumpieron posteriormente. A veces cuándo los *seabini* de cualquier ciudad alemana debían pronunciar una sentencia, en un caso para ellos nuevo y complejo, y declaraban que no podían hallar la resolución *(des Urtheiles nieht weise zu sean),* enviaban delegados a otra ciudad con el fin de buscar una solución oportuna. Lo mismo sucedía también en Francia. Sabemos también que Forli y Ravenna naturalizaban recíprocamente a sus ciudadanos y les daban plenos derechos en ambas ciudades.

Someter una disputa surgida entre dos ciudades, o dentro de la ciudad, a la resolución de otra comuna, a la que incitaban a actuar en calidad de árbitro, estaba también en el espíritu de la época. En cuanto a los pactos comerciales entre las ciudades eran cosa muy corriente. Las uniones para la regulación de la producción y la determinación del volumen de los toneles utilizados en el comercio de vinos, las "uniones de los arenqueros", etc., fueron precursores de la gran federación comercial de la Hansa flamenca, y más tarde, de la gran Hansa germánica del Norte, en la cual ingresaron la soberana Novgorod y algunas ciudades polacas. La historia de estas dos vastas uniones es interesante en grado sumo, e instructiva, pero se requerirían muchas páginas para relatar su vida compleja y multiforme. Observaré, solamente, que gracias a las Uniones de la Edad Media hicieron más por el desarrollo de las relaciones internacionales, de la navegación marítima y de los descubrimientos marítimos que todos los Estados de los primeros diecisiete siglos de nuestra era.

Resumiendo lo dicho, las ligas y las uniones entre pequeñas unidades territoriales, lo mismo que entre los hombres que se unían con fines comunes en sus guildas correspondientes, y también las federaciones entre las ciudades y grupos de ciudades, *constituyó la esencia misma de la vida y del pensamiento de todo este período.* Los primeros cinco siglos del segundo milenio de nuestra era (hasta el XVI) pueden ser considerados, de tal modo, una colosal tentativa de asegurar la ayuda mutua y el apoyo mutuo en gran escala, sobre los principios de la unión y de la colaboración, llevados a través de todas las manifestaciones de la vida humana y en todos los grados posibles. Este intento fue coronado por el éxito en grado considerable. Unió a los hombres, antes divididos, les aseguró una libertad considerable, decuplicó sus fuerzas. En aquella época en que multitud de toda clase de influencias creaban en los hombres la tendencia a aislarse de los otros en su célula, y existía tal abundancia de causas de discordia, es consolador ver y observar que las ciudades diseminadas por toda Europa tuvieran tanto en común y que con tal presteza se unieran para la persecución de tan numerosos objetivos comunes. Verdad es que, al final de cuentas, no resistieron ante, enemigos poderosos. Practicaban ampliamente los principios de ayuda mutua, pero, sin embargo, separándose de los campesinos labradores, aplicaron estos principios a la vida de una manera que no fue suficientemente amplia, y privadas del apoyo de los campesinos, las ciudades no pudieron resistir la violencia de los reinos e imperios nacientes. Pero no perecieron debido a la enemistad recíproca, y sus errores no fueron la consecuencia del desarrollo insuficiente del espíritu federativo entre ellos.

La nueva dirección tomada por la vida humana en la ciudad de la Edad Media tuvo enormes consecuencias en el desarrollo de toda la civilización. A comienzos del siglo XI, las ciudades de Europa constituían solamente pequeños grupos de miserables chozas, que se refugiaban alrededor de iglesias bajas y deformes, cuyos constructores apenas si sabían trazar un arco.

Los oficios, que se reducían principalmente a la tejeduría y a la forja, se hallaban en estado embrionario; la ciencia encontraba refugio sólo en algunos monasterios. Pero trescientos cincuenta años más tarde el aspecto mismo de Europa cambió por completo. La tierra estaba ya sembrada de ricas ciudades, y estas ciudades hallábanse rodeadas por muros dilatados y espesos que se hallaban adornados por torres y puertas ostentosas cada una de, las cuales constituía una obra de arte. Catedrales concebidas en estilo grandioso y cubiertas por numerosos ornamentos decorativos, elevaban a las nubes sus altos campanarios, y en su arquitectura se manifestaba tal audacia de imaginación y tal pureza de forma, que vanamente nos esforzamos en alcanzar en la época presente. Los oficios y las artes se elevaron a tal perfección que aun, ahora apenas podemos decir que las hemos superado en mucho, si no colocamos la velocidad de la fabricación por encima del talento inventiva del trabajador y de la terminación de su trabajo. Las naves de las ciudades libres surcaban en todas direcciones el mar Mediterráneo norte y sur; un esfuerzo más y cruzarían el océano. En vastas extensiones, el bienestar ocupó el lugar de la miseria anterior; se desarrolló y se extendió la educación.

Junto con esto se elaboró el método científico de investigación -positivo y natural en lugar de la escolástica anterior- y fueron establecidas las bases de la mecánica y de las ciencias físicas. Más aún: estaban preparados todos aquellos inventos mecánicos de que tanto se enorgullece el siglo XIX. Tales fueron los cambios mágicos que se habían producido en Europa en menos de cuatrocientos años. Y las pérdidas sufridas por Europa cuando cayeron sus ciudades libres pueden ser plenamente apreciadas si se compara el siglo diecisiete con el catorce o hasta con el trece. En el siglo dieciocho desapareció el bienestar que distinguía a Escocia, Alemania, las llanuras de Italia. Los caminos decayeron, las ciudades se despoblaron, el trabajo libre se convirtió en esclavitud, las artes se marchitaron, y hasta el comercio decayó. . Si tras las ciudades medievales no hubiera quedado monumento escrito alguno, por los cuales se pudiera juzgar el esplendor de su vida, si hubieran quedado tras ellas solamente los monumentos de su arte arquitectónico, que hallamos dispersos por toda Europa, de Escocia a Italia, y de Gerona, en España, hasta Breslau, en el territorio eslavo, aun entonces podríamos decir que la época de las ciudades independientes fue la del máximo florecimiento del intelecto humano durante todos los siglos del cristianismo, hasta el fin del siglo XVIII. Mirando, por ejemplo, el cuadro medieval que representa Nuremberg, con sus decenas de torres y elevados campanarios que llevaban en si cada una el sello del arte creador libre, apenas podemos imaginar que sólo trescientos años antes Nuremberg era únicamente un montón de chozas miserables.

Lo mismo con respecto a todas las ciudades libres de la Edad Media, sin excepción. Y nuestro asombro aumenta a medida que observamos en detalle la arquitectura y los ornatos de cada una de las innumerables iglesias, campanarios, puertas de las ciudades y casas consistoriales, diseminados por toda

Europa, empezando por Inglaterra, Holanda, Bélgica, Francia e Italia, y llegando, en el Este, hasta Bohemia y hasta las ciudades de la Galitzia polaca, ahora muertas. No solamente Italia -madre del arte-, sino toda Europa, estaba repleta de semejantes monumentos. Es extraordinariamente significativo, además, el hecho de que de todas las artes, la arquitectura arte social por excelencia alcanzara en esta época el más elevado desarrollo. Y realmente, tal desarrollo de la arquitectura fue posible sólo como resultado de la sociabilidad altamente desarrollada en la vida de entonces.

La arquitectura medieval alcanzó tal grandeza no sólo porque era el desarrollo natural de un oficio artístico, como insistió sobre esto justamente Ruskin; no solamente porque cada edificio y cada ornato arquitectónico fueron concebidos por hombres que conocían por la experiencia de sus propias manos cuáles efectos artísticos pueden producir la piedra, el hierro, el bronce o simplemente las vigas y el cemento mezclado con guijarros; no sólo porque cada monumento era el resultado de la experiencia colectiva reunida, acumulada en cada arte u oficio, la arquitectura medieval era grande porque era la expresión de una gran idea. Como el arte griego, surgió de la concepción de la fraternidad y unidad alentadas por la ciudad. Poseía una audacia que pudo ser lograda sólo merced a la lucha atrevida de las ciudades contra sus opresores y vencedores; respiraba energía porque toda la vida de la ciudad estaba impregnada de energía. La catedral o la casa consistorial de la ciudad encarnaba, simbolizaba, el organismo en el cual cada albañil y picapedrero eran constructores. El edificio medieval nunca constituía el designio de un individuo, para cuya realización trabajan miles de esclavos, desempeñando un trabajo determinado por una idea ajena: toda la ciudad tomaba parte en su construcción. El alto campanario era parte de un gran edificio; en el que palpitaba la vida de la ciudad; no estaba colocado sobre una plataforma que no tenla sentido como la torre Eiffel de París; no era una construcción falsa, de piedra: erigida con objeto de ocultar la fealdad del armazón de hierro que le servía de base, como fue hecho recientemente en el Towér Bridge, Londres. Como la Acrópolis de Atenas, la catedral de la ciudad medieval tenía por objeto glorificar las grandezas de la ciudad victoriosa; encarnaba y espiritualizaba la unión de los oficios, era la expresión del sentimiento de cada ciudadano, que se enorgullecía de su ciudad, puesto que era su propia creación. No raramente ocurría también que la ciudad, habiendo realizado con éxito la segunda: resolución de los oficios menores, comenzaba a construir una nueva catedral con objeto de expresar la unión nueva, más profunda y amplia, que había aparecido en su vida.

Las catedrales y casas consistoriales de la Edad Media tienen un rasgo asombroso más. Los recursos efectivos con que las ciudades empezaron sus grandes construcciones solían secar en la mayoría de los casos, desproporcionadamente reducidos. La catedral de Colonia, por ejemplo, fue iniciada con un desembolso anual de 500 marcos en total; una donación de 100 marcos se inscribió como dádiva importante. Hasta cuando la obra se aproximaba a su fin, el gasto anual apenas avanzaba a 5.000 marcos, y nunca sobrepasó los 14.000. La catedral de Basilea fue construida con los mismos insignificantes medios. Pero cada corporación ofrendaba para su *monumento común* tu parte de piedra de trabajo y de genio decorativo. Cada guilda expresaba en ese momento sus opiniones políticas, refiriendo, en la piedra o el bronce, la historia de la ciudad, glorificando los principios de libertad, igualdad y fraternidad; ensalzando a los aliados de la ciudad y condenando al fuego eterno a sus enemigos. Y cada guilda expresaba su *amor* al monumento común ornándolo ricamente con ventanas y vitrales, pinturas, "con puertas de iglesia dignas de ser las puertas del cielo" -según la expresión de Miguel Ángel- o con ornatos de piedra en todos los más pequeños rincones de la construcción. Las pequeñas ciudades, y hasta las más pequeñas parroquias, rivalizaban en este género de trabajos con las grandes ciudades, y las catedrales de Lyon o de Saint Ouen apenas ceden a la catedral de Reims, a la Casa Consistorial de Bremen o al campanario del Consejo Popular de Breslau. "Ninguna obra debe ser comenzada por la comuna si no ha sido concebida en consonancia con el gran corazón del la comuna, formada por los corazones de todos sus ciudadanos, unidos en una sola voluntad común" -tales eran las palabras del Consejo de la Ciudad, en Florencia-; y este espíritu se manifiesta en todas las obras comunales que están destinadas a la utilidad pública, como por, ejemplo, en los canales, las terrazas, los plantíos de viñedos y frutales alrededor de Florencia, o en los canales de regadío que atravesaban las llanuras de Lombardía, en el puerto y en el acueducto de Génova, y, en suma, en todas las construcciones comunales que se emprendían en casi todas las ciudades

Todas las artes tenían el mismo éxito en las ciudades medievales, y nuestras adquisiciones actuales en este campo, en la mayoría de los casos, no. son nada más que la prolongación de lo que había crecido entonces. El bienestar de las ciudades flamencas se fundaba en la fabricación de los finos tejidos de lana., Florencia, a comienzos del siglo XIV hasta la epidemia de la "muerte negra", fabricaba de 70.000 a 100.000 piezas de lana, que se evaluaban en 1.200.000 florines de oro. El cincelado de metales preciosos, el arte de la. fundición, la forja artística del hierro, fueron creación de las guildas medievales (misterios), que alcanzaron en sus respectivos dominios todo cuanto se podía lograr mediante el trabajo manual, sin, recurrir a la ayuda de un motor mecánico poderoso; por medio del traba o manual y la inventiva, pues, sirviéndose de las palabras de Whewell, "recibimos el pergamino y el papel, la imprenta y el grabado, el vidrio perfeccionado y el acero, la pólvora, el reloj, el telescopio, la brújula marítima, el calendario reformado, el sistema decimal, el álgebra, la trigonometría, la química, el contrapunto (descubrimiento que equivale a una nueva creación de la música): hemos heredado todo esto de aquella época que tan despreciativamente llamamos "período de estancamiento"".

Verdad es que, como observó Whewell, ninguno, de estos descubrimientos introdujo un principio nuevo; pero la ciencia medieval alcanzó algo más que el descubrimiento real de nuevos principios. Preparó al descubrimiento de todos aquellos nuevos principios que conocemos actualmente en el dominio de las ciencias mecánicas: enseñó al investigador a observar los hechos y extraer conclusiones. Entonces se creó la ciencia inductiva, y a pesar de que no había captado aún plenamente el sentido y la fuerza de la inducción, echó las bases tanto de la mecánica como de la física. Francis Bacon, Galileo y Copérnico, fueron descendientes directos de Roger Bacon y Miguel Scott, como la máquina de vapor fue el producto directo de las investigaciones sobre la presión atmosférica- realizadas en las universidades italianas y de la educación matemática y técnica que distinguía a Nurember.

Pero, ¿es necesario, en verdad, extenderse y demostrar el progreso de las ciencias y de las artes en las ciudades de la Edad Media? ¿No basta mencionar simplemente las catedrales, en el campo de las artes, y la lengua italiana y el poema de Dante, en el dominio del pensamiento, para dar en seguida la medida de lo que creó la ciudad medieval durante los cuatro siglos de su existencia?

No cabe duda alguna de que las ciudades medievales prestaron un servicio inmenso a la civilización europea. Impidieron que Europa cayera en los estados teocráticos y despóticos que se crearon en la antigüedad en Asia; diéronle variedad de manifestaciones vivientes, seguridad en sí misma, fuerza de iniciativa y aquella enorme energía intelectual y moral que posee ahora y que es la mejor garantía de que la civilización europea podrá rechazar toda nueva invasión de Oriente.

Pero, ¿por qué estos centros de civilización que trataron de hallar respuestas a las exigencias de la naturaleza humana y que se distinguieron por tal plenitud de vida no pudieron prolongar su existencia? ¿Por qué en el siglo XVI fueron atacadas de debilidad senil y por qué, después de haber rechazado tantas invasiones exteriores y de haber sabido extraer una nueva energía aun de sus discordias interiores, estas ciudades, al final de cuentas, cayeron víctimas de los ataques exteriores y de las disensiones intestinas?

Diferentes causas provocaron esta caída, algunas de las cuales tuvieron su raíz en el pasado lejano, mientras que las otras fueron el resultado de errores cometidos por las ciudades mismas. El impulso en este sentido fue dado primeramente por las tres invasiones de Europa: la mogol a Rusia en el siglo XIII, la turca a la península balcánica y a los eslavos del Este, en el siglo XV, y la invasión de los moros a España y Sur de Francia, desde el siglo IX hasta el XII. Detener estás invasiones fue muy difícil; y se consiguió arrojar a los mogoles, turcos y moros, que se habían afirmado en diferentes lugares de Europa, solamente cuando en España y Francia, Austria y Polonia, en Ucrania y en Rusia, los pequeños y débiles knyaziá, condes, príncipes, etc., sometidos por los más fuertes de ellos, comenzaron a formar, estados capaces de mover ejércitos numerosos contra los conquistadores orientales.

De tal modo, a fines del siglo XV, en Europa, comenzó a surgir una serie de pequeños estados, formados según el modelo romano antiguo. En cada país y en cada dominio, cualquiera de los señores feudales que fuera más astuto que los otros, más inclinado a la codicia y, a menudo, menos escrupuloso que su vecino, lograba adquirir en propiedad personal patrimonios más ricos, con mayor cantidad de campesinos, y también reunir en tomo a sí mayor cantidad de caballeros y mesnaderos y acumular más dinero en sus arcas. Un barón, rey o knyaz, generalmente escogía como residencia no una ciudad administrativa con el consejo popular, sino un grupo de aldeas, de posición geográfica ventajosa, que no se habían familiarizado aún con la vida libre de la ciudad; París, Madrid, Moscú, que sé, convirtieron en centros de grandes Estados, se hallaban justamente en tales condiciones; y con ayuda del trabajo servil se creó aquí la ciudad real fortificada, a la cual atraía, mediante una distribución generosa de aldeas "para alimentarse", a los compañeros de hazañas, y también a los comerciantes, que gozaban de la protección que él ofrecía al comercio.

Así se citaron, mientras se hallaban aún en condición embrionaria, los futuros estados, qué comenzaron gradualmente a absorber a otros centros iguales. Los jurisconsultos, educados en el estudio del derecho romano, afluían de buen grado a tales ciudades; una raza de hombres, tenaz y ambiciosa, surgida de entre los burgueses y que odiaba por igual la altivez de los feudales Ala manifestación de lo que llamaban iniquidad de los campesinos. Ya las formas mismas de la comuna aldeana, desconocidas en sus códigos, los mismos principios del federalismo, les eran odiosos, como herencia de los *bárbaros.* Su ideal era el cesarismo, apoyado por la ficción del consenso popular y -especialmente- por la fuerza de las armas; y trabajaban celosamente para aquellos en quienes confiaban para la realización de este ideal.

La Iglesia cristiana, que antes se había rebelado contra el derecho romano y que ahora se había convertido en su aliada, trabajaba en el mismo sentido. Puesto que la tentativa de formar un imperio teocrático en Europa, bajo la supremacía del Papa, no fue coronada por el éxito, los obispos más inteligentes y ambiciosos comenzaron a ofrecer entonces apoyo a los que consideraban capaces de reconstituir el poder de los reyes de Israel y el de los emperadores de Constantinopla. La Iglesia investía a los gobernantes que surgían con su santidad; los coronaba como representantes de Dios sobre la tierra, ponía a su servicio la erudición y el talento estadista de sus servidores; les traía sus bendiciones y, sus maldiciones, sus riquezas y la simpatía que ella conservaba entre los pobres. Los campesinos, a los cuales las ciudades no pudieron o no quisieron liberar, viendo a los burgueses impotentes para poner fin a las guerras interminables entre los caballeros -por las cuales los campesinos hubieron de pagar tan caro- depositaron entonces sus esperanzas en el rey, el emperador, el gran *knyaz;* y ayudándoles a destruir el poder de los señores feudales, al mismo tiempo les ayudaron a establecer el Estado Centralizado. Por último, las guerras que tuvieron que sostener durante dos siglos contra los mogoles y los turcos, y la guerra santa contra los moros en España, y del mismo modo también aquellas guerras terribles que pronto comenzaron dentro de cada pueblo entre los centros crecientes de soberanía: Ile de France y Borgogne, Escocia e Inglaterra, Inglaterra y Francia, Lituania y Polonia, Moscú y Tver, etc., condujeron finalmente, a lo mismo. Surgieron estados poderosos y las ciudades tuvieron que entablar lucha no sólo con las federaciones, débilmente unidas entre sí, de los barones feudales o *knyaziá,* sino con centros fuertemente organizados que tenían a su disposición ejércitos enteros de siervos.

Lo peor de todo era, sin embargo, que los centros crecientes de la monarquía hallaron apoyo en las disensiones que surgían dentro de las ciudades mismas. Una gran idea, sin duda, constituía la base de la ciudad medieval, pero fue comprendida con insuficiente amplitud. La ayuda y el apoyo mutuo no pueden ser limitados por las fronteras de una asociación pequeña; deben extenderse a todo lo circundante, de lo contrario, lo circundante absorbe a la asociación; y en este respecto, el ciudadano medieval, desde el principio mismo, cometió un error enorme. En lugar de considerar a los campesinos y artesanos que se reunían bajo la protección de sus muros, como colaboradores que podían aportar su parte en la obra de creación de la ciudad -lo que han hecho en realidad-, "las familias" de los viejos burgueses se apresuraron a separarse netamente de los nuevos inmigrantes. A los primeros, es decir, a los fundadores de la ciudad, se les dejaba todos los beneficios del comercio comunal de ella, y el usufructo de sus tierras, y a los segundos no se les dejaba más, que el derecho de manifestar libremente la habilidad de sus manos. La ciudad, de tal modo, se dividió en "burgueses" o "comuneros" y en "residentes" o "habitantes". El comercio, que tenía antes carácter comunal, se convirtió ahora en privilegio de las familias de los comerciantes y artesanos: de la guilda mercantil y de algunas guildas de los llamados "viejos oficios"; y el paso siguiente: la transición al comercio personal o a los privilegios de las compañías capitalistas opresoras -de los trusts- se hizo inevitable.

La misma división surgió también entre la ciudad, en el sentido propio de la palabra, y las aldeas que la rodeaban. Las comunas medievales trataron, pues, de liberar a los campesinos; pero, sus guerras contra los feudales, poco a poco, se convirtieron, como se ha dicho antes, más bien en guerras por liberar la ciudad misma del poder, de los feudales que por liberar a los campesinos. Entonces las ciudades dejaron a los feudales sus derechos sobre los campesinos, con la condición de que no causarían más daño a la ciudad y se hicieron "conciudadanos". Pero la nobleza "adoptada" por la ciudad introdujo sus viejas guerras familiares, en los límites de ella. No se conformaba con la idea de qué los nobles debían someterse al tribunal de simples artesanos y comerciantes, y continuó librando en las calles de las ciudades sus viejas guerras tribales por venganza de sangre. En cada ciudad existían sus Colonnas y Orsinis, sus Montescos y Capuletos, sus Overtolzes y Wises. Extrayendo mayores rentas de las posesiones que consiguieron conservar, los señores feudales se rodearon de numerosos clientes e introdujeron hábitos y costumbres feudales en la vida de la ciudad misma. Cuando en las ciudades comenzó a surgir el descontento entre las clases artesanas contra las viejas guildas y familias, los feudales comenzaron a ofrecer a ambas partes sus espadas y sus numerosos servidores para resolver, por medio de la guerra, los conflictos que surgían, en lugar de dar al descontento una salida pacífica valiéndose de los medios que hasta entonces había hallado siempre, sin recurrir a las armas.

El error más grande y más fatal cometido por la mayoría de las ciudades fue también el basar sus riquezas en el comercio y la industria, junto con un trato despectivo hacia la agricultura. De tal modo, repitieron el error cometido ya una vez por las ciudades de la antigua Grecia y debido al cual cayeron en los mismos crímenes. Pero el distanciamiento entre las ciudades y la tierra las arrastró, necesariamente, a una política hostil hacia las clases agrícolas, que se hizo especialmente visible en Inglaterra durante Eduardo III, en Francia durante las *jacqueries* (las grandes rebeliones campesinas), en Bohemia en las guerras hussitas, y en Alemania durante la guerra de los campesinos del siglo XVI.

Por otra parte, la política comercial arrastró también a las autoridades populares urbanas a empresas lejanas, y desarrolló la pasión' por enriquecerse con las colonias. Surgieron las colonias fundadas por las repúblicas italianas, en, el sureste, en Asia Menor y a orillas del mar Negro; por los alemanes en el Este, en tierras eslavas, y por los eslavos, es decir, por Novgorod y Pskof, en el lejano noroeste. Entonces fue necesario mantener ejércitos de mercenarios para las guerras coloniales, y luego esos mercenarios fueron utilizados también para oprimir a los mismos burgueses. Merced a esto, ciudades enteras comenzaron a concertar empréstitos en tales proporciones que pronto tuvieron una influencia profundamente desmoralizadora sobre los ciudadanos; las ciudades se convirtieron en tributarías y no raramente en instrumentos obedientes en manos de algunos de sus capitalistas. Asumir el poder fue cosa muy ventajosa, y las disensiones internas se desarrollaron en mayores proporciones en cada elección, durante las cuales la política colonial desempeñaba un papel importante en interés de unas pocas familias. La división entre ricos y pobres, entre los hombres "mejores" y "peores", se extendió más y más, y en el siglo XVI el poder real halló en cada ciudad aliados y colaboradores dispuestos, a veces entre "las familias" que luchaban por el poder, y muy a menudo también entre los pobres, a quienes prometían apaciguar a los ricos.

Sin embargo, existía todavía una razón de la decadencia de las instituciones comunales, que era más profunda que las restantes. La historia de las ciudades medievales constituye uno de los ejemplos más asombrosos de la poderosa influencia de las *ideas y de los principios, fundamentales reconocidos por los hombres,* sobre el destino de la humanidad. Del mismo modo nos enseña también que ante un cambio radical en las ideas dominantes de la sociedad, se producen resultados completamente nuevos que encauzan la vida en una nueva dirección. La fe en sus fuerzas y en el federalismo, el reconocimiento de la libertad y de la administración propia a cada grupo separado y en general, la estructura del cuerpo político de lo simple a lo complejo, tales fueron los pensamientos dominantes del siglo XI., Pero desde aquélla época, las concepciones sufrieron un cambio completo., Los eruditos jurisconsultos (legistas) que habían estudiado, derecho romano y los prelados de la Iglesia, estrechamente unidos desde la época de Inocencio III, lograron paralizar la idea la antigua idea griega de la libertad y de la federación que predominaba en la época de la liberación de las ciudades y existía primeramente en la fundación de estas repúblicas.

Durante dos o tres siglos, los jurisconsultos y el clero comenzaron a enseñar, desde el púlpito, desde la cátedra universitaria y en los tribunales, que la salvación de los hombres se encuentra en un estado fuertemente centralizado, sometido al poder semi-divino de uno o de unos pocos; que *un* hombre puede y *debe* ser el salvador de la sociedad, y en nombre de la salvación pública puede realizar cualquier acto de violencia: quemar a los hombres en las hogueras, matarlos con muerte lenta en medio de torturas indescriptibles, sumir provincias enteras en la miseria más abyecta. Y no escatimaron el dar lecciones visuales en gran escala, y con una crueldad inaudita se daban estas lecciones donde quiera que pudiese llegar la espada del rey o la hoguera de la Iglesia Debido a estas lecciones y a los ejemplos correspondientes, constantemente repetidos e inculcados por la fuerza en la conciencia pública bajo el signo de la fe, del poder y de lo que consideraba ciencia, la mente misma de los hombres comenzó a adquirir una nueva forma. Los ciudadanos comenzaron a encontrar que ningún poder puede ser desmedido, ningún asesinato lento demasiado cruel cuando se trata de la "seguridad pública". Y en esta nueva dirección de las mentes, y en esta nueva fe en la fuerza de un gobernante único, el antiguo principio federal perdió su fuerza, y junto con él murió también el genio creador de las masas. La idea romana venció, y en tales circunstancias los estados militares centralizados hallaron en las ciudades una presa fácil.

La Florencia del siglo XV constituye el modelo típico de semejante cambio. Anteriormente, la revolución popular solía ser el comienzo de un progreso nuevo y más grande. Pero entonces, cuando el pueblo, reducido a la desesperación, se rebeló, ya no poseía el espíritu constructivo v creador, y el movimiento popular no produjo idea nueva alguna. En lugar de los anteriores cuatrocientos representantes ante el consejo popular, se introdujeron en ella cien. Pero esta revolución en los números no condujo a nada. El descontento popular crecía, y siguió una serie de nuevas revueltas. Entonces se buscó la salvación en el "tirano", que recurrió a la masacre de los rebeldes, pero la desintegración del organismo comunal prosiguió. Y cuando, después de una nueva revuelta, el pueblo florentino solicitó consejo a su favorito, Jerónimo Savonarola, el monje respondió: "Oh, pueblo mío, tú sabes que no puedo intervenir en los asuntos del estado... Purifica tu alma, y si en tal disposición de mente reformas la ciudad, entonces tú, pueblo de Florencia, debes comenzar la reforma de toda Italia". Se quemaron las máscaras que se ponían durante los paseos en carnaval y los libros tentadores; se promulgó una ley de ayuda a los pobres y otra dirigida contra los usureros, pero la democracia de Florencia quedó donde estaba. El antiguo espíritu creador había desaparecido. Debido a la excesiva confianza en el gobierno, los florentinos cesaron de confiar en sí mismos; y demostraron ser impotentes para renovar su vida. El estado no tuvo más que avanzar y destruir sus últimas libertades. Y así lo hizo.

Y sin embargo, la corriente de ayuda y apoyo mutuo no se apagó en las masas, y continuó fluyendo aún después de esta derrota de las ciudades libres. Pronto surgió de nuevo, con fuerza poderosa, en respuesta al llamado comunista de los primeros propagandistas de la reforma, y siguió viviendo aún después de que las masas, que hablan sufrido de nuevo el fracaso en su tentativa de construir una nueva vida, inspirada por una religión reformada, cayeron bajo el poder de la monarquía. Fluye hoy todavía y busca los caminos para una nueva expresión que no será ya el estado, ni la ciudad medieval, ni la comuna aldeana de los bárbaros, ni la organización tribal de los salvajes, sino que, procediendo de todas estas formas, será más perfecta que ellas, por su profundidad y por la amplitud de sus principios humanos.

# Capítulo 7

## LA AYUDA MUTUA EN LA SOCIEDAD MODERNA

La inclinación de los hombres a la ayuda mutua tiene un origen tan remoto y está tan profundamente entrelazada con todo el desarrollo pasado de la humanidad, que los hombres la han conservado hasta la época presente, a pesar de todas las vicisitudes de la historia. Esta inclinación se desarrolló, principalmente, en los períodos de paz y bienestar; pero aun cuando las mayores calamidades azotaban a los hombres, cuando países enteros eran devastados por las guerras, y poblaciones enteras morían de miseria, o gemían bajo el yugo del poder que los oprimía, la misma inclinación, la misma necesidad continuó existiendo en las aldeas y entre las clases más pobres de la población de las ciudades. A pesar de todo, las fortificó, y, al final de cuentas, actuó aun sobre la minoría gobernante, belicosa y destructiva que trataba a esta necesidad como si fuera una tontería sentimental. Y cada vez que la humanidad tenía que elaborar una hueva organización social, adaptada a una nueva fase de su desarrollo, el genio creador del hombre siempre extraía la inspiración y los elementos para un nuevo adelanto en el camino del progreso, de la misma inclinación, eternamente viva, a la ayuda mutua. Todas las nuevas doctrinas morales y las nuevas religiones provienen de la misma fuente. De modo que el progreso moral del género humano, si lo consideramos desde un punto de vista amplio, constituye una extensión gradual de los principios de la ayuda mutua, desde el clan primitivo, a la nación y a la unión de pueblos, es decir, a las agrupaciones de tribus v hombres, más y más amplia, hasta que por último estos principios abarquen a toda la humanidad sin distinciones de creencias, lenguas y razas.

Atravesando el período del régimen tribal y el período siguiente de la comuna aldeana, los europeos, como hemos visto, elaboraron en la Edad Media una nueva forma de organización que tenía una gran ventaja. Dejaba un amplio margen a la iniciativa personal y, al mismo tiempo, respondía en grado considerable a la necesidad de apoyo mutuo del hombre. En las ciudades medievales, fue llamada a la vida la federación de las comunas aldeanas, cubierta por una red de guildas y hermandades, v con ayuda de esta nueva forma de doble unión se alcanzaron resultados inmensos en el bienestar común, en la industria, en el arte. la ciencia y el comercio. Hemos considerado estos resultados con bastante detalle en los dos capítulos precedentes, y hemos tratado de explicar por qué, al final, del siglo XV las repúblicas medievales, rodeadas por los feudos hostiles, incapaces de liberar a los campesinos del yugo servil y gradualmente corrompidas por las ideas del cesarismo romano, inevitablemente debían ser presa de los estados guerreros que nacían y habían sido creados para ofrecer resistencia a las invasiones de los mogoles, turcos y árabes.

Sin embargo, antes que someterse, en los trescientos años siguientes, al poder del estado que lo absorbía todo, las masas populares hicieron una tentativa grandiosa de reconstruir la sociedad, conservando la base anterior de la ayuda y el apoyo mutuos. Ahora es ya bien sabido que el gran movimiento de los hussitas y de la reforma no fue, de ningún modo, sólo una revuelta en contra de los abusos de la Iglesia católica. Este movimiento expuso también su ideal constructivo, y ese ideal era la vida en las comunas fraternales libres. Los escritos y discursos de los predicadores del período primitivo de la reforma, que habían hallado el mayor eco en el pueblo, estaban impregnados de las ideas de una hermandad económica y social de los hombres. Son conocidos los "doce puntos" de los campesinos alemanes, expuestos por ellos en su guerra contra los terratenientes y duques, y los artículos de fe, parecidos a ellos, difundidos entre los campesinos y artesanos alemanes y suizos, que exigían no sólo el establecimiento del derecho de cada uno a interpretar la Biblia según su propia razón, sino que incluían también la exigencia de la devolución de las tierras comunales a las comunas aldeanas y la supresión de la prestación feudal, y en estas exigencias se aludía siempre a la fe cristiana "verdadera", es decir a la fe en la fraternidad humana. Al mismo tiempo, decenas de miles de hombres ingresaron en Moravia en las hermandades comunistas, sacrificando en beneficio de las hermandades todos sus bienes y creando numerosas y florecientes poblaciones, fundadas en los principios del comunismo. Solamente las masacres en masa, durante las cuales perecieron decenas de miles de personas, pudieron detener este movimiento popular que se extendía ampliamente y solamente con ayudas de la espada, del fuego y de la rueda, los estados jóvenes se aseguraron la primera y decisiva, victoria sobre las masas populares.

Durante los tres siglos siguientes, los Estados que se formaron en toda Europa destruían sistemáticamente las instituciones en las que hallaba expresión la tendencia de los hombres al apoyo mutuo. Las comunas aldeanas fueron privadas del derecho de sus asambleas comunales, de la jurisdicción propia y de la administración independiente, y las tierras que les pertenecían fueron sometidas al control de los funcionarios del estado y entregadas a merced de los caprichos y de la venalidad. Las ciudades fueron desposeídas de su soberanía, y las fuentes mismas de su vida interior, la *véche* (la asamblea, el tribunal electo, la administración electa y la soberana de la parroquia y de las guildas, todo esto fue destruido. Los funcionarios del estado, tornaron en sus manos todos los eslabones de lo que antes constituía un todo orgánico.

Debido a esta política fatal y a las guerras engendradas por ella, países enteros, antes poblados y ricos, fueron asolados. Ciudades ricas populosas se transformaron en aldehuelas insignificantes; hasta los caminos que unían a las ciudades entre sí se hicieron intransitables. La industria, el arte, la ilustración, decayeron. La educación política, la ciencia y el derecho fueron sometidos a la idea de la centralización estatal. En las universidades, y desde las cátedras eclesiásticas se empezó a enseñar que las instituciones en que los hombres acostumbraban a encarnar hasta entonces su necesidad de ayuda mutua no pueden ser toleradas en un estado debidamente organizado; que sólo el estado y la iglesia pueden constituir los lazos de unión entre sus súbditos; que el federalismo y el "particularismo" es decir, el cuidado de los intereses locales de una región o de una ciudad eran enemigos del progreso. El estado es el único impulsor apropiado de todo desarrollo ulterior.

Al final del siglo XVIII., los reyes del continente europeo, el Parlamento, en Inglaterra, y hasta la convención revolucionaria en Francia, aunque se hallaban en guerra, entre sí, coincidían, en la afirmación de que dentro del Estado no debía haber ninguna clase de uniones separadas entre los ciudadanos, aparte de las establecidas por, el estado y sometidas a él; que para los trabajadores que se atrevían a ingresar a una "coalición", es decir, en uniones para la defensa de sus derechos, el único castigo conveniente era el trabajo forzado y la muerte. "No toleraremos un estado en el estado". Únicamente el estado y la Iglesia del, estado debían ocuparse de los intereses generales de los súbditos, los mismos súbditos debían ser grupos de hombres poco vinculados entre sí, no unidos por clase alguna de lazos especiales y obligados a recurrir al estado cada vez que tenían una necesidad común. Hasta la mitad del siglo XIX esta teoría. y su práctica correspondiente dominaban en, Europa.

Hasta las sociedades comerciales e industriales eran miradas con desconfianza por todos los estados. En cuanto a los trabajadores, recordamos aún que sus uniones eran consideradas ilegales hasta en Inglaterra. El mismo punto de vista sosteníase no hace mucho más de veinte arios, al final del siglo XIX, en todo el continente, incluso en Francia; a pesar de las revoluciones que vivió, los mismos revolucionarios eran tan feroces partidarios del estado como los funcionarios del rey y del emperador. Todo el sistema de nuestra educación estatal, hasta la época presente, aun en Inglaterra, era tal que una parte importante de la sociedad consideraba como una medida revolucionaria que el pueblo recibiese los derechos de que gozaban todos -libres y siervos- en la Edad Media, quinientos años Antes, en la asamblea aldeana, en su guilda, en su parroquia y en la ciudad.

La absorción por el estado de todas las funciones sociales, fatalmente favoreció el desarrollo del individualismo estrecho, desenfrenado. A medida que los deberes del ciudadano hacia el estado se multiplicaban, los ciudadanos evidentemente se liberaban de los deberes hacia los otros. En la guilda -en la Edad Media todos pertenecían a alguna guilda o cofradía-, dos "hermanos" debían cuidar por turno al hermano enfermo; ahora basta con dar al compañero de trabajo la del hospital, para pobres, más próximo. En la sociedad "bárbara" presenciar una pelea entre dos personas por cuestiones personales y no preocuparse de que no tuviera consecuencias fatales significaría atraer sobre sí la acusación de homicidio, pero, de acuerdo con las teorías más recientes del estado que todo lo vigila, el que presencia una pelea no tiene necesidad de intervenir, pues para eso está la policía. Cuando entre los salvajes -por ejemplo, entre los hotentotes-, se considerarla inconveniente ponerse a comer sin haber hecho a gritos tres veces una invitación Al que deseara unirse al festín, entre nosotros el ciudadano respetable se limita a pagar un impuesto para los pobres, dejando a los hambrientos arreglárselas como puedan.

El resultado obtenido fue que por doquier -en la vida, la ley, la ciencia, la religión- triunfa ahora la afirmación de que cada uno puede y debe procurarse su propia felicidad, sin prestar atención alguna a las necesidades ajenas. Esto se transformó en la religión de nuestros tiempos, y los hombres que dudan de ella son considerados utopistas peligrosos. La ciencia proclama en alta voz que la lucha de cada uno contra todos constituye el principio dominante de la naturaleza en general, y de las sociedades humanas en particular. Justamente a esta guerra la biología actual atribuye el desarrollo progresivo del mundo animal. La historia juzga del mismo modo; y los economistas, en su ignorancia ingenua, consideran que el éxito de la industria y de la mecánica contemporánea son los resultados
"asombrosos" de la influencia del mismo principio. La religión misma de la Iglesia es la religión del individualismo, ligeramente suavizada por las relaciones más o menos caritativas hacia el prójimo, con preferencia los domingos. Los hombres "prácticos" y los teóricos, hombres de ciencia y predicadores religiosos, legistas y políticos, están todos de acuerdo en que el individualismo, es decir, la afirmación de la propia personalidad en sus manifestaciones groseras, naturalmente, *pueden ser* suavizadas con la beneficencia, y que ese individualismo es la única base segura para el mantenimiento de la sociedad y su progreso ulterior.

Parecería, por esto, algo desesperado buscar instituciones de ayuda mutua en la sociedad moderna, y en general las manifestaciones prácticas de este principio. ¿Qué podía restar de ellas? Y además, en cuanto empezamos a examinar cómo viven millones de seres humanos y estudiamos sus relaciones cotidianas, nos asombra, ante todo, el papel enorme que desempeñan en la vida humana, aún en la época actual, los principios de ayuda y apoyo mutuo. A pesar de que hace ya trescientos o cuatrocientos años que, tanto en la teoría, como en la vida misma se produce una destrucción de las instituciones y de los hábitos de ayuda mutua, sin embargo, centenares de millones de hombres continúan viviendo con ayuda de estas instituciones y hábitos; y religiosamente las apoyan allí donde pudieron ser conservadas y tratan de reconstruirlas donde han sido destruidas. Cada uno de nosotros, en nuestras relaciones mutuas, pasamos minutos en los que nos indignamos contra el credo estrechamente individualista, de moda en nuestros días; sin embargo los actos en cuya realización los hombres son guiados por su inclinación a la ayuda mutua constituyen una parte tan enorme de nuestra vida cotidiana que, si fuera posible ponerles término repentinamente, se interrumpiría de inmediato todo el progreso moral ulterior de la humanidad. La sociedad humana, sin la ayuda mutua, no podría ser mantenida más allá de la vida de una generación.

Los hechos de tal género, a los que no se presta atención, que son muy numerosos y que describen la vida de las sociedades, tienen un sentido de primer orden para la vida y la elevación ulterior de la humanidad. También los examinaremos ahora, comenzando por las instituciones existentes de apoyo mutuo y pasando luego a los actos de ayuda mutua que tienen origen en las simpatías personales o sociales.

Echando una mirada amplia a la constitución contemporánea de la sociedad europea nos asombra, en primer lugar, el hecho de que, a pesar de todos los esfuerzos para terminar con la comuna aldeana, está forma de unión de los hombres continúa existiendo en grandes proporciones, como se verá a continuación, y que en el presente se hacen tentativas ya sea para reconstituirla en una u otra forma, ya sea para hallar algo en su reemplazo. Las teorías corrientes de los economistas burgueses y de algunos socialistas afirman que la comuna ha muerto en la Europa occidental de muerte natural, puesto que se encontró que la posesión comunal de la tierra era incompatible con las exigencias contemporáneas del cultivo de la tierra. Pero la verdad es que en *ninguna parte desapareció la comuna aldeana por propia voluntad,* al contrario, en todas partes las clases dirigentes necesitaron varios siglos de medidas estatales persistentes para desarraigar la comuna y confiscar las tierras comunales. Un ejemplo de tales medidas y de los métodos para ponerla en práctica nos lo ha dado recientemente el gobierno zarista en el celo del ministro Stolypin.

En Francia, la destrucción de la independencia de las comunas aldeanas y el despojo de las tierras que les pertenecían empezó ya en el siglo XVI. Además, sólo en el siglo siguiente, cuando la masa campesina fue reducida a la completa esclavitud y a la miseria por las requisiciones y las guerras tan brillantemente descritas por todos los historiadores, el despojo de las tierras comunales pudo realizarse impunemente y entonces alcanzó proporciones escandalosas "Cada uno les tomaba cuanto podía... las dividían... para despojar a las comunas, se servían de deudas simuladas". Así se expresaba el edicto promulgado por Luis XIV, en el año 1667. Y como era de esperar, el estado no halló otro medio de curar estos males que una mayor sumisión de las comunas a su autoridad y un despojo mayor, esta vez hecho por el Estado mismo. En realidad, dos años después todos los ingresos monetarios de las comunas fueron confiscados por el rey. En cuanto a la usurpación de las tierras comunales, se extendió más y más, y en el siglo siguiente la nobleza y el clero eran ya dueños de enormes extensiones de tierra: Según algunas apreciaciones, poseían la mitad de la superficie apta para el cultivo, y la mayoría de esas tierras permanecía inculta. Pero los campesinos todavía conservaban sus instituciones comunales y hasta el año 1787 la asamblea comunal campesina, compuesta por todos los jefes de familia, se reunía, generalmente a la sombra de un campanario o de un árbol, para distribuir las porciones de tierra o partir los campos que quedaban en su posesión, para fijar los impuestos y elegir la administración comunal, exactamente lo mismo que el *mir* ruso hoy. Esto ha sido demostrado ahora plenamente por Babeau.

El gobierno francés encontró, sin embargo, que las asambleas populares comunales eran "demasiado ruidosas", es decir, demasiado desobedientes, y en- el año 1787 fueron sustituidas por consejos electivos, compuestos por un alcalde y de tres o seis síndicos que eran elegidos entre los campesinos más acomodados. Dos años más tarde, la Asamblea Constituyente "revolucionaria", que en este sentido concordaba plenamente con la vieja organización, ratificó (el 14 de diciembre de 1789) la ley citada, y la burguesía *aldeana* se dedicó ahora, a su vez, al despojo de las tierras campesinas, que se prolongó durante todo el período revolucionario. El 16 de agosto del año 1792, la Asamblea Legislativa, bajo la presión de las insurrecciones campesinas y del ánimo alterado del pueblo de París, después de haber éste ocupado el palacio real, decidió devolver a las comunas las tierras que les habían quitado; pero, al mismo tiempo, dispuso que de estas tierras, las de laboreo fueran distribuidas solamente entre los "ciudadanos", es decir, entre los campesinos más acomodados. Esta medida, naturalmente, provocó nuevas insurrecciones, y fue derogada al año siguiente cuando, después de la expulsión de los girondinos de la Convención, los jacobinos dispusieron, el 11 de junio de 1793, que todas las tierras comunales quitadas a los campesinos por los terratenientes y otros, a partir del año 1669, fueran devueltas a las comunas que podían -si lo decidía una mayoría de dos tercios de votos- repartir las tierras comunales, pero, en tal caso, en partes iguales entre todos los habitantes, tanto ricos como pobres, tanto "activos" como "inactivos".

Sin embargo, las leyes sobre la repartición de las tierras comunales eran contrarias de tal modo a las concepciones de los campesinos, que estos últimos no las cumplían, y en todas partes donde los campesinos volvían a poseer, aunque no fuera más que una parte de las tierras, comunales que les habían usurpado, las poseían en común, dejándolas sin dividir. Pero pronto sobrevinieron los largos años de guerras y la reacción, y las tierras comunales fueron llanamente confiscadas por el estado (en el año 1794) para asegurar los préstamos estatales; una parte fue destinada a la venta, y al final de cuentas, usurpada; luego fueron devueltas las tierras nuevamente a las comunas, y otra vez confiscadas (en el año 1813), y recientemente en el año 1816, los restos de estas tierras, constituidos por alrededor de 6.000.000 de deciatinas de la tierra menos productiva, fueron devueltas a las comunas aldeanas. Todo, régimen nuevo veía en las tierras comunales una fuente accesible para recompensar a sus partidarios, y tres leyes (la primera en 1837, y la última bajo Napoleón III) fueron promulgadas con el fin de incitar a las comunas aldeanas a realizar la repartición de las tierras comunales. Pero tampoco éste fue, todavía, el fin de las penurias comunales. Hubo que derogar tres veces estas leyes, debido a la resistencia que encontraron en las aldeas, pero cada vez, el gobierno consiguió usurpar algo de las posesiones comunales; así Napoleón III, con el pretexto de proteger, con un método perfeccionado, la agricultura, entregó grandes posesiones comunales a algunos de sus favoritos.

He aquí la serie de violencias con que los adoradores del centralismo luchaban contra la comuna. Y a esto llaman los economistas "muerte natural de la agricultura comunal, en virtud de las leyes económicas"

En cuanto a la administración propia de las comunas aldeanas, ¿qué podía quedar de ella después de tantos golpes? El gobierno consideraba al alcalde y a los síndicos Como funcionarios gratuitos, que cumplían determinadas funciones de la máquina estatal. Aun ahora, bajo la tercera república, la aldea está privada de toda independencia, y dentro de la comuna no puede ser realizado el más mínimo acto sin la intervención y aprobación de casi todo el complejo mecanismo estatal, incluyendo los prefectos y los ministros. Resulta difícil creerlo, y sin embargo tal es la realidad. Si, por ejemplo, un campesino tiene intención de pagar con un depósito en dinero su parte de trabajo en la reparación de un camino comunal (en lugar de poner él mismo la cantidad necesaria de pedregullo), no menos de doce funcionarios del Estado, de diferentes rangos, deben dar su conformidad y para ello se necesitan 52 documentos, que deben intercambiar los funcionarios, antes de que se permita al campesino hacer su pago en dinero al consejo comunal. Lo mismo si una tormenta arroja un árbol en el camino; y todo el resto tiene igual carácter.

Lo que ocurrió en Francia sucedió en toda Europa occidental y central. Aun los años principales del colosal saqueo de las tierras comunales coinciden en todas partes. En Inglaterra, la única diferencia reside en que el pillaje se efectuó por medio de actos aislados y no por medio de una ley general, en una palabra, se produjo con menor precipitación que en Francia pero, sin embargo, con mayor solidez. La usurpación de las tierras comunales por los terratenientes *(landlords)* empezó en el siglo XV, después de la sofocación de la insurrección campesina en el año 1380, como se desprende de la *Historia* de Rossus y del estatuto de Enrique VII, en los cuales se habla de estas usurpaciones bajo el título de "Abominaciones y fecharías que perjudican al bien público". Más tarde, bajo Enrique VIII, se inició, como es sabido, una investigación especial (Great Inquest), cuyo objeto era hacer cesar la usurpación de las tierras comunales: pero esta investigación terminó con la ratificación de las dilapidaciones, en las proporciones en que ya se habían llevado a cabo.

La dilapidación de las tierras comunales se prolongó y se continuó expulsando a los campesinos de las tierras. Pero solamente desde mediados del siglo XVIII, en Inglaterra como por doquier en los, otros países, se instituyó una política sistemática, con miras a destruir la posesión comunal; de modo que no es menester asombrarse de que la posesión comunal haya desaparecido, sino de que haya podido conservarse hasta en Inglaterra y "predominar aún en el recuerdo de los abuelos de nuestra generación". El verdadero objeto de las actas de cercamiento *(Enclosure Acts),* como fue demostrado por Seebohm, era la eliminación de la posesión, comunal' y fue eliminada tan por completo cuando el Parlamento promulgó, entre 1760 y 1844, casi 4.000 actas de cercamiento, que de ella quedan ahora sólo débiles huellas.

Los lores se apoderaron de las tierras de las comunas aldeanas y cada caso de despojo fue ratificado por el Parlamento.

En Alemania, Austria y Bélgica, la comuna aldeana fue destruida por el estado de modo exactamente igual. Fueron raros los casos en que los comuneros mismos dividieran entre sí las tierras comunales, a pesar de que en todas partes el estado obligaba a tal repartición o, simplemente, favorecía el despojo de sus tierras por particulares, El último golpe a la posesión comunal en el norte de Europa fue asestado también a mediados del siglo XVIII. En Austria, el gobierno tuvo que poner en acción la fuerza bruta, en el año 1768, para obligar a las comunas a realizar la división de las tierras, y dos años después se designó, para este objeto, una comisión especial. En Prusia, Federico II, en varias de sus ordenanzas (en 1752, 1763, 1765 y 1769) recomendó a las Cámaras judiciales *(Justizcollegien)* efectuar la división por medio de la violencia. En un distrito de Polonia, Silesia, con el mismo objeto, fue publicada, en 1771, una resolución especial. Lo mismo sucedió también en Bélgica, pero, como las comunas demostraron desobediencia, entonces, en el año 1847, fue emitida una ley que daba al gobierno el derecho de comprar los prados comunales y venderlos en parcelas y realizar una venta obligatoria de las tierras comunales si hubiese compradores.

Para abreviar, lo que se dice acerca de la muerte natural de las comunas aldeanas, en virtud de las leyes económicas, constituye una broma tan pesada como si habláramos de la muerte natural de los soldados caídos en el campo de batalla. El lado positivo de la cuestión es este: las comunas aldeanas vivieron más de mil años, y en los casos en que los campesinos no fueron arruinados por las guerras y las requisiciones, gradualmente mejoraron los métodos de cultivo; pero, como el valor de la tierra aumentaba debido al crecimiento de la industria, y la nobleza, bajo la organización estatal, alcanzó una autoridad como nunca tuvo en el sistema feudal, se apoderó de la mejor parte de las tierras comunales y aplicó todos sus esfuerzos en destruir las instituciones comunales.

Sin embargo, las instituciones de la comuna aldeana responden tan bien a las necesidades y concepciones de los que cultivan la tierra, que a pesar de todo, Europa hasta en la época presente está aún cubierta de supervivencias vivas de las comunas aldeanas, y en la vida aldeana abundan aún hoy hábitos y costumbres cuyo origen se remonta al período comunal. En Inglaterra misma, a pesar de todas las medidas, draconianas adoptadas para destruir el viejo orden de cosas, existió hasta principios del siglo XIX. Gomme, uno de los pocos sabios ingleses que ha llamado la atención sobre esta materia, señala en su obra que en Escocia se han conservado muchas huellas de la posesión comunal de las tierras, y la *"runrigtenancy";* es decir, la posesión por los granjeros de parcelas en muchos campos (derechos del comunero traspasados al granjero), se mantuvo en Forfarshire hasta el año 1813; y en algunas aldeas de Invernes, hasta el año 1801, era costumbre arar la tierra para toda la comuna, sin trazar límites, distribuyéndola después de la labor. En Kilmoriel la participación y repartición de los campos estuvo en pleno vigor "hasta los últimos veinticinco años", decía Gomme, y la

Comisión Crofter del año ochenta halló que esta costumbre se conservaba todavía en algunas islas". En Irlanda, este mismo sistema predominó hasta la época del hambre terrible del año 1848. En cuanto a Inglaterra, las obras de Marshall, que pasaron inadvertidas mientras Nasse y Mine no llamaron la atención sobre ellas, no dejan la menor duda de que el sistema de la comuna aldeana gozaba de amplia difusión en casi todas las regiones de Inglaterra, aún en los comienzos del siglo XIX.

En el año 1870, sir Henry Maine fue "sorprendido extraordinariamente por la cantidad de casos de títulos de propiedad anormales, los que de modo necesario suponen una existencia primitiva de la posesión colectiva y del cultivo conjunto de la tierra", y estos casos llamaron su atención después de un estudio comparativamente breve. Y como la posesión comunal se conservó en Inglaterra hasta una época tan reciente, es indudable que en las aldeas inglesas se hubiera podido hallar gran número de hábitos y costumbres de ayuda mutua, con sólo que los escritores ingleses hubieran prestado mayor atención a la vida aldeana real.

Por último, tales rastros fueron señalados, no hace mucho, en un artículo del *Journal of the Statistical Society,* vol. IX, junio 1897, y en un excelente artículo de la nueva edición, undécima, de la *Enciclopedia Británica.* Por este artículo nos enteramos de que, valiéndose del "cercamiento" de los campos comunales y dehesas, los supuestos dueños y los herederos de los derechos feudales quitaron a las comunas 1.016.700 deciatinas desde el año 1709 hasta 1797, con preferencia campos cultivables; 484.490 deciatinas desde

1801 hasta 1842, y 228.910 deciatinas desde 1845 hasta 1869; además, 37.040 deciatinas de bosques; en total 1.767.140 deciatinas, es decir, más de la octava parte de toda la superficie de Inglaterra, incluido Gales (13.789.000 deciatinas), fue quitada al pueblo.

Y a pesar de esto, la posesión comunal de la tierra se ha conservado hasta ahora en algunos lugares de Inglaterra y Escocia, como lo demostró en el año 1907 el doctor Gilbert Slater en su obra detallada The *English Peasantry and the Enclosure of Common Fields,* donde están los planos de algunas de dichas comunas -que recuerdan plenamente los planos del libro de P. P. Semionof- y se describe su vida así: sistema de tres o cuatro amelgas, y los comuneros deciden todos los años en la asamblea con qué sembrar la tierra en barbecho y se conservan las "franjas" lo mismo que en la comuna rusa. El autor del artículo de la *Enciclopedia Británica* considera que hasta ahora quedan bajo posesión comunal, en Inglaterra, de 500.000 a 700.000 deciatinas de campos, y principalmente dehesas.

En la parte continental de Europa, numerosas instituciones comunales, que han conservado hasta ahora su fuerza vital, se encuentran en Francia, Suiza, Alemania. Italia, Países Escandinavos y en España, sin hablar de toda la Europa occidental eslava. Aquí la vida aldeana, hasta ahora, está impregnada de hábitos y costumbres comunales, y la literatura europea casi anualmente se enriquece con trabajos serios consagrados a esta materia, y lo que tiene relación con ella. Por esto, en la elección de los ejemplos, tengo que limitarme a algunos, los más típicos.

Suiza nos ofrece uno de estos ejemplos. Existen allí como repúblicas: Uri, Schwytz, Appenzell, Glarus y Unterwalden, que poseen una parte importante de sus tierras sin dividir y son administradas todas por la asamblea popular de toda la república (cantón), pero, en todas las otras repúblicas, las comunas aldeanas también gozan de amplia autonomía y vastas partes del territorio federal permanecen hasta ahora en posesión comunal. Dos tercios de todos los prados alpinos y dos tercios de todos los bosques de Suiza y un número importante de campos, huertos, viñedos, turberas, canteras, hasta ahora siguen siendo de propiedad comunal. En el cantón de Vaud, donde todos los jefes de familia tienen derecho a participar con voto consultivo en las deliberaciones de los asuntos comunales, el espíritu comunal se manifiesta con vivacidad especial en los consejos elegidos por ellos. Al final del invierno, en algunas aldeas, toda la juventud masculina se encamina al bosque por algunos días, para cortar árboles y lanzarlos por las pendientes abruptas de las montañas (en forma semejante al deslizamiento en trineo desde las montañas); la madera para construcción y la leña se reparte entre todos los jefes de familia o se vende en su beneficio. Estas excursiones son verdaderas fiestas del trabajo viril. Sobre las orillas del lago de Ginebra, una parte del trabajo necesario para conservar en orden las terrazas de los viñedos aun ahora se realiza en común; y en primavera, cuando el termómetro amenaza descender a bajo cero antes de la salida del sol y cuando la helada podría dañar los sarmientos, el sereno nocturno despierta a todos los jefes de familias, los cuales encienden hogueras de paja y estiércol y preservan de tal modo a las vides de la helada, envolviéndolas en nubes de humo.

En el Tessino, los bosques son de dominio comunal; se realiza la tala con mucha regularidad, por secciones, y los ciudadanos de cada comuna reciben, por familia, su porción de rendimiento. Luego, casi en todos los cantones las comunas aldeanas poseen las llamadas *Bürgernútzen,* es decir, mantienen en común una determinada cantidad de vacas para proveer de manteca a todas las familias; o bien cuidan en común los campos o viñedos, cuyos productos se reparten entre los comuneros, o bien, por último, arriendan su tierra, en cuyo caso el ingreso se destina al beneficio de toda la comuna.

En general, puede tomarse como regla que allí donde las comunas han retenido una esfera de derechos lo suficientemente amplia como para ser partes vivas del organismo nacional, y donde no han sido reducidas a la miseria completa, los comuneros no dejan de cuidar sus tierras con atención. Debido a esto, las propiedades comunales de Suiza presentan un contraste asombroso, en comparación con la situación lamentable de las tierras "comunales" de Inglaterra. Los bosques comunales del cantón de Vaud y de Valais se conservan en excelente orden, según las reglas de la moderna silvicultura. En otros lugares, "las pequeñas franjas" de los campos comunales, que cambian de dueños bajo el sistema de reparticiones, están muy bien abonados, puesto que no hay escasez de ganado ni de prados. Los elevados prados alpinos, en general, se conservan bien, y los caminos de las aldeas son excelentes. Y cuando admiramos el chalet suizo, es decir, la cabaña, los caminos montañeses, el ganado campesino, las terrazas de los viñedos y las casas de escuela en Suiza, debemos recordar que la madera para la construcción del chalet, en su mayor parte, proviene de los bosques comunales, y los caminos y las casas escolares son resultado del trabajo comunal. Naturalmente, en Suiza, como en todas partes, la comuna perdió muchos de sus derechos y funciones, y la "corporación", compuesta por un pequeño número de viejas familias, ocupó el lugar de la comuna aldeana anterior, a la que pertenecían todos. Pero lo que se conservó, mantuvo, según la opinión de investigadores serios, su plena vitalidad.

Apenas es necesario decir que en las aldeas suizas se conservan, hasta ahora, muchos hábitos y costumbres de ayuda mutua. Las veladas para descascarar nueces, que se realizan por turno en cada hogar; las reuniones al atardecer para coser el ajuar en casa de la doncella que se va a casar; las invitaciones a la "ayuda" cuando se construyen casas y para la recolección de la cosecha, y de igual manera para todos los trabajos posibles que pudieran ser necesarios a cada uno de los comuneros; la costumbre de intercambiar los niños de un cantón a otro con el fin de enseñarles dos idiomas distintos, francés y alemán, etc., todo esto es un fenómeno completamente corriente.

Es curioso observar que también diferentes necesidades modernas se satisfacen de este mismo modo. Así, por ejemplo, en Glarus, la mayoría de los prados alpinos fueron vendidos en época de calamidades, pero las comunas continúan aun comprando campos llanos, y así, después que las parcelas recompradas han permanecido en poder de diferentes comuneros durante diez, veinte o treinta años, vuelven al cuerpo de las tierras comunales, que se distribuyen según las necesidades de todos los miembros. Existen también grandes cantidades de pequeñas uniones que se dedican a la producción de artículos alimenticios necesarios -pan, queso, vino- por medio del trabajo común, a pesar de que esta producción no ha alcanzado grandes proporciones; y finalmente, gozan de gran difusión en Suiza las cooperativas rurales. Las asociaciones de diez a treinta campesinos que compran y siembran en común prados y campos constituyen un fenómeno corriente; y las asociaciones para la venta de leche y queso están organizadas en todo el país. En suma, Suiza fue la cuna de esta forma de cooperación. Además, allí se presenta un amplio campo para el estudio de toda clase de sociedades pequeñas y grandes, fundadas para la satisfacción de todas las posibles necesidades modernas. Así, por ejemplo, casi en todas las aldeas de algunas partes de Suiza se puede hallar toda una serie de sociedades: de protección contra incendios, de aprovisionamiento del agua, de paseos en botes, de conservación de los muelles del lago, etc.; además, todo el país está sembrado de sociedades de arqueros, tiradores, topógrafos, exploradores y de otras sociedades semejantes, nacidas de los peligros que significa el militarismo moderno y el imperialismo.

Sin embargo, Suiza no es, de ningún modo, una excepción en Europa, puesto que instituciones y hábitos semejantes se pueden observar en las aldeas de Francia, Italia, Alemania, Dinamarca, etcétera. Así, en las páginas precedentes hemos hablado de lo que hicieron los gobernantes de Francia con el fin de destruir la comuna aldeana y usurparle sus tierras, pero, a pesar de todos los esfuerzos del gobierno, una décima parte de todo el territorio apto para el cultivo, es decir, alrededor de 13.500.000 acres que comprenden la mitad de los prados naturales y casi la quinta parte de los bosques del país continúan bajo posesión comunal. Estos bosques proveen a los comuneros de combustible, y la madera de construcción, en la mayoría de los casos, es cortada por medio del trabajo comunal, con toda la regularidad deseable; el ganado de los comuneros pace libremente en las dehesas comunales, y el remanente de los campos comunales se divide y reparte en algunos lugares de Francia -como en las Ardenas- de modo corriente.

Estas fuentes suplementarias que ayudan a los campesinos más pobres a sobrellevar los años de malas cosechas sin vender las parcelas pequeñas de tierra de su pertenencia y sin enredarse en deudas impagables, sin duda tienen importancia tanto para los trabajadores agrícolas como para casi 3.000.000 de modestos campesinos-propietarios. Hasta es dudoso que la pequeña propiedad campesina pudiera conservarse sin ayuda de estas fuentes suplementarias. Pero la importancia ética de la propiedad comunal, por pequeñas que fueran sus proporciones, sobrepasa en mucho a su importancia económica. Ayuda a la conservación, en la vida aldeana, de un núcleo de hábitos y costumbres de ayuda mutua que indudablemente actúa como contrapeso del individualismo estrecho y de la codicia, que tan fácilmente se desarrolla entre los pequeños propietarios de la tierra, y facilita el desenvolvimiento de las formas modernas de cooperación y sociabilidad. La ayuda mutua, en todas las circunstancias de la vida aldeana, entra en la rutina habitual de la aldea. Por todas partes encontramos, bajo nombres distintos, el "charroi", es decir, ayuda libre prestada por los vecinos para levantar la cosecha, para la recolección de uva, para la construcción de una casa, etcétera; por todas partes encontramos las mismas reuniones vespertinas que en Suiza. En todas partes los comuneros se asocian para efectuar todos los trabajos posibles que ellos por sí solos no podrían realizar. Casi todos los que han escrito sobre la vida aldeana francesa han mencionado esta costumbre. Pero quizá lo mejor de todo sería citar aquí algunos fragmentos de cartas que recibí de un amigo, al que rogué comunicarme sus observaciones sobre esta materia. Estas informaciones se deben a un hombre de edad, que ha sido durante mucho tiempo alcalde de su comuna natal en el Sur de Francia (en el departamento de Ariége); los hechos qué ha comunicado le eran conocidos merced a una observación personal de muchos años y tienen la ventaja de que provienen de una localidad y no están tomados por partes, de observaciones hechas en lugares alejados entre sí. Algunos de ellos pueden parecer baladíes, pero en general, pintan el mundillo entero de la vida aldeana.

"En algunas comunas, próximas a las nuestras -escribe mi amigo- se mantiene en pleno vigor la vieja costumbre de *l'emprount.* Cuando en la granja se necesitan muchas manos para el cumplimiento rápido de cierto trabajo -recoger papas o segar un prado- se convoca a los jóvenes de la vecindad; reúnense mozos y muchachas y realizan el trabajo animada y gratuitamente, y por la tarde, después de una cena alegre, los jóvenes organizan bailes.

"En las mismas aldeas, cuando una moza se va a casar, las vecinas de la aldehuela se reúnen en su casa para coser su ajuar. En algunas aldeas las mujeres, aún ahora, hilan con bastante celo. Cuando le llega la época a determinada familia de devanar el hilo, se realiza este trabajo en una tarde, con la ayuda de los vecinos invitados. En muchas comunas de Ariége, y en otros lugares del Suroeste de Francia, el desgranamiento del maíz también se efectúa con la ayuda de todos los vecinos. Se les agasaja con castañas y vino, y los jóvenes danzan después de terminado el trabajo. La misma costumbre se practica al elaborarse el aceite de nueces y al recoger el cáñamo. En la comuna L., la misma costumbre se observa cuando se transporta el trigo. Estos días de trabajo pesado se convierten en fiestas, puesto que el dueño considera un honor agasajar a los voluntarios con una buena comida. No se fija pago alguno: todos se ayudan mutuamente.

"En la comuna C., la superficie de las dehesas comunales se aumenta cada año, de modo que actualmente casi toda la tierra de la comuna ha pasado a ser de uso común. Los pastores son elegidos por los dueños del ganado, incluyendo también las mujeres. Los toros son comunales.

"En la comuna M., los pequeños rebaños de 40 a 50 cabezas que pertenecen a los comuneros, se reúnen en uno y luego se dividen en tres o cuatro rebaños antes de enviarlos a los prados de la montaña. Cada dueño permanece durante una semana junto al rebaño, en calidad de pastor.

"En la aldea C., algunos jefes de familia compraron en común una trilladora, todas las familias, en común, proveen los hombres que son necesarios, quince o veinte, para atender la máquina. Otras tres trilladoras compradas por los jefes de familia de la misma aldea son ofrecidas en alquiler por ellos, pero el trabajo en este caso es realizado por ayudantes forasteros, invitados del modo habitual.

"En nuestra comuna R., era necesario levantar un muro alrededor del cementerio. La mitad de la suma requerida para la compra de la cal y para el pago de los obreros hábiles fue dada por él consejo del distrito, y la otra mitad fue reunida por suscripción. En cuanto al trabajo de suministrar arena y agua, mezclar la argamasa y ayudar a los albañiles, todo fue realizado por voluntarios (lo mismo que se hace en la *djemâa* kabileña). Los caminos de la aldea son limpiados también por medio del trabajo voluntario de los comuneros. Otras comunas construyeron de tal modo sus fuentes. La prensa para extraer el jugo de la uva y otras pequeñas instalaciones a menudo son de propiedad comunal."

Dos habitantes de la misma localidad, interrogados por mi amigo, agregaron lo siguiente:

"En O., hace algunos años no existía molino. La comuna construyó un molino imponiendo una contribución a los comuneros. En cuanto al molinero, para evitar que incurriera en cualquier clase de engaños y de parcialidad, se decidió pagarle dos francos por consumidor y que el trigo fuera molido gratis.

"En Saint G., muy pocos campesinos se aseguran contra incendio. Cuando se produce un incendio -como sucedió recientemente- todos entregan algo a la familia damnificada: una caldera, una sábana, una silla, etc., y de tal modo el modesto hogar es reconstituido. Todos los vecinos ayudan al perjudicado por el incendio a reconstruir su casa, y la familia, mientras tanto, se aloja gratuitamente en casa de los vecinos."

Semejantes hábitos de ayuda mutua, y se podrían citar un sinnúmero, indudablemente nos explican por qué los campesinos franceses se asocian con tal facilidad para el uso por turno del arado y sus yuntas de caballos, o bien de la prensa de uva o de la trilladora, cuando los últimos pertenecen a una cierta persona de la aldea, y de igual modo también para la realización en común de todo género de trabajos de aldea. La conservación de los canales de riego, el desmonte de los bosques, la desecación de pantanos, la plantación de árboles, etc., desde tiempo inmemorial, eran realizados por el municipio. Lo mismo continúa haciéndose ahora. Así, por ejemplo, muy recientemente en *La Bome,* en el departamento de Lozére, las colinas áridas y bravías fueron convertidas en ricos huertos mediante el trabajo común. "La gente llevaba la tierra sobre sus hombros; construyeron terrazas y las sembraron de castaños y duraznerosts; diseñaron huertos y trajeron el agua, por medio de un canal, desde dos o tres millas de distancia". Ahora, según parece, se ha construido allí un nuevo acueducto de once millas de longitud.

El mismo espíritu comunal explica el notable éxito obtenido en los últimos tiempos por los sindicatos agrícolas; es decir, las asociaciones de campesinos y granjeros. En el año 1884, se autorizaron, en Francia, las asociaciones compuestas por más de 19 personas, y apenas es necesario agregar que cuando se decidió hacer esta "experiencia peligrosa" -como se dijo en la Cámara de los Diputados- los funcionarios tomaron todas aquellas "precauciones" posibles que sólo la burocracia puede inventar. Pero, a pesar de todo, Francia se llena de asociaciones agrícolas (sindicatos). Al principio se formaban solamente para la compra de abono y semillas, puesto que las adulteraciones en estos dos ramos y las mezclas de toda clase de desperdicios alcanzaron proporciones inverosímiles. Pero gradualmente extendieron su actividad en diversas direcciones; incluso a la venta de productos agrícolas y a la mejora constante de las parcelas de tierras. En el sur de Francia, los estragos producidos por la filoxera originaron la formación de gran número de asociaciones entre los propietarios de viñedos. Diez, veinte, a veces treinta de esos propietarios organizaban un sindicato, compraban una máquina a vapor para bombear agua y hacían los preparativos necesarios para inundar sus viñedos por turno.

Constantemente se forman nuevas asociaciones para la defensa contra las inundaciones, para el riego, para la conservación de los canales de riego ya existentes, etc. Y no constituye obstáculo alguno el deseo unánime de todos los campesinos de la vecindad en cuestión que la ley exige. En otros lugares encontramos las *fruitiéres* o asociaciones de queseros o lecheros, y algunos de ellos reparten el queso y la manteca en partes iguales, independientemente del rendimiento de leche de cada vaca. En Ariége existe una asociación de ocho comunas diferentes para el cultivo conjunto de sus tierras, que se unieron en una; en el mismo departamento, comunas en 172 sindicatos han organizado la ayuda médica gratuita; en conexión con los sindicatos surgen también sociedades de consumidores, etcétera. "Una verdadera revolución se realiza en nuestras aldeas -dice Alfred Baudrillart- por medio de estas asociaciones que adquieren en cada región de Francia su carácter propio".

Casi Tomismo puede decirse también de Alemania. En todas partes donde los campesinos han podido detener el despojo de sus tierras comunales, las conservan en propiedad comunal, la que predomina ampliamente en Württemberg, Baden, Hohenzollern, y en la provincia de Hessen, en Starkenberg. Los bosques comunales, en general, se conservan en estado excelente, y en miles de comunas tanto la madera de construcción como la leña se reparte anualmente entre todos los habitantes; hasta la antigua costumbre denominada *Lesholztag* goza aún ahora de amplia difusión: al tañido de la campana del campanario de la aldea, todos los habitantes se dirigen al bosque para traer cada uno cuanta leña pueda. En Westfalia existen comunas en las cuales se cultiva toda la tierra como si fuera una propiedad común, según las exigencias de la agronomía moderna. En cuanto a los viejos hábitos y costumbres comunales, se hallan hasta ahora en vigor en la mayor parte de Alemania. Las invitaciones a la "ayuda", verdaderas fiestas del trabajo, son un fenómeno arteramente corriente en Westfalia, Hessen y Nassau. En las regiones en que abundan maderas de construcción, para la construcción de una casa nueva, se toma habitualmente del bosque comunal y todos los vecinos ayudan en la edificación. Hasta en los arrabales de la gran ciudad de Francfort, entre los hortelanos, en casa de enfermedad de alguno de ellos, existe la costumbre de ir los domingos a cultivar el huerto del camarada enfermos.

En Alemania, lo mismo que en Francia, cuando los gobernantes del pueblo derogaron las leyes dirigidas contra las asociaciones de campesinos -lo que fue hecho en 1884-1888- este género de uniones comenzó a desarrollarse con rapidez asombrosa, a pesar de toda clase de obstáculos ofrecidos por la nueva ley, que estaba lejos de favorecerlas. El hecho es que -dice Buchenberger- debido a estas uniones, en millares de comunas aldeanas, en las que antes nada sabían de abonos químicos ni de alimentación racional del ganado, ahora tanto el uno como la otra se aplican en proporciones sin precedentes" (t. II, pág. 507). Con ayuda de estas uniones se compra todo género de instrumentos y de máquinas agrícolas que economizan trabajo, y de modo parecido se introducen diferentes métodos para el mejoramiento de la calidad de los productos. Se forman también uniones para la venta de los productos agrícolas y para la mejora constante de las parcelas de tierra.

Desde el punto de vista de la economía social, todos estos esfuerzos de los campesinos naturalmente no tienen gran importancia. No pueden aliviar de modo sustancial -y menos todavía durable- la miseria a que están condenadas las clases agrícolas de toda Europa. Pero desde el punto de vista moral, que es el que nos ocupa en este momento, su importancia es enorme. Demuestra que, aun bajo el sistema del individualismo desenfrenado que domina ahora, las masas agrícolas conservan piadosamente la ayuda mutua heredada por ellos; y en cuanto los Estados debilitan las leyes férreas mediante las cuales destruyeron todos los lazos existentes entre los hombres para tenerlos mejor en sus manos, estos lazos se reanudan inmediatamente, a pesar de las innumerables dificultades políticas, económicas y sociales; y se reconstituyen en las formas que mejor responden a las exigencias *modernas* de la producción. Y señalan también las direcciones en que es menester buscar el máximo progreso, y las formas en que tienden a fundirse.

Fácilmente podría aumentarse la cantidad de ejemplos, tomándolos de Italia, España y, especialmente, Dinamarca, y podrían señalarse algunos rasgos muy interesantes, propios de cada uno de estos países. Sería menester, también, mencionar la población eslava de Austria y de la península balcánica, en la que aún existe la "familia compuesta" y el "hogar indiviso" y gran número de instituciones de apoyo mutuo. Pero me apresuro a pasar a Rusia, donde la misma tendencia al apoyo mutuo asume algunas formas nuevas e inesperadas. Además, examinando la comuna aldeana en Rusia, tenemos la ventaja de poseer una enorme cantidad de material, emprendido por algunos *ziemstva* (concejos campesinos) y que comprendía una población de casi 20.000.000 de campesinos de diferentes partes de Rusia.

De la enorme cantidad de datos reunidos por los censos rusos se pueden extraer dos importantes conclusiones. En la Rusia Media, donde una tercera parte de la población campesina, si no más, fue arrastrada a la ruina completa (por los impuestos gravosos, los *nadiely* muy pequeños, de tierra mala, el elevado arriendo y la recaudación muy severa de' impuestos después de pérdidas completas de cosechas) se hizo evidente, durante los primeros veinticinco años de la emancipación de los campesinos de la servidumbre, la tendencia decidida a establecer la propiedad, personal de la tierra dentro de las comunas aldeanas. Muchos campesinos empobrecidos, "sin caballos", abandonaron sus *nadiely,* y sus tierras a menudo pasaban a ser propiedad de los campesinos más ricos, los cuales, dedicados al comercio, poseían fuentes suplementarias de ingresos; o bien los *nadiely* cayeron en manos de comerciantes extraños que compraban tierras, principalmente con objeto de arrendarlas luego a los mismos campesinos a precios desproporcionadamente elevados. Se debe observar también que, debido a una omisión en la Ley de Emancipación de 1861, ofrecía una gran posibilidad de acaparar las tierras de los campesinos a precio muy bajo y los funcionarios del Estado, a su vez, utilizaban su influencia poderosa en favor de la propiedad privada y se comportaban en forma negativa hacia la propiedad comunal.

Sin embargo, desde el año 1880 comenzó también una fuerte oposición en Rusia Media contra la propiedad personal, y los campesinos que ocupaban una posición intermedia entre los ricos y los pobres hicieron esfuerzos enérgicos para mantener las comunas. En cuanto a las fértiles estepas del sur, que son las partes de la Rusia europea actualmente más pobladas y ricas, fueron principalmente colonizadas durante el siglo XIX, bajo el sistema de la propiedad personal o la usurpación reconocida en esta forma por el estado. Pero desde que en la Rusia del sur fueron introducidos, con ayuda de la máquina, métodos mejorados de agricultura, los campesinos propietarios de algunos lugares comenzaron, por sí mismos, a pasar de la propiedad personal a la comunal, de modo que ahora en este granero de Rusia se puede hallar, según parece, una cantidad bastante importante de comunas aldeanas, creadas libremente y de origen muy reciente.

La Crimea y la parte del continente situada al norte de ella (la provincia de Tauride), de las cuales tenemos datos detallados, pueden servir mejor que nada para ilustrar este movimiento. Después de su anexión a Rusia, en el año 1783, esta localidad comenzó a ser colonizada por emigrantes de la gran Rusia, la pequeña Rusia y la Rusia blanca -por cosacos, hombres libres y siervos fugitivos- que afluían aisladamente o en pequeños grupos de todos los rincones de Rusia. Al principio se dedicaron a la ganadería, y más tarde, cuando comenzaron a arar la tierra, cada uno araba cuanto podía. Pero, cuando debido al aflujo de colonos que se prolongaba, y a la introducción de los arados perfeccionados, aumentó la demanda de tierra, surgieron entre los colonos disputas exasperadas. Las disputas se prolongaron años enteros hasta que estos hombres, no ligados antes por ningún vínculo mutuo, llegaron gradualmente al pensamiento de que era necesario poner fin a las discordias introduciendo la propiedad comunal de la tierra. Entonces comenzaron a concertar acuerdos según los cuales la tierra que hablan poseído hasta entonces personalmente pasaba a ser de propiedad comunal; e inmediatamente después comenzaron a dividir y a repartir esta tierra, según las costumbres establecidas en las comunas aldeanas. Este movimiento fue adquiriendo, gradualmente, vastas proporciones, y en un territorio relativamente pequeño, las estadísticas de Tauride hallaron 161 aldeas en las que la posesión comunal había sido introducida por los mismos campesinos propietarios, en reemplazo de la propiedad privada, principalmente durante los años 1855-1885. De tal modo, los colonos elaboraron libremente los tipos más variados de comuna aldeana. Lo que, añade todavía un especial interés a este paso de la posesión personal de la tierra a la comunas que se realizó no sólo entre los grandes rusos, acostumbrados a la vida comunal, sino también entre los pequeños rusos, que hacía mucho que bajo el dominio polaco habían olvidado la comuna, y también entre los griegos y búlgaros y hasta entre los alemanes, quienes ya hacía tiempo habían conseguido elaborar, en sus florecientes colonias semi-industriales, en el Volga, un tipo especial de comuna aldeana. Los tártaros musulmanes de la provincia de Tauride, evidentemente, continuaron poseyendo la tierra según el derecho común musulmán, que permitía sólo una limitada posesión personal de la tierra; pero, aun entre ellos, en algunos contados casos implantaron la comuna aldeana europea. En cuanto a las otras nacionalidades que pueblan la provincia de Tauride, la posesión privada fue suprimida en seis aldeas estonas, dos griegas, dos búlgaras, una checa y una alemana.

El retorno a la posesión comunal de la tierra es característico de las fértiles estepas del sur. Pero, ejemplos aislados del mismo retorno se pueden encontrar también en la pequeña Rusia. Así, en algunas aldeas de la provincia de Chernigof, los campesinos eran antes propietarios privados de la tierra; tenían documentos legales individuales de sus parcelas, y disponían libremente de la tierra, dándola en arriendo o dividiéndola. Pero en 1850 se inició entre ellos un movimiento en favor de la posesión comunal, y sirvió de argumento principal el aumento del número de familias empobrecidas. Iniciase tal movimiento en una aldea, y después le siguieron otras, y el último caso citado por V. V. se remontaba al año 1882. Naturalmente, se originaron choques entre los campesinos pobres que exigían el paso a la posesión comunal y los ricos, que ordinariamente prefieren la propiedad privada, y a veces la lucha se prolongaba años enteros. En algunas localidades, la resolución unánime de toda la comuna, exigida por la ley para el paso a la nueva forma de posesión de la tierra, no pudo ser alcanzada, y la aldea se dividió entonces en dos partes: una continuaba con la posesión privada de la tierra y la otra pasaba a la comunal; a veces, se fundían, más tarde, en una comuna, y a veces quedaban así, cada cual con su forma de posesión de la tierra.

En cuanto a Rusia central, en muchas aldeas cuya población se inclinaba a la posesión privada surgió, desde el año 1880, un movimiento de masas en favor del restablecimiento de la comuna aldeana. Hasta los campesinos propietarios, que habían vivido durante años bajo el sistema de posesión personal de la tierra, volvían al orden comunal. Así, por ejemplo, existe una cantidad importante de ex-siervos que han recibido sólo una cuarta parte de *nadie,* pero Ubres de redención y con títulos de propiedad privada. En el año 1890, inicióse entre ellos un movimiento (en las provincias de Kursk, Riazan, Tanibof y otras) cuya finalidad era establecer en común sus parcelas, sobre la base de la posesión comunal. Exactamente lo mismo "los agricultores libres" *(vólnye klebopáshtsy)* que fueron emancipados de la servidumbre por la ley de 1803 y que *compraron sus nadiely* cada familia por separado casi todos pasaron ahora al sistema comunal, libremente introducido por ellos. Todos estos movimientos se remontan a una época muy reciente, y en ellos participan también los campesinos de otras nacionalidades, además de la rusa. Así, por ejemplo, los búlgaros del distrito de Tiraspol, que poseyeron la tierra durante sesenta años bajo régimen de propiedad privada, introdujeron la posesión comunal en los años 1876-1882. Los, menonitas alemanes del distrito de Berdiansk lucharon, en el año 1890 por la introducción de la posesión comunal, y los pequeños campesinos-propietarios *(Kleinwirthschafiliche),* entre los bautistas alemanes, hicieron propaganda en sus aldeas para la adopción de la misma medida. Para concluir citaré un ejemplo más: en la provincia de Samara, el gobierno ruso organizó, a modo de ensayo, en el año 1840, 103 aldeas bajo el régimen de la posesión privada de la tierra. Cada jefe de familia recibió un excelente *nadiel,* de 40 deciatinas. En el año 1890, en 72 aldeas de estas 103, los campesinos expresaron su deseo de pasar a la posesión comunal. Tomo todos estos hechos del excelente trabajo de V. V., quien, a su vez, se limitó a clasificar los que las estadísticas territoriales señalaron durante los censos por hogar arriba citados.

Tal movimiento en favor de la posesión comunal va rotundamente en contra de las teorías económicas modernas, según las cuales el cultivo intensivo de la tierra es incompatible con la comuna aldeana. Pero de estás teorías se puede decir solamente que nunca pasaron por el luego de la experiencia práctica: pertenecen enteramente al dominio de las teorías abstractas. Los hechos mismos que tenemos ante nuestros ojos demuestran, por el contrario, que en todas partes donde los campesinos rusos, gracias al concurso de circunstancias favorables, fueron menos presa de la miseria, y en todas partes donde hallaron entre sus vecinos hombres experimentados y que tenían iniciativa la comuna aldeana contribuían la introducción de diferentes perfeccionamientos en el dominio de la agricultura y, en general, de, la vida campesina. Aquí, como en todas partes, la ayuda mutua conduce al progreso más rápidamente y mejor que la guerra de cada uno contra todos, como puede verse por los hechos siguientes. Hemos visto ya (apéndice XVI) que los campesinos ingleses de nuestro tiempo, allí donde la comuna se conservó intacta, convirtieron el campo en barbecho, en campos de leguminosas y tuberosas. Lo mismo empieza a hacerse también en Rusia.

Bajo Nicolás 1, muchos funcionarios del Estado y terratenientes obligaban a los campesinos a introducir el cultivo comunal en las pequeñas parcelas que pertenecían a la aldea, con el fin de llenar los depósitos comunales de grano. Tales cultivos, que en el espíritu de los campesinos van unidos a los peores recuerdos de la servidumbre, fueron abandonados inmediatamente después de la caída del régimen servil; pero ahora los campesinos comienzan, en algunas partes, a establecerlos por iniciativa propia. En un distrito (Ostrogozh, de la provincia de Kursk) fue suficiente el espíritu de empresa de una persona para introducir tales cultivos en las cuatro quintas partes de las aldeas del distrito. Lo mismo se observa también en algunas otras localidades. En. el día fijado, los comuneros se reúnen para el trabajo: los ricos con arados o carros, y los más pobres aportan al trabajo común sólo sus propias manos, y no se hace tentativa alguna de calcular cuánto trabaja cada uno. Luego, lo recaudado por el cultivo comunal es destinado a préstamo para los comuneros más pobres -la mayoría de las veces sin devolución-, o bien se utiliza para mantener a los huérfanos y viudas, o para reparar la iglesia de la aldea o la escuela, o, por último, para el pago de cualquier deuda de la comuna.

Como debe esperarse de hombres que viven bajo el sistema de la comuna aldeana, todos los trabajos que entran, por así decirlo, en la rutina de la vida aldeana (la reparación de caminos y puentes, la construcción de diques y caminos de fajina, la desecación de pantanos, los canales de riego y pozos, la tala de bosques, la plantación de árboles, etc.), son realizados por las comunas enteras; exactamente lo mismo que la tierra, muy a menudo, se arrienda en común, y los prados son segados por todo el *mir,* y al trabajo van los ancianos y los jóvenes, los hombres y las mujeres, como lo ha descrito magníficamente L. N. Tolstoy. Tal género de trabajo es cosa de todos los días en todas partes de Rusia; pero la comuna aldeana no elude de modo alguno las mejoras de la agricultura moderna, cuando puede hacer los gastos correspondientes y cuando el conocimiento, que habla sido hasta entonces privilegio de los ricos, penetra, por fin, en la choza de la aldea.

Hemos indicado ya que los arados perfeccionados se extienden rápidamente en el sur de Rusia, y está probado que en muchos casos precisamente las comunas aldeanas, cooperaron en esta difusión. Sucedía también, cuando el arado era comprado por la comuna, que, después de probarlo en la parcela de la tierra comunal, los campesinos indicaban los cambios necesarios a aquellos a quienes habían comprado el arado; o bien, ellos mismos prestaban ayuda para organizar la producción artesana de atados baratos. En el distrito de Moscú, donde la compra de arados por los campesinos se extendió rápidamente, el impulso fue dado por aquellas comunas que arrendaban la tierra en común y fue hecho esto con el fin especial de mejorar sus cultivos.

En el nordeste de Rusia, en la provincia de Viatka, pequeñas asociaciones de campesinos que viajaban con sus aventadoras (fabricadas por los artesanos de uno de los distritos en que abundaba el hierro) extendieron el uso de estas máquinas entre ellos, y aun en las provincias vecinas. La amplia difusión de las trilladoras en las provincias de Samara, Sartof y Jerson, es el resultado de la actividad de las asociaciones de campesinos, que pueden llegar a comprar hasta una máquina cara, mientras que el campesino aislado no está en condiciones de hacerlo. Y mientras que en casi todos los, tratados económicos dícese que la comuna aldeana está condenada a desaparecer en cuanto el sistema de tres amelgas sea reemplazado por el cultivo rotativo, vemos que en Rusia muchas comunas aldeanas tomaron la iniciativa de la introducción justamente de este sistema de cultivo rotativo, lo mismo que hicieron en Inglaterra. Pero antes de pasar a él, los campesinos habitualmente reservan, una parte de los campos comunales para efectuar ensayos de siembra artificial de pastos, y las semillas son compradas por *el mir.*

Si el ensayo tiene éxito, los campesinos no se sienten embarazados en hacer una nueva repartición de los campos para pasar a la economía de cuatro, cinco y aun seis amelgas.

Este sistema se practica ahora en *centenares* de aldeas de la provincia de Moscú, Tver, Smolensk, Viatka y Pskof. Y allí donde el posible separar cierta cantidad de tierra para este fin, las comunas reservan parcelas para el cultivo de plantíos de frutales.

Además, las comunas emprenden, con bastante frecuencia, mejoras constantes, como el drenaje y el riego. Así, por ejemplo, en tres distritos de la provincia de Moscú, de carácter industrial marcado, durante una década (1880-1890), se ejecutaron trabajos de drenaje en gran escala en 180 a 200 aldeas diferentes, y los comuneros mismos trabajaron con el pico. En el otro extremo de Rusia, en las estepas áridas del distrito de Novouzen, fueron erigidos por la comuna más de 1.000 diques para estanques y fosos, y fueron excavados algunos centenares de pozos profundos. Al mismo tiempo, en una rica colonia alemana del sureste de Rusia, los comuneros -hombres y mujeres trabajaron cinco semanas consecutivas en la erección de un dique de tres verstas de largo destinado al riego. Pues, ¿cómo podrían luchar contra el clima seco hombres aislados? ¿Y a dónde podrían llegar con el esfuerzo personal, en aquella época en que el sur de Rusia sufría por la multiplicación de marmotas, y todos los agricultores, ricos y pobres comuneros e individualistas hubieron de aplicar el trabajo de sus propias manos para conjurar esa calamidad? La policía, en tales circunstancias, no sirve de ayuda, y el único medio es la asociación.

Como es sabido, bajo el reinado de Nicolás II, el ministro Stolypin hizo una tentativa en gran escala para destruir la posesión comunal de la tierra y transportar los campesinos a parcelas de granjas separadas. Muchos esfuerzos y mucho dinero del estado se gastó en esto, con éxito en algunas provincias, según parece, especialmente en Ucrania. Pero la guerra y la revolución que siguió sacudieron tan profundamente toda la vida de la aldea que en el momento presente es imposible dar respuesta que tenga cierta precisión sobre, los resultados de esta campaña del estado contra la comuna.

Después de haber hablado tanto de la ayuda y del apoyo mutuos practicados por los agricultores de los países "civilizados", veo que podría aún llenarse un tomo bastante voluminoso de ejemplos tomados de la vida de los centenares de millones de hombres que viven más o me nos bajó la autoridad o la protección de estados más o menos civilizados, pero que, sin embargo, están aún fuera de la civilización moderna y de las ideas modernas. Podría describir, por ejemplo, la vida interior de la aldea turca, con su red de asombrosos hábitos y costumbres ayuda mutua. Consultando mis cuadernos de apuntes con respecto a la ayuda campesina del Cáucaso, hallo hechos muy conmovedores de apoyo mutuo. Los mismos hábitos hallo en mis notas sobre la *djemáa* árabe, la *purra* afgana, sobre las aldeas de Persia, India y Java, sobre la familia indivisa de los chinos, sobre los seminómadas del Asia Central y los nómadas del lejano Norte. Consultando las notas, tomadas en parte al azar, de la riquísima literatura sobre África, encuentro que están llenas de los mismos hechos; aquí también se convoca a la "ayuda" para recoger la cosecha; las casas también se construyen con ayuda de todos los habitantes de la aldea. a veces para reparar el estrago ocasionado por las incursiones de bandidos "civilizados"; en algunos casos, pueblos enteros se prestan ayuda en la desgracia o bien protegen a los viajeros, etcétera. Cuando recurro a trabajos como el compendio del derecho común africano hecho por Post, empiezo a comprender por qué, a pesar de toda la tiranía, de todas las opresiones, de los despojos y de las incursiones, a pesar de las guerras internacionales, de los reyes antropófagos, de los hechiceros charlatanes y de los sacerdotes, a pesar de los cazadores de esclavos, etc. la población de estos países no se ha dispersado por los bosques; por qué conservó un determinado grado de civilización; empiezo a comprender por qué estos "salvajes" siguieron siendo, sin embargo, hombres, y no descendieron al nivel de familias errantes, como los orangutanes que se están extinguiendo. El caso es que los cazadores de esclavos, europeos y americanos, los saqueadores de los depósitos de marfil, lo reyes belicosos, los "héroes" matabeles y malgaches desaparecen dejando tras sí sólo huellas marcadas con sangre y fuego; pero el núcleo de instituciones, hábitos y costumbres de ayuda mutua creadas primero por la tribu y luego por la comuna aldeana permanece y mantiene a los hombres unidos en sociedades, abiertas al progreso de la civilización y prestas a aceptarla cuando llegue el día en que, en lugar de balas y aguardiente, comiencen a recibir de nosotros la verdadera civilización.

Lo mismo se puede decir también de nuestro mundo civilizado. Las calamidades naturales y las provocadas por el hombre pasan. Poblaciones enteras son periódicamente reducidas a la miseria y al hambre; las mismas tendencias vitales son despiadadamente aplastadas en millones de hombres reducidos al pauperismo de las ciudades; el pensamiento y los sentimientos de millones de seres humanos están emponzoñados por doctrinas urdidas en interés de unos pocos. Indudablemente, todos estos fenómenos constituyen parte de nuestra existencia. Pero el núcleo de instituciones, hábitos y costumbres de ayuda mutua continúa existiendo en millones de hombres; ese núcleo los une, y los hombres prefieren aferrarse a esos hábitos, creencias y tradiciones suyas antes que aceptar la doctrina de una guerra de cada uno contra todos, ofrecida en nombre de una pretendida ciencia, pero que en realidad nada tiene de común con la ciencia.

# Capítulo 8

## LA AYUDA MUTUA EN LA SOCIEDAD MODERNA (Continuación)

Observando la vida cotidiana de la población rural de Europa he visto que, a pesar de todos los esfuerzos de los estados modernos para destruir la -comuna- aldeana, la vida de los campesinos está llena de hábitos y costumbres de ayuda mutua y apoyo mutuo; hemos encontrado que se han conservado hasta: ahora restos de la posesión comunal de la tierra que están ampliamente difundidos y tienen todavía importancia; y que apenas fueron suprimidos, en época reciente, los obstáculos legales que embarazaban el resurgimiento de las asociaciones y uniones rurales; en todas partes surgió rápidamente entre los campesinos una red entera de asociaciones libres con todos los fines posibles; y este movimiento juvenil evidencia indudablemente la tendencia a restablecer un género determinado de unión, semejante a la que existía en la comuna aldeana anterior. Tales fueron las conclusiones a que llegamos en el capítulo precedente; y por eso nos ocuparemos ahora de examinar las instituciones de apoyo mutuo que se forman en la época presente entre la población industrial.

Durante los tres últimos siglos, las condiciones para la elaboración de dichas asociaciones fueron tan desfavorables en las ciudades como en las aldeas. Sabido es que, prácticamente, cuando las ciudades medievales fueron sometidas, en el siglo XVI, al dominio de los estados militares que nacían entonces, todas las instituciones que asociaban a los artesanos, los maestros y los mercaderes en guildas y en comunas ciudadanas fueron aniquiladas por la violencia. La autonomía y la jurisdicción propia, tanto en las guildas como en la ciudad, fueron destruidas; el juramento de fidelidad entre hermanos de las guildas comenzó a ser considerado como una manifestación de traición hacia el estado; los bienes de las guildas fueron confiscados del mismo modo que las tierras de las comunas aldeanas; la organización interior y técnica de cada ramo del trabajo cayó en manos del estado. Las leyes, haciéndose gradualmente más y más severas, trataban de impedir de todos modos que los artesanos se asociaran de cualquier manera que fuese. Durante algún tiempo se permitió, por ejemplo, la existencia de las guildas comerciales, bajo condición de que otorgarían subsidios generosos a los reyes; se toleró también la existencia de algunas guildas de artesanos, a las que utilizaba el estado como órganos de administración. Algunas de las guildas del último género todavía arrastran su existencia inútil. Pero lo que antes era una fuerza vital de la existencia y de la industria medievales, hace va mucho que ha desaparecido bajo el peso abrumador del estado centralizado.

En Gran Bretaña, que puede ser tomada como el mejor ejemplo de la política industrial de los estados modernos, vemos que ya en el siglo XV el Parlamento inició la obra de destrucción de las guildas; pero las medidas decisivas contra ellas fueron tomadas sólo en el siglo siguiente, Enrique VIII no sólo destruyó la organización de las guildas, sino que en el momento oportuno confiscó sus bienes "con mayor desconsideración dijo Toulmin Smith- que la demostrada en la confiscación de los bienes de los monasterios" Eduardo VI terminó su obra. Y ya en la segunda mitad del siglo XVI hallamos que el Parlamento se ocupó de resolver todas las divergencias entre los artesanos y los comerciantes que antes eran resueltas en cada ciudad por separado. El Parlamento y el rey no sólo se apropiaron del derecho de legislación en todas las disputas semejantes, sino que teniendo en cuenta los intereses de la corona, ligados a la exportación al extranjero, enseguida comenzaron a determinar el número necesario, según su opinión, de aprendices para cada oficio, y a regularizar del modo más detallado la técnica misma de cada producción: el peso del material, el número de hilos por pulgada de tela, etc. Se debe decir, sin embargo, que estas tentativas no fueron coronadas por el éxito, puesto que las discusiones y dificultades técnicas de todo género, que durante una serie de siglos fueron resueltas por el acuerdo entre las guildas estrechamente dependientes una de otra y entre las ciudades que ingresaban en la unión, están completamente fuera del alcance de los funcionarios del estado. La intromisión constante de los funcionarios no permitía a los oficios vivir y desarrollarse, y llevó a la mayoría de ellos a una decadencia completa; y por ello, los economistas, ya en el siglo XVIII, rebelándose contra la regulación de la producción por el estado, expresaron un descontento plenamente justificado y extendido entonces. La destrucción hecha por la revolución francesa de este género de intromisión de la burocracia en la industria fue saludada corno un acto de liberación; y pronto otros países siguieron el ejemplo de Francia.

El estado no pudo, tampoco, alabarse de haber obtenido mejor éxito en la determinación del salario. En las ciudades medievales, cuando en el siglo XV comenzó a marcarse cada vez más agudamente la distinción entre los maestros y sus medios oficiales o jornaleros, los medios oficiales opusieron sus uniones *(Geseilverbande),* que a veces tenían carácter internacional, contra las uniones de maestros y comerciantes. Ahora, el estado se encargó de resolver sus discusiones, y según el estatuto de Isabel, de 1 año 1563, se confirió a los jueces de paz la obligación de establecer la proporción del salario, de modo que asegurara una existencia "decorosa" a los jornaleros y aprendices. Los jueces de paz, sin embargo, resultaron completamente impotentes en la obra de conciliar los intereses opuestos de amos y obreros, y de ningún modo pudieron obligar a los maestros a someterse a la resolución judicial. La ley sobre el salario, de tal modo, se convirtió gradualmente en letra muerta, y fue derogada al final del siglo XVIII.

Pero, a la vez que el estado se vio obligado a renunciar al deber de establecer el salario, continuó, sin embargo, prohibiendo severamente todo género de acuerdo entre los jornaleros y los maestros, concertados con el fin de aumentar los salarios o de mantenerlos en un determinado nivel. Durante todo el siglo XVIII, el estado emitió leyes dirigidas contra las uniones obreras, y en el año 1799, finalmente, prohibió todo género de acuerdo de los obreros, bajo amenaza de los castigos más severos. En suma, el Parlamento británico sólo siguió, en este caso, el ejemplo de la Convención revolucionaria francesa, que dictó en 1793 una ley draconiana contra las coaliciones obreras; los acuerdos entre un determinado número de ciudadanos eran considerados por esta asamblea revolucionaria como un atentado contra la soberanía del estado, del que se suponía que protegía en igual medida a todos sus súbditos.

De tal modo fue terminada la obra de la destrucción de las uniones medievales. Ahora, tanto en la ciudad como en la aldea, el estado reinaba sobre los grupos, débilmente unidos entre sí, de personas aisladas, y estaba dispuesto a prevenir, con las medidas más severas, todas sus tentativas de restablecer cualquier unión especial.

Tales fueron las condiciones en que tuvo que abrirse paso la tendencia a la ayuda mutua en el siglo XIX. Es comprensible, sin embargo, que todas estas medidas no tuvieran fuerza como para destruir esa tendencia perdurable. En el transcurso del siglo XVIII. las uniones obreras se reconstituían constantemente. No pudieron detener su nacimiento y desarrollo ni siquiera las crueles persecuciones que comenzaron en virtud de las leyes de 1797 y 1799. Los obreros aprovechaban cada advertencia de la ley y de la vigilancia establecida, cada demora de parte de los maestros, obligados a informar de la constitución de las uniones, para ligarse entre sí. Bajo la apariencia de sociedades amistosas *(friendly societies),* de clubs de entierros, o de hermandades secretas, las uniones se extendieron por todas partes: en la industria textil, entre los trabajadores de las cuchillerías de Sheffield, entre los mineros: y se formaron también poderosas organizaciones federales para apoyar a las uniones locales durante las huelgas y persecuciones. Una serie de agitaciones obreras se produjeron a principios del siglo XIX, especialmente después de la conclusión de la paz de 1815, de modo que finalmente hubo que derogar las leyes de 1797 y 1799.

La derogación de la ley contra las coaliciones *(Combinations Laws),* en 1825, dio un nuevo impulso al movimiento. En todas las ramas de producción se organizaron inmediatamente uniones y federaciones nacionales y cuando Robert Owen comenzó la organización de su "Gran Unión Consolidada Nacional" de las uniones profesionales, en algunos meses alcanzó a reunir hasta medio millón de miembros. Verdad es que este período de libertad relativo duró poco. Las persecuciones comenzaron de nuevo en 1830, y en el intervalo entre 1832 y 1844 siguieron condenas judiciales feroces contra las organizaciones obreras, con destierro a trabajos forzados a Australia. La "Gran Unión Nacional" de Owen fue disuelta, y éste hubo de renunciar a su ensayo de Unión Internacional, es decir, a la Internacional. Por todo el país, tanto las empresas particulares como igualmente el estado en sus talleres, empezaron a obligar a sus obreros a romper todos los lazos con las uniones y a firmar un "document", es decir, una renuncia redactada en este sentido. Los unionistas fueron perseguidos en masa y detenidos bajo la acción de la ley "Sobre los amos y sus servidores", en virtud de la cual era suficiente la simple declaración del patrono de la fábrica sobre la supuesta mala conducta de sus obreros para arrestarlos en masa y juzgarlos.

Las huelgas fueron sofocadas del modo más despótico, y condenas asombrosas por su severidad fueron pronunciadas por la simple declaración de huelga, o por la participación en calidad de delegado de los huelguistas, sin hablar ya de las sofocaciones, por vía militar, de los más mínimos desórdenes durante las huelgas, o de los juicios seguidos por las frecuentes manifestaciones de violencias de diferentes géneros por parte de los obreros. La práctica de la ayuda mutua, bajo tales circunstancias, estaba bien lejos de ser cosa fácil. Y, sin embargo, a pesar de todos los obstáculos, de cuyas proporciones nuestra generación ni siquiera tiene la debida idea, ya. desde el año 1841 comenzó el renacimiento de las uniones obreras, y la obra de la asociación de los obreros se prolongó incansablemente desde entonces hasta el presente; hasta que, por fin, después de una larga lucha que duraba ya más de cien años, fue conquistado el derecho de pertenecer a las uniones. En el año 1900 casi una cuarta parte de todos los trabajadores que tenían ocupación fija, es decir, alrededor de 1.500.000 hombres, pertenecían a las uniones obreras *(trace unions),* y ahora su número casi se ha triplicado.

En cuanto a los otros estados europeos, es suficiente decir que hasta épocas muy recientes todo género de uniones era perseguido como conjuración; en Francia, la formación de las uniones (sindicatos) con más de 19 miembros sólo fue permitida por la ley en 1884. Pero a pesar de esto, las uniones obreras existen por doquier, si bien a menudo han de tomar la forma de sociedades secretas; al mismo tiempo, la difusión y la fuerza de las organizaciones, en especial de los "caballeros del trabajo" en los Estados Unidos y de las uniones obreras de Bélgica, se manifestó claramente en las huelgas del 90.

Sin embargo, es necesario recordar que el hecho mismo de pertenecer a una unión obrera, aparte de las persecuciones posibles, exige del obrero sacrificios bastante importantes en dinero, tiempo y trabajo impago, o implica riesgo constante de perder el trabajo por el mero hecho de pertenecer a la unión obrera. Además, el unionista tiene que recordar continuamente la posibilidad de huelga, y la huelga cuando se ha agotado el limitado crédito que da el panadero y el prestamista, la entrega del fondo de huelga no alcanza para alimentar a la familia trae consigo el hambre de los niños. Para los hombres que viven en estrecho contacto con los obreros, una huelga prolongada constituye uno de los espectáculos que más oprimen el corazón; por esto, fácilmente puede imaginarse qué significa, aún ahora, en las partes no muy ricas de la Europa continental. Continuamente, aun en la época presente, la huelga termina con la ruina completa y la emigración forzosa de casi toda la población de la localidad y el fusilamiento de los huelguistas por a menor causa, y hasta sin causa alguna, aun ahora constituye el fenómeno más corriente en la mayoría de los estados europeos.

Y sin embargo, cada año, en Europa y América, se producen miles de huelgas y despidos en masa, y las así llamadas huelgas, "por solidaridad", provocadas por el deseo de los trabajadores de apoyar a los compañeros despedidos del trabajo o bien para defender los derechos de sus uniones, son las que se destacan por su esencial duración y severidad. Y mientras la parte reaccionaria de la prensa suele estar siempre inclinada a declarar las huelgas como una "intimidación", los hombres que viven entre huelguistas hablan con admiración de la ayuda del apoyo mutuo practicado entre ellos. Probablemente, muchos han oído hablar del trabajo colosal realizado por los trabajadores Voluntarios para organizar la ayuda y la distribución de comida durante la gran huelga de los obreros de los docks de Londres en el 80, o de los mineros que habiendo estado ellos mismos sin trabajo durante semanas enteras, en cuánto volvieron al trabajo de nuevo empezaron inmediatamente a pagar cuatro chelines por semana al fondo de huelga; o de la viuda del minero que durante los disturbios obreros de Yorkshire, en 1894, aportó todos los ahorros de su difunto esposo al fondo de huelga; de cómo durante la huelga los vecinos se repartían siempre entre sí el último trozo de pan; de los mineros de Redstoc, que poseían vastos huertos e invitaron a 400 camaradas de Bristol a llevarse gratuitamente coles, patatas, etc. Todos los corresponsales de los diarios, durante la gran huelga de los mineros de Yorkshire, en 1894, conocían un cúmulo de hechos semejantes, a pesar de que bien lejos estaban todos ellos de atreverse a escribir sobre semejantes "bagatelas" inconvenientes en las páginas de sus respetables diarios.

La unión de los obreros profesionales no constituye, sin embargo, la única forma en que se encauza la necesidad del obrero de ayuda mutua. Además de las uniones obreras existen las asociaciones políticas, cuya acción, según consideran muchos obreros, conduce mejor al bienestar público que las uniones profesionales, que ahora se limitan, en su mayor parte, a sus solos estrechos fines. Naturalmente, no es posible considerar el simple hecho de pertenecer a una corporación política como una manifestación de la tendencia a la ayuda mutua. La política, como es sabido, constituye precisamente el campo donde los hombres egoístas entran en las más complicadas combinaciones con los hombres inspirados por tendencias sociales. Pero todo político experimentado sabe que los grandes movimientos políticos, todos, surgieron teniendo justamente objetivos amplios y, a menudo, lejanos, y los más poderosos de estos movimientos fueron aquellos que provocaron el entusiasmo más desinteresado.

Todos los grandes movimientos históricos tenían este carácter, y el socialismo brinda a nuestra generación un ejemplo de este género de movimientos. "Es obra de agitadores pegados" tal es el estribillo corriente de aquellos que nada saben de estos movimientos. Pero, en realidad -hablando sólo de los hechos que conozco personalmente- si durante los últimos treinta y cinco años hubiera llevado un diario y anotado en él todos los ejemplos por mí conocidos de abnegación y sacrificio con que he tropezado en el movimiento social, la palabra "heroísmo" no abandonaría los labios de los lectores de ese diario. Pero los hombres de que tendría que hablar en él estaban lejos de ser héroes; eran gente mediocre, inspirada solamente por una gran idea. Todo diario socialista -y en Europa solamente existen muchos centenares- representa la misma historia de largos años de sacrificio, sin la más mínima esperanza de venta a material alguna, y en la inmensa mayoría de los casos, casi sin la satisfacción de la ambición personal, si es que ésta existe. He visto cómo familias que vivían sin saber si tendrían un trozo de pan al día siguiente -boicoteado el esposo en todas partes, en su pequeña ciudad, por su participación en un diario, y la esposa manteniendo a la familia con su trabajo de aguja-prolongaban semejante situación meses y años, hasta que, por, último, la familia, agotada, se retiraba, sin una palabra de reproche, diciendo a los nuevos compañeros: "Continuad, nosotros ya no tenemos fuerzas para resistir". He visto hombres que morían de tisis y que lo sabían, y, sin embargo, corrían bajo la llovizna helada y la nieve para organizar mítines, y ellos mismos hablaban en los mítines hasta pocas semanas antes de su muerte, y por último, al ir al hospital, nos decían: "Bueno, amigos, mi canción ha terminado: los médicos han decidido que me quedan sólo pocas semanas de vida. Decid a los camaradas que me harán feliz si alguno viene a visitarme". Conozco hechos que serían considerados "una idealización" de parte mía si los refiriera a mis lectores, y hasta los nombres mismos de estos hombres apenas son conocidos más allá del círculo estrecho de sus amigos, y serán pronto olvidados cuando éstos también dejen de existir.

En suma, no sé qué admirar más: si la ilimitada abnegación de estos pocos o la suma total de las pequeñas manifestaciones de abnegación de las masas conmovidas por el movimiento. La venta de cada decena de números de un diario obrero, cada mitin, cada centenar de votos ganados en favor de los socialistas en las elecciones, son el resultado de una masa tal de energía y de sacrificios de que los que están fuera del movimiento no tienen siquiera la menor idea. Y así como obran los socialistas, obraba en el pasado todo partido popular y progresista, político y religioso. Todo el progreso realizado por nosotros en el pasado es el resultado del trabajo de unos hombres de una abnegación semejante.

A menudo se presenta, especialmente en Gran Bretaña, a la cooperación como un "individualismo por acciones", y es indudable que en su aspecto presente puede contribuir fácilmente a desarrollar el egoísmo cooperativista, no solamente, con respecto a la sociedad general, sino entre los mismos cooperadores. Sin embargo, es sabido de manera cierta que al principio tenía este movimiento un carácter profundo de ayuda mutua. Aun en la época presente, los más ardientes partidarios de dicho movimiento están firmemente convencidos de que la cooperación conducirá a la humanidad a una forma armoniosa superior, de relaciones económicas; y después de haber estado en algunas localidades del norte de Inglaterra, donde la cooperación se halla muy desarrollada, es imposible no llegar a la conclusión de que un número importante de los participantes de este movimiento sostienen justamente tal opinión. La mayoría de ellos perdería todo interés en el movimiento cooperativo si perdiera la fe mencionada. Es necesario decir también que en los últimos años comenzaron a evidenciarse, entre los cooperadores, ideales más amplios de bienestar público y de solidaridad entre los productores. Imposible es negar también la inclinación manifestada en ellos, que tiende a mejorar las relaciones entre los propietarios de las cooperativas productoras y sus obreros.

La importancia del cooperativismo en Inglaterra, Holanda y Dinamarca, es bien conocido, y en Alemania, especialmente en el, Rhin, las sociedades cooperativas, en la época presente, son ya una fuerza poderosa de la vida industrial, Pero quizá Rusia constituya el mejor campo para el estudio del cooperativismo en su infinita variedad de formas. En Rusia, la cooperativa, es decir, el artiel, ha crecido de manera natural; fue una herencia de la Edad Media, y mientras que la sociedad cooperativa constituida oficialmente habría tenido que luchar contra un cúmulo de dificultades legales y contra la suspicacia de la burocracia, la forma de cooperativa no oficial -el artiel- constituye la esencia misma de la vida campesina rusa. Toda la historia de la "creación de Rusia" y de la organización de Siberia se presenta en realidad corno la historia de los artiéli de cazadores y de industriales, inmediatamente después de los cuales se extendieron las comunas aldeanas. Ahora hallamos el artiél por todas partes: en cada grupo de campesinos que de una misma aldea va a ganarse la vida a la fábrica, en todos los oficios de la construcción, entre los pescadores y cazadores, entre los presos que van en viaje a Siberia y los fugitivos de Siberia, entre los mozos de cuerda de los ferrocarriles, entre los miembros de los artiéli de la bolsa, de los obreros de la aduana, en muchas de las industrias artesanos (que dan trabajo a siete millones de hombres), etcétera. En una palabra, de arriba a abajo, en todo el mundo trabajador, hallamos artiéli: permanentes y temporales, para la producción y para el consumo, y en todas las formas posibles. Hasta la época presente las secciones de las pesquerías, en los ríos que afluyen al mar Caspio, son arrendadas por artiéli colosales; el río Ural pertenece a todo el Ejército de cosacos del Ural, que divide y reparte sus secciones de pesquerías -quizá las más ricas del mundo- entre las aldeas cosacas, sin intromisión alguna por parte de las autoridades. En el Ural, el Volga y en todos los lagos del norte de Rusia, la pesca es realizada por los artiéli (véase el apéndice XIX).

Junto con estas organizaciones permanentes existe también una multitud innumerable de artiéli temporales, constituidos con todos los fines posibles. Cuando de diez a veinte campesinos de una localidad se dirigen a una ciudad grande a ganarse la vida; sea en calidad de tejedores, carpinteros, albañiles, navegantes, etc., siempre constituyen un artiél, alquilan un alojamiento común y toman una cocinera (muy a menudo la esposa de uno de ellos se ocupa de la cocina), elijen a un *stárosta,* comen en común y cada uno paga al artiél el alojamiento y la comida. La partida de presos en viaje a Siberia obra siempre del mismo modo, y el stárosta elegido por ellos es el intermediario, reconocido oficialmente, entre los presos y el jefe militar del convoy que acompaña a la partida. En los presidios, los presos tienen la misma organización. Los mozos de cuerda de los ferrocarriles, los mandaderos de la bolsa, los miembros de los artiéli de la aduana, y los mandaderos de la ciudad, unidos por canción solidaria, gozan de tal reputación que los comerciantes confían a un miembro del artiél de los mandaderos cualquier suma de dinero. En la construcción se forman artiéli que cuentan, a veces decenas de miembros, a veces también unos pocos, y los grandes contratistas de la construcción de casas y ferrocarriles prefieren siempre tratar con el artiél antes que con los obreros contratados separadamente.

Las tentativas hechas por el ministro de la Guerra, en 1890, para negociar directamente con los artiéli de productores, formados para producciones especiales entre artesanos, y encargarles zapatos y todo género de artículos de cobre y hierro para los uniformes de los soldados, a juzgar por los informes, dieron resultados enteramente satisfactorios; y la entrega de una fábrica fiscal (Votkinsk) en arriendo a los artiéli de obreros viose coronada, un tiempo, por un éxito positivo. De tal modo, podemos ver en Rusia cómo las antiguas instituciones medievales, que habían evitado la intromisión del estado (en sus manifestaciones no oficiales) sobrevivieron íntegras hasta la época presente, y tomaron las formas más diferentes, de acuerdo, con las exigencias de la industria y el comercio modernos. En cuanto a la península balcánica, en el imperio turco y el Cáucaso, las viejas guildas se conservaron allí con plena fuerza. Los *esnafy* servios conservaron plenamente el carácter medieval: en su constitución entran tanto los maestros tomo los jornaleros; regulan la industria y son los órganos de apoyo mutuo, tanto en el campo del trabajo cómo en un caso de enfermedad, mientras que los *amkari* georgianos del Cáucaso, y en especial en Tiflis, no sólo cumplen los deberes de las uniones profesionales, sino que ejercen una influencia importante sobre la vida de la ciudad.

Relacionado con la cooperación, debería, quizá, mencionar la existencia en Inglaterra de las sociedades amistosas de apoyo mutuo *(friendly societies),* las uniones de los "chistosos" *(oddfellows),* los clubs de las aldeas de las ciudades para pagar la asistencia médica, los clubs para entierros o para la adquisición de ropas, los pequeños clubs organizados a menudo entre las muchachas de las fábricas, que abonan algunos peniques semanales y luego sortean entre sí la suma de una libra, que les da la posibilidad de realizar alguna compra más o menos importante, y muchas otras sociedades de género semejante. Toda la vida del pueblo trabajador de Inglaterra está impregnada de tales instituciones En todas estas sociedades y clubs se puede observar no poca reserva de alegre sociabilidad y camaradería, a pesar de que se lleva cuidadosamente el "crédito" y el "débito" de cada miembro. Pero aparte de estas instituciones, existen tantas uniones basadas en la disposición a sacrificar, si necesario fuera, el tiempo, la salud y la vida, que podemos extraer dé su actividad ejemplos de las mejores formas de apoyo mutuo.

En primer lugar, es menester citar aquí la sociedad de salvamento marítimo en Inglaterra, e instituciones semejantes en el resto de Europa, La sociedad inglesa tiene más de 300 botes de salvamento a lo largo las orillas de Inglaterra, y tendría dos veces más si no fuera por la pobreza de los pescadores, quienes no siempre pueden comprar por mismos los caros botes de salvamento. La tripulación de estos botes se compone siempre de voluntarios, cuya disposición a sacrificar la vida para salvar a hombres que les son completamente desconocidos es sometida todos los años a una prueba dura, cada invierno, y en realidad algunos de los más valientes perecen en las aguas. Y si preguntáis a estos hombres qué fue lo que los incitó a arriesgar la vida, a veces en condiciones tales que, según parecía, no había posibilidad alguna de éxito, os contestarán probablemente con un relato, del género del siguiente, que yo, escuché en la costa meridional. Una furiosa tormenta, de nieve soplaba sobre el canal de la Mancha; rugía sobre las llanas orillas arenosas donde se hallaba una pequeña aldehuela, y el mar arrojó sobre las arenas próximas a ella, una embarcación de un solo mástil, cargada de naranjas. En aguas tan poco profundas sólo se mantiene el bote salvavidas de fondo chato, de tipo simplificado, y salir con él de tal tormenta significaba, ir a un verdadero desastre, y sin embargo, los hombres se decidieron y fueron. Horas enteras lucharon contra la tormenta de nieve; dos veces el bote se volcó. Uno de los remeros se ahogó, y los restantes fueron arrojados a la playa. A la mañana siguiente, hallaron, a uno de los últimos -un guarda aduanero inteligente- seriamente herido y medio helado en la nieve. Yo le pregunté cómo habían decidido a hacer aquella tentativa desesperada. "Yo mismo no lo sé -respondió-. Allí, en el mar, la gente perecía; toda la aldea estaba en la orilla, y decían todos que hacerse a la mar hubiera sido una locura y que nunca venceríamos la rompiente. Veíamos que había en el barco cinco o seis hombres que se aferraban al mástil y hacían señales desesperadas. Todos sentíamos que era necesario emprender algo, pero, ¿qué podíamos hacer? Pasó una hora,

otra, y permanecíamos aún en la playa, teníamos todos e1 alma oprimida. Luego, de repente, nos pareció oír que a través de los aullidos de la tempestad nos llegaban sus lamentos... Había un niño con ellos. No pudimos resistir más la tensión: todos juntos dijimos: ¡Es necesario salir! Las mujeres decían lo mismo; nos hubieran considerado cobardes si nos hubiéramos quedado, a pesar de que ellas mismas nos llamaban locos el día siguiente, por nuestra tentativa. Como un solo hombre, nos arrojamos al bote salvavidas partimos. El bote volcó, pero conseguimos volver a enderezarlo. Lo peor de todo fue cuando el desdichado N. se ahogó, aferrado a una cuerda del bote, y nada pudimos hacer por salvarlo. Luego nos azotó una ola enorme, el bote voló de nuevo y nos arrojó a todos a la playa. Los hombres del buque náufrago fueron salvados por un bote de Dungenes, y nuestro bote fue recogido muchas millas al oeste. A mí me hallaron a la mañana siguiente sobre la
nieve."

El mismo sentimiento movía también a los mineros del valle de Ronda cuando salvaron a sus camaradas de un pozo de la mina que había sufrido una inundación. Tuvieron que atravesar una capa de carbón de 96 pies de espesor para llegar hasta los compañeros enterrados vivos. Pero cuando sólo les faltaba perforar en total nueve pies, los sorprendió el gas grisú. Las lámparas se extinguieron y los mineros hubieron de retirarse. Trabajar en tales condiciones significaba correr el riesgo de ser volado en cualquier momento y, finalmente, perecer todos. Pero se oían todavía los golpes de los enterrados; estos hombres estaban vivos y clamaban ayuda, y algunos mineros voluntariamente se propusieron salvar a sus camaradas, arriesgando sus vidas. Cuando descendieron al pozo, las mujeres los acompañaban con lágrimas silenciosas, pero ninguna pronunció una palabra para detenerlos.

Tal es la esencia de la psicología humana. Mientras los hombres no se han embriagado con la lucha hasta la locura, no "pueden oír" pedidos de ayuda sin responderles. Al principio se habla de cierto heroísmo personal, y tras del héroe sienten todos que deben seguir su ejemplo. Los Artificios de la mente no pueden oponerse al *sentimiento de ayuda mutua*, pues este sentimiento ha sido educado durante muchos miles de años por la vida social humana y por centenares de miles de años de vida prehumana en las sociedades animales.

Sin embargo, quizá todos preguntarán: Pero, "¿cómo es que pudieron ahogarse recientemente los hombres en el Serpentine, el lago que se halla en medio del Hyde Park, en presencia de una multitud de espectadores y nadie se arrojó en su ayuda?" O bien; "¿cómo pudo ser dejado sin ayuda el niño que cayó al agua en el Regent's Park, también en presencia de una multitud numerosa de público dominguero, y sólo fue salvado gracias a la presencia de ánimo de una niña jovencita, criada de una casa vecina, que azuzó al perro Terranova de un buzo? La respuesta a estas preguntas es simple. El hombre constituye una mezcla no sólo de instintos heredados, sino también de educación. Entre los mineros y marinos, gracias a sus ocupaciones comunes y al contacto cotidiano entré si, se crea un sentimiento de reciprocidad, y los peligros que los rodean educan en ellos el coraje y el ingenio audaz. En las ciudades, por lo contrario, la ausencia de intereses comunes educa la indiferencia; y el coraje y el ingenio, que raramente hallan aplicación, desaparecen o toman otra dirección.

Además, la tradición de las hazañas heroicas en los pozos de las minas y en el mar vive en las aldehuelas de los mineros y de los pescadores, rodeada de una aureola poética. Pero, ¿qué tradición puede existir en la abigarrada multitud de Londres? Toda tradición, que es en ellos patrimonio común, hubo de ser creada por la literatura o la palabra; pero apenas si existe en la gran ciudad una literatura equivalente a las leyes de las aldeas. El clero, en sus sermones, tanto se empeña en demostrar lo pecaminoso de la naturaleza humana y el origen sobrehumano de todo lo bueno en el hombre, que, en la mayoría de los casos, pasa en silencio aquellos hechos que no se pueden exhibir en calidad de ejemplo de una gracia divina enviada del cielo. En cuanto a los escritores "laicos", su atención se dirige principalmente a un aspecto del heroísmo, a saber, el heroísmo del pescador casi sin prestarle atención alguna. El poeta y el pintor suelen ser impresionados por la belleza del corazón humano, es verdad, pero sólo en raras ocasiones conocen la vida de las clases más pobres; y si pueden aún cantar o representar, en un ambiente convencional, al héroe romano o militar, demuestran ser incapaces cuando tratan de representar al héroe que actúa en ese modesto ambiente de la vida popular que les es extraño.

No es de asombrar, por esto, si la mayoría de tales tentativas se destacan invariablemente por la ampulosidad y la retórica.

La cantidad innumerable de sociedades, clubs y asociaciones de distracción, de trabajos científicos e investigaciones, y con diferentes fines educacionales, etc., que se constituyeron y se extendieron en los últimos tiempos, es tal que se necesitarían muchos volúmenes para su simple inventario. Todos ellos constituyen la manifestación de la misma fuerza, enteramente activa que incita a los hombres a la asociación y al apoyo mutuo. Algunas de estas sociedades, como las asociaciones de las crías jóvenes de aves de diferentes especies, que se reúnen en el otoño, persiguen un objetivo único, el goce de la vida en común. Casi todas las aldeas de Inglaterra, Suiza, Alemania, etc., tienen sus sociedades de juego de *cricket, football, tennis, bolos* o clubs de palomas, musicales y de canto. Existen luego grandes sociedades nacionales que se destacan por el número especial de sus miembros, como, por ejemplo, las sociedades de ciclistas, que en los últimos tiempos se desarrollaron en proporciones inusitadas. A pesar de que los miembros de estas asociaciones no tienen nada en común, excepto su afición de andar en velocípedo, han conseguido formar entre ellos un género de francmasonería con fines de ayuda mutua, especialmente en los lugares apartados, libres todavía del aflujo de velocípedos. Los miembros consideran al club de ciclistas asociados de cualquier aldehuela, hasta cierto punto, como si fuera su propia casa, y en el campamento de ciclistas, que se reúne todos los años en Inglaterra, a menudo se entablan sólidas relaciones amistosas. Los Kegelbruder, es decir, las sociedades de bolos, de Alemania, constituyen la misma asociación; exactamente lo mismo las sociedades gimnásticas (que cuentan hasta 300.000 miembros en Alemania), las hermandades no oficializadas de remeros de los ríos franceses, los clubs de yates, etc. Semejantes asociaciones, naturalmente, no cambian la estructura económica de la sociedad, pero especialmente en las ciudades pequeñas ayudan a nivelar las diferencias sociales, y puesto que ellas tienden a unirse en grandes federaciones nacionales e internacionales, ya por esto contribuyen al desenvolvimiento de las relaciones amistosas personales entre toda clase de hombres diseminados en las diferentes partes del globo.

Los clubs alpinos, la unión para la protección de la caza (Jagdpschutzverlein) de Alemania, que tiene más de 100.000 miembros -cazadores, guardabosques y zoólogos profesionales, y simples amantes de la naturaleza- y, del mismo modo, la Sociedad Ornitológica Internacional, cuyos miembros son zoólogos, criadores de aves y simples campesinos de Alemania, tienen el mismo carácter. Consiguieron, en el curso de unos pocos años, no sólo realizar una enorme obra de utilidad pública que está al alcance únicamente de las sociedades importantes (el trazado de cartas geográficas, la construcción de refugios y apertura de caminos en las montañas; el estudio de los animales, de los insectos nocivos, de la migración de aves, etc.), sino que han creado también nuevos lazos entre los hombres. Dos alpinistas de diferentes nacionalidades que se encuentran, en una cabaña de refugio, construida por el club en la cima de las montañas del Cáucaso, o bien el profesor y el campesino ornitólogo, que han vivido bajo un mismo techo, no han de sentirse ya dos hombres completamente extraños. Y la "Sociedad del Tío Toby", de New Castle, que ha persuadido a más de 300.000 niños y niñas que no destruyan los nidos de pájaros y a ser buenos con todos los animales, es indudable que ha hecho bastante más en pro del desarrollo de los sentimientos humanos y de la afición al estudio de las ciencias naturales que el conjunto de predicadores de todo género y que la mayoría de nuestras escuelas.

Ni siquiera en nuestro breve ensayo podemos pasar en silencio los millares de sociedades científicas, literarias, artísticas y educativas. Naturalmente, necesario es decir que, hasta la época presente, las corporaciones científicas, que se encuentran bajo el control del estado y que con frecuencia reciben de él subsidios, generalmente se han convertido en un círculo muy estrecho, ya que los hombres de carrera a menudo consideran a las sociedades científicas como medios para ingresar en las filas de sabios pagados por el estado, mientras que, indudablemente, la dificultad de ser miembro de algunas sociedades privilegiadas sólo conduce a suscitar envidias mezquinas. Pero, con todo, es indudable que tales sociedades nivelan hasta cierto punto las diferencias de clases, creadas por el nacimiento o por pertenecer a tal o cual capa, a tal o cual partido político o creencia. En las pequeñas ciudades apartadas, las sociedades científicas, geográficas, musicales, etc., especialmente aquellas que incitan a la actividad de un círculo de aficionados más o menos amplios, se convierten en pequeños centros y en un género de eslabón que une a la pequeña ciudad con un mundo vasto, y también en el lugar en que se encuentran en un pie de igualdad hombres que ocupan las posiciones más diferentes en la vida social. Para apreciar la importancia de tales centros es necesario conocerlos, por ejemplo, en Siberia.

Por último, una de las manifestaciones más importantes del mismo espíritu lo constituyen las innumerables sociedades que tienen por fin la difusión de la educación, y que sólo ahora comienzan a destruir el monopolio de la iglesia y del estado en esta rama de la vida, importante en grado sumo. Puede osar decirse que, dentro de un tiempo extremadamente breve, estas sociedades adquirirán una importancia dominante en el campo de la educación popular. Debemos ya a la "Asociación Froebel" el sistema de jardines infantiles, y a una serie entera de sociedades oficializadas y no oficializadas debemos el nivel elevado que ha alcanzado la educación femenina en Rusia. En cuanto a las diferentes sociedades pedagógicas de Alemania, como es sabido, les corresponde una enorme parte de influencia en la elaboración de los métodos modernos de enseñanza en las escuelas populares. Tales asociaciones son también el mejor sostén de los maestros. ¡Cuán infeliz se sentiría sin su ayuda el maestro de aldea, abrumado por el peso de un trabajo mal retribuido!

¿Todas estas asociaciones, sociedades, hermandades, uniones, institutos etcétera, que se pueden contar por decenas de miles en Europa solamente, y cada una de las cuales representa una masa enorme de trabajo voluntario, desinteresado, impagado o retribuido muy pobremente no son todas ellas manifestaciones, en formas infinitamente variadas, de aquella necesidad, eternamente viva en la humanidad, de ayuda y apoyo mutuos? Durante casi tres siglos se ha impedido que el hombre se tendiera mutuamente las manos, ni aun con fines literarios, artísticos y educativos. Las sociedades podían formarse solamente con el conocimiento y bajo la protección del estado o de la Iglesia, o debían existir en calidad de sociedades secretas semejantes a las francmasonas; pero ahora que esta oposición del estado ha sido, quebrantada, surgen por todas partes, abarcando las ramas más distintas de la actividad humana. Empiezan a adquirir un carácter internacional, e indudablemente contribuyen -en grado tal que aún no hemos apreciado plenamente- al quebrantamiento de las barreras internacionales erigidas por los estados. A pesar de la envidia, a pesar del odio, provocados por los fantasmas de un pasado en descomposición, la conciencia de la solidaridad internacional crece, tanto entre los hombres avanzados como entre las masas obreras, desde que ellas se conquistaron el derecho a las relaciones internacionales; y no hay duda alguna de que este espíritu de solidaridad creciente ejerció ya cierta influencia al conjurar una guerra entre estados europeos en los últimos treinta años. Y después de esa cruel lección recibida por Europa, y en parte por América, en la última guerra de cinco años, no hay duda alguna que la voz del sano juicio, poniendo freno a la explotación de unos pueblos por otros, hará imposible por mucho tiempo otra guerra semejante.

Por último, es menester mencionar aquí también las sociedades de beneficencia que, a su vez, constituyen todo un mundo original, ya que no hay la menor duda de que mueven a la inmensa mayoría de los miembros de estas sociedades los mismos sentimientos de ayuda mutua que son inherentes a toda la humanidad. Por desgracia, nuestros maestros religiosos prefieren atribuir origen sobrenatural a tales sentimientos. Muchos de ellos tratan de afirmar que el hombre no puede inspirarse conscientemente en las ideas de ayuda mutua, mientras no esté iluminado por las doctrinas de aquella religión especial de la cual son los representantes, y junto con San Agustín, la mayoría de ellos no reconocen la existencia de esos sentimientos en los "salvajes paganos". Además, mientras el cristianismo primitivo, como todas las otras religiones nacientes, era un llamado a un sentimiento de ayuda mutua y de solidaridad, ampliamente humano, que le es propio, como hemos visto, de todas las instituciones de ayuda y apoyo mutuo que existían antes, o se habían desarrollado fuera de ella. En lugar de la *ayuda mutua* que todo salvaje consideraba como el cumplimiento de un *deber* hacia sus congéneres, la Iglesia cristiana comenzó a predicar la *caridad,* que constituía, según su doctrina, una *virtud inspirada por el cielo,* una virtud que por obra de tal interpretación atribuye un determinando género de superioridad a aquél que da sobre el que recibe, en lugar de reconocer la *igualdad común* al género humano, en virtud de la cual la *ayuda mutua es un deber.* Con estas limitaciones, y sin intención alguna de ofender a aquellos que se consideran entre los elegidos, mientras cumplen una exigencia de simple humanitarismo, nosotros podemos considerar, naturalmente, al enorme número de sociedades diseminadas por todas partes como una manifestación de aquella inclinación a la ayuda mutua.

Todos estos hechos demuestran que la búsqueda irrazonada de la satisfacción de intereses personales, con olvido completo de las necesidades de los otros hombres, de ningún modo constituye el rasgo principal, característico, de la vida moderna. Junto a estas corrientes egoístas, que orgullosamente exigen que se les reconozca importancia dominante en los negocios humanos, observamos la lucha porfiada que sostiene la población rural y obrera con el fin de *reintroducir las firmes instituciones de ayuda y apoyo mutuos.* No sólo eso: descubrimos en todas las clases de la sociedad un movimiento ampliamente extendido que tiende a establecer instituciones infinitamente variadas, más o menos firmes, con el mismo fin. Pero, cuando de la vida pública pasamos a la vida privada del hombre moderno, descubrimos todavía otro amplio mundo de ayuda y apoyos mutuos, a cuyo lado pasan la mayoría de los sociólogos sin observarlo, probablemente porque está limitado al círculo estrecho de la familia y de la amistad personal.

Bajo el sistema moderno de vida social, todos los lazos de unión entre los habitantes de una misma calle o "vecindad" han desaparecido. En los barrios ricos de las grandes ciudades, los hombres viven juntos sin saber siquiera quién es su vecino. Pero en las calles y callejones densamente poblados de esas mismas ciudades, todos se conocen bien y se encuentran en continuo contacto. Naturalmente, en los callejones, lo mismo que en todas partes, las pequeñas rencillas son inevitables, pero se desarrollan también relaciones según las inclinaciones personales, y dentro de estas relaciones se practica la ayuda mutua en tales proporciones que las clases más ricas no tienen idea. Si, por ejemplo, nos detenemos a mirar a los niños de un barrio pobre, que juegan en la plazuela, en la calle, o en el viejo cementerio (en Londres se ve esto a menudo) observaremos en seguida que entre estos niños existe una estrecha unión, a pesar de las peleas que se producen, y esta unión preserva a los niños de numerosas desgracias de todo género. Basta que algún chico se incline curiosamente sobre el orificio abierto de un sumidero para que su compañero de juego le grite: "¡Sal de ahí, que en ese agujero está la fiebre!" "¡No trepes por esta pared; si caes del otro lado el tren te destrozará!" "¡No te acerques a la zanja!" "¡No comas de estas bayas: es veneno, ¡te morirás!" Tales son las primeras lecciones que el chico recibe cuando se une con sus compañeros de, calle. ¡Cuántos niños a quienes sirven de lugar de juego, las calles de las proximidades de las viviendas modelo para obreros" recientemente construidas, o las riberas y puentes de los canales, perecerían bajo las ruedas de los carros o en el agua turbia de la corriente si entre ellos no existiera este género de ayuda mutua! Si a pesar de todo algún chiquillo cae en un foso sin parapeto, o una niña resbala y cae en el canal, la horda callejera arma tal griterío que todo el vecindario torre a ayudarlos. De todo esto hablo por experiencia personal.

Viene luego la unión de las madres: "No puede usted imaginarse -me escribe una doctora inglesa que vivía en un barrio pobre de Londres, y a la cual rogué que me comunicara sus impresionase, no puede usted imaginarse cuánto se ayudan entre sí. Si una mujer no ha preparado, o no puede preparar, lo necesario para el niño que espera - ¡y cuán a menudo sucede esto!- todas las vecinas traen algo para el recién nacido. Al mismo tiempo, una de las vecinas se hace cargo en seguida del cuidado de los niños, y otra del hogar, mientras la parturienta permanece en cama". Es éste un fenómeno corriente que mencionan todos los que tuvieron, que vivir entre los pobres de Inglaterra, y en general entre la población pobre de una ciudad. Las madres se apoyan mutuamente haciendo miles de pequeños servicios y cuidan de los niños ajenos. Es. menester que la dama perteneciente a las clases ricas tenga una cierta disciplina -para mejor o para peor, que lo juzgue ella misma para pasar por la calle al lado de niños que tiritan de frío y están hambrientos, sin notario. Pero las madres de las clases pobres no poseen tal disciplina. No pueden soportar el cuadro de un chico hambriento: deben alimentarlo; y así lo hacen. Cuando los niños que van a la escuela piden pan, raramente, o más bien nunca, reciben una negativa" -me escribe otra amiga, que trabajó durante algunos años en White-Chapel, en relación con un club obrero. Pero mejor será transcribir algunos fragmentos de su carta:

"Es regla general entre los obreros cuidar a un vecino o una vecina enfermos, sin buscar ninguna clase de retribución. Del mismo modo, cuando una mujer que tiene niños pequeños se va al trabajo, siempre se los cuida una de las vecinas.

"Si los obreros no se ayudaran mutuamente, no podría n vivir en absoluto. Conozco familias obreras que se ayudan constantemente entre sí, con dinero, alimento, combustible, vigilancia de los niños, en caso de enfermedad y en casos de muerte. "Entre los pobres, lo "mío", y lo "tuyo" se distingue bastante menos que entre los ricos. Botines, vestidos, sombreros, etc. en una palabra, lo que se necesita en un momento dado-, se prestan constantemente entre sí, y del mismo modo todo género de efectos del hogar.

"Durante el invierno pasado (1894), los miembros del United Radical Club reunieron en su medio una pequeña suma de dinero y empezaron después de Navidad a suministrar gratuitamente sopa y pan a los niños que concurrían a la escuela. Gradualmente, el número de niños que alimentaban alcanzó hasta 1.800. Las donaciones llegaban de fuera, pero todo el trabajo recaía sobre los hombros de los miembros del club. Algunos de ellos -aquellos que entonces estaban sin trabajo- venían a las cuatro de la mañana para lavar y limpiar legumbres: cinco mujeres venían a las nueve o diez de la mañana (después de haber terminado el trabajo de su hogar) a vigilar el cocimiento de la comida, y se quedaban hasta las seis o siete de la tarde para lavar la vajilla. Durante la hora del almuerzo, entre las doce y doce y media, venían de 20 a 30 obreros a ayudar a repartir la sopa; para lo cual habían de robar tiempo a su propia comida. Tal trabajo se prolongó dos meses, y siempre fue hecho completamente gratis.

Mi amiga cita también diferentes casos particulares, de los cuales menciono los más típicos:

"La niña Anita W. fue entregada, en pensión, por su madre a una anciana de la calle Wilmot. Cuando murió la madre de Anita, la anciana, que vivía ella misma en la mayor indigencia, crio a la niña a pesar de que nadie le pagaba un centavo. Cuando murió también la anciana, la niña, que tenía entonces cinco años quedó, durante la enfermedad de su madre adoptiva, sin cuidado alguno, e iba en andrajos; pero le ofreció asilo entonces la esposa de un zapatero, que tenía ya seis varones. Más tarde, cuando el zapatero cayó enfermo, todos ellos tuvieron que sufrir hambre."

"Hace unos días, M., madre de seis niños, atendía a la vecina Mg. durante su enfermedad, y llevó a su casa al niño más grande... Pero, ¿son necesarios a usted estos hechos? Constituyen el fenómeno más corriente... Conozca a la señora D. (en dirección tal) que tiene una máquina de coser. Continuamente cose para los otros, no aceptando retribución alguna por el trabajo, a pesar de que debe cuidar a cinco niños y al esposo..., etc. "

Para todo aquél que tiene siquiera una pequeñísima idea de la vida de las clases obreras, resulta evidente que, si en su medio no se practicara en grandes proporciones la ayuda mutua, no podrían, de modo alguno, vencer las dificultades de que está llena su vida. Solamente gracias a la combinación de felices circunstancias la familia obrera puede pasar la vida sin atravesar por momentos duros como los que fueron descritos por el tejedor de cintas Josept Guttridge en su autobiografía. Y si no todos los obreros caen, en tales circunstancias, hasta los últimos grados de miseria, se lo deben precisamente a la ayuda mutua practicada entre ellos. Una vieja nodriza que vivía en la pobreza más extrema ayudó a Guttridge en el instante mismo en que su familia se avecinaba a un desenlace fatal: les consiguió a crédito pan, carbón y otros artículos de primera necesidad. En otros casos era otro el que ayudaba, o bien los vecinos se unían para arrebatar a la familia de las garras de la miseria. Pero, si los pobres no acudieran en ayuda de los pobres, ¡en qué proporciones enormes aumentaría el número de aquellos que llegan a la miseria espantosa ya irreparable!

Samuel Plimsoll, conocido en Inglaterra por su campaña en contra el seguro de las naves podridas e inútiles que eran enviadas al mar con la esperanza de que se hundieran para cobrar la prima de seguro, después de haber vivido algún tiempo entre pobres gastando solamente siete chelines seis peniques (tres rublos cincuenta copecas) por semana vióse obligado a reconocer que los buenos sentimientos hacia los pobres que tenía cuando comenzó este género de vida "se cambiaron en sentimientos de sincero respeto y admiración, cuando vio hasta dónde las relaciones entre los pobres están imbuidas de ayuda y apoyo mutuos, y cuando conoció los medios simples con que se prestan este género de apoyo. Después de muchos años de experiencia llegó a la conclusión de que si bien se piensa, resulta que semejantes hombres constituyen la inmensa mayoría de las clases obreras". En cuanto a la crianza de huérfanos practicada hasta por las familias más pobres de los vecinos, es un fenómeno tan ampliamente difundido que se puede considerar regla general; así, después de la explosión de gases de las minas de Warren Vale y Lund Hill, revelóse que "casi un tercio de los mineros muertos, según las investigaciones de la comisión, - mantenía, aparte de sus esposas e hijos, también a otros parientes pobres". "¿Habéis pensado -agrega a esto Plimsollqué significa este hecho? No dudo de que semejante fenómeno no es raro entre los ricos o hasta entre personas pudientes. Pero, pensad bien en la diferencia." Y, realmente, vale la pena pensar qué significa, para el obrero que gana 16 chelines (menos de ocho rublos) por semana y que alimenta con estos módicos recursos a la esposa y a veces cinco o seis hijos, gastar un chelín en ayudar a la viuda de un camarada o sacrificar medio chelín para el entierro de uno tan pobre como él mismo. Pero semejantes sacrificios son un fenómeno corriente entre los obreros de cualquier país, aun en ocasiones considerablemente más de orden común que la muerte, y ayudar por medio del trabajo es la cosa más natural en su vida.

La misma práctica de ayuda y apoyo mutuos se observa, naturalmente, también entre las clases más ricas, con la misma sedimentación en capas que señala Plimsoll. Naturalmente, cuando se piensa en la crueldad que los empleadores más ricos muestran hacia los obreros, siéntese uno inclinado a tratar la naturaleza humana con suma desconfianza. Muchos probablemente recuerdan todavía la indignación provocada en Inglaterra por los dueños de las minas durante la gran huelga de Yorkshire, en 1894, cuando empezaron a procesar a los viejos mineros por recoger carbón en un pozo abandonado. Y aun dejando de lado los períodos agudos de lucha y de guerra civil cuando, por ejemplo, decenas de miles de obreros prisioneros fueron fusilados después de la caída de la Comuna de París, ¿quién puede leer sin estremecerse las revelaciones de las comisiones reales sobre la situación de los obreros en 1840 en Inglaterra, o las palabras de Lord Shaftesbury sobre -el espantoso despilfarro de vida humana en las fábricas donde trabajan niños toma-, dos de los hospicios, sino simplemente comprados en toda Inglaterra para venderlos después, a las fábricas". ¿Quién puede leer todo esto sin sorprenderse por la bajeza de que es capaz el hombre en su afán de lucro? Pero necesario es decir que sería erróneo atribuir tal género de fenómeno exclusivamente a la criminalidad de la naturaleza humana. ¿Acaso hasta una época reciente los hombres de ciencia, y hasta una parte importante del clero no difundían doctrinas que inculcaban desconfianza y desprecio, y casi odio a las clases más pobres? ¿Acaso los hombres de ciencia no decían que desde que la servidumbre quedó abolida sólo pueden caber en la pobreza los hombres viciosos? ¡y qué pocos representantes de la Iglesia se ha hallado que se atrevieran a vituperar estos infanticidios, mientras que la mayoría del clero enseñaba que los sufrimientos de los pobres y hasta la esclavitud de los negros eran cumplimiento de la voluntad de la Providencia Divina! ¿Acaso el cisma (non conformism) mismo en Inglaterra no era en esencia una protesta popular contra el cruel trato que la iglesia del estado daba a los pobres?

Con tales guías espirituales no es de extrañar que los sentimientos de las clases pudientes, como observó M. Plimsoll, debían no tanto embotarse cuanto tomar tinte de clase. Los ricos raramente se rebajan hasta los pobres, de quienes están separados por el mismo modo de vida y de quienes ignoran por completo el lado mejor de su existencia cotidiana. Pero también los ricos, dejando de lado por una parte la mezquindad y los gastos irrazonables por otro, en el círculo de la familia y de los amigos se observa la misma práctica de ayuda y apoyo mutuos que entre los pobres. Ihering y Dargun tenían plena razón al decir que si se hiciera un resumen estadístico del dinero que pasa de mano en mano en forma de préstamo amistoso y de ayuda, la suma general resultaría colosal, aun en comparación con las transacciones del comercio mundial. Y si se agrega a esto -y necesario es agregarlo- los gastos de hospitalidad, los pequeños servicios mutuos prestados entre sí, la ayuda para arreglar asuntos ajenos, regalo y beneficencia, indudablemente nos asombraremos de la importancia que tales gastos tienen en la economía nacional. Aun en el mundo dirigido por el egoísmo comercial existe una frase corriente: "Esta firma nos ha tratado duramente", y está frase demuestra que hasta en el ambiente comercial existen relaciones amistosas, opuestas a las duras, es decir a las relaciones basadas exclusivamente en la ley. Todo comerciante, naturalmente, sabe cuántas firmas se salvan por año de la ruina gracias al apoyo amistoso prestado por otras firmas.

En cuanto a la beneficencia y a la masa de trabajos de utilidad pública realizados voluntariamente, tanto por los representantes de la clase acomodada como de las obreras y, en especial, por los representantes de las diferentes profesiones, todos saben qué papel desempeñan estas dos categorías de benevolencia en la vida moderna. Si el carácter verdadero de esta benevolencia a menudo suele ser echada a perder por la tendencia a adquirir fama, poder político o distinción social, a pesar de todo es indudable que en la mayoría de los casos el impulso proviene del mismo sentimiento de ayuda mutua. Muy a menudo, los hombres, adquiriendo riquezas, no hallan en ellas las satisfacciones que esperaban. Otros empiezan a sentir que a pesar de cuanto han difundido los economistas de que la riqueza es la recompensa de sus capacidades, su recompensa es demasiado grande. La conciencia de la solidaridad humana se despierta en ellos; a pesar de que la vida social está constituida como para sofocar este sentimiento con miles de métodos astutos, a pesar de todo, a menudo se sobrepone, y entonces los hombres del tipo arriba indicado tratan de hallar una salida para esta necesidad alojada en la profundidad del corazón humano, entregando su fortuna o sus fuerzas a algo que según su opinión contribuirá al desarrollo del bienestar general.

Dicho más brevemente, ni las fuerzas abrumadoras del estado centralizado, ni las doctrinas de mutuo odio y de lucha despiadada que provienen, ordenadas con los atributos de la ciencia, de los filósofos y sociólogos obsequiosos, pudieron desarraigar los sentimientos de solidaridad humana, de reciprocidad, profundamente enraizados en la conciencia Y el corazón humanos, puesto que este sentimiento fue criado por todo nuestro desarrollo precedente. *Aquello que ha sido resultado de la evolución, comenzando desde sus más primitivos estadios, no puede ser destruido por una de las fases transitorias de esa misma evolución.* Y la necesidad de ayuda y apoyo mutuos que se ha ocultado quizá en el círculo estrecho de la familia, entre los vecinos de las calles y callejuelas pobres, en la aldea o en las uniones secretas de obreros, renace de nuevo, hasta en nuestra sociedad moderna y proclama su derecho, *el derecho de ser, como siempre lo ha sido, el principal impulsor en el camino del progreso máximo.*

Tales son las conclusiones a las cuales llegamos inevitablemente después de un examen cuidadoso de cada grupo de hechos enumerados brevemente en los dos últimos capítulos.

## CONCLUSIÓN

Si tomamos ahora lo que nos enseña el examen de la sociedad moderna en relación con los hechos que señalan la importancia de la ayuda mutua en el desarrollo gradual del mundo animal y de la humanidad, podemos extraer de nuestras investigaciones las siguientes conclusiones:

En el mundo animal nos hemos persuadido de que la enorme mayoría de las especies viven en sociedades y que encuentran en la sociabilidad la mejor arma para la lucha por la existencia, entendiendo, naturalmente, este término en el amplio sentido darwiniano, no como una lucha por los medios directos de existencia, sino como lucha contra todas las condiciones naturales, desfavorables para la especie. Las especies animales en las que la lucha entre los individuos ha sido llevada a los límites más restringidos, y en las que la práctica de la ayuda mutua ha alcanzado el máximo desarrollo, invariablemente son las especies más numerosas, las más florecientes y más aptas para el máximo progreso. La protección mutua, lograda en tales casos y debido a esto la posibilidad de alcanzar la vejez y acumular experiencia, el alto desarrollo intelectual y el máximo crecimiento de los hábitos sociales, aseguran la conservación de la especie y también su difusión sobre una superficie más amplia, y la máxima evolución progresiva. Por lo contrario, las especies insaciables, en la enorme mayoría de los casos, están condenadas a la degeneración.

Pasando luego al hombre, lo hemos visto viviendo en clanes y tribus, ya en la aurora de la Edad Paleolítica; hemos visto también una serie de instituciones y costumbres sociales formadas dentro del clan ya en el grado más bajo de desarrollo de los salvajes. Y hemos hallado que los más antiguos hábitos y costumbres tribales dieron a la humanidad, en embrión, todas aquellas instituciones que más tarde actuaron como los elementos impulsores más importantes del máximo progreso. Del régimen tribal de los salvajes nació la comuna aldeana de los "bárbaros", y un nuevo círculo aún más amplio de hábitos, costumbres e instituciones sociales, una parte de los cuales subsistieron hasta nuestra época, se desarrolló a la sombra de la posesión común de una tierra dada y bajo la protección de la jurisdicción de la asamblea comunal aldeana en federaciones de aldeas pertenecientes, o que se suponían pertenecer a una tribu y que se defendían de los enemigos con las fuerzas comunes. Cuando las nuevas necesidades incitaron a los hombres a dar un nuevo paso en su desarrollo, formaron el derecho popular de las ciudades libres, que constituían una doble red: de unidades territoriales (comunas aldeanas) y de guildas surgidas de las ocupaciones comunes en un arte u oficio dado, o para la protección y el apoyo mutuos. Ya hemos considerado en dos capítulos, el quinto y el sexto, cuán enormes fueron los éxitos del saber, del arte y de la educación en general en las ciudades medievales que tenían derechos populares.

Finalmente, en los dos últimos capítulos se han reunido hechos que señalan cómo la formación de los estados según el modelo de la Roma imperial destruyó violentamente todas las instituciones medievales de apoyo mutuo y creó una nueva forma de asociación, sometiendo toda la vida de la población a la autoridad del estado. Pero el estado, apoyado en agregados poco vinculados entre sí de individuos y asumiendo la tarea de ser único principio de unión, no *respondió a su objetivo.* La tendencia de los hombres al apoyo mutuo y su necesidad de unión directa para él, nuevamente se manifestaron en una infinita diversidad de todas las sociedades posibles que también tienden ahora a abrazar todas las manifestaciones de vida, a dominar todo lo necesario para la existencia humana y para reparar los gastos condicionados por la vida: crear un cuerpo viviente, en lugar del mecanismo muerto, sometido a la voluntad de los funcionarios.

Probablemente se nos observará que la, ayuda mutua, a pesar de constituir una de las grandes fuerzas activas de la evolución, es decir, del desarrollo progresivo de la humanidad, es sólo una de las diferentes formas de las relaciones de los hombres entre sí; junto con esta corriente, por poderosa que fuera, existe y siempre existió, otra corriente la de autoafirmación del individuo, no sólo en sus esfuerzos por alcanzar la superioridad personal o de casta en la relación económica, política y espiritual, sino también en una actividad que es más importante a pesar de ser menos potable; romper los lazos que siempre tienden a la cristalización y petrificación, que imponen sobre el individuo el clan, la comuna aldeana, la ciudad o el estado. En otras palabras, en la sociedad humana, la autoafirmación de la personalidad también constituye un elemento de progreso.

Es evidente que ningún esquema del desarrollo de la humanidad puede pretender ser completo si no se considera estas dos corrientes dominantes. Pero el caso es que la autoafirmación de la personalidad o grupos de personalidades, su lucha por la superioridad y los conflictos y la lucha que se derivan de ella fueron, ya en épocas inmemoriales, analizados, descritos y glorificados. En realidad, hasta la época actual sólo esta corriente ha gozado de la atención de los poetas épicos, cronistas, historiadores y sociólogos. La historia, como ha sido escrita hasta ahora, es casi íntegramente la descripción de los métodos y medios con cuya ayuda la teocracia, el poder militar, la monarquía política y más tarde las clases pudientes establecieron y conservaron su gobierno. La lucha entre estas fuerzas constituye, en realidad, la esencia de la historia. Podemos considerar, por esto, que la importancia de la personalidad y de la fuerza individual en la historia de la humanidad es enteramente conocida, a pesar de que en este dominio ha quedado no poco que hacer en el sentido recientemente indicado.

Al mismo tiempo, otra fuerza activa -la ayuda mutua- ha sido relegada hasta ahora al olvido completo; los escritores de la generación actual y de las pasadas, simplemente la negaron o se burlaron de ella. Darwin, hace ya medio siglo, señaló brevemente la importancia de la ayuda mutua para la conservación y el desarrollo progresivo de los animales. Pero, ¿quién trató ese pensamiento desde entonces? Sencillamente se empeñaron en olvidarla. Debido a esto, fue necesario, antes que nada, establecer el papel enorme que desempeña la ayuda mutua tanto en el desarrollo del mundo animal como de las sociedades humanas. Sólo después que esta importancia sea plenamente reconocida será posible comparar la influencia de una y otra fuerza: la social y la individual.

Evidentemente, es imposible efectuar, con un método más o menos estadístico, siquiera una apreciación grosera de su importancia relativa. Cualquier guerra, como todos sabemos, puede producir, ya sea directamente o bien por sus consecuencias, más daños que beneficios, puede producir centenares de años de acción, libres de obstáculos, del principio de ayuda mutua. Pero cuando vemos que en el mundo animal el desarrollo progresivo y la ayuda mutua van de la mano, y la guerra interna en el seno de una especie, por lo contrario, va acompañada "por el desarrollo progresivo", es decir, la decadencia de la especie; cuando observamos que para el hombre hasta el éxito en la lucha y la guerra es proporcional al desarrollo de la ayuda mutua en cada una de las dos partes en lucha, sean estas naciones, ciudades, tribus o solamente partidos, y que en el proceso de desarrollo de la guerra misma (en cuanto puede cooperar en este sentido) se somete a los objetivos finales del progreso de la ayuda mutua dentro de la nación, ciudad o tribu, por todas estas observaciones ya tenemos una idea de la influencia predominante de la ayuda mutua como factor de progreso.

Pero vemos también que la práctica de la ayuda mutua y su desarrollo subsiguiente crearon condiciones mismas de la vida social, sin las cuales el hombre nunca hubiera podido desarrollar sus oficios y artes, su ciencia, su inteligencia, su espíritu creador; y vemos que los periodos en que los hábitos y costumbres que tienen por objeto la ayuda mutua alcanzaron su elevado desarrollo, siempre fueron periodos del más grande progreso en el campo de las artes, la industria y la ciencia. Realmente, el estudio de la vida interior de las ciudades de la antigua Grecia, y luego de las ciudades medievales, revela el hecho de que precisamente la combinación de la ayuda mutua, como se practicaba dentro de la guilda, de la comuna o el clan griego con la amplia iniciativa permitida al individuo y al grupo en virtud del principio federativo-, precisamente esta combinación, decíamos, dio a la humanidad los dos grandes periodos de su historia: el periodo de las ciudades de la antigua Grecia y el periodo de las ciudades de la Edad Media; mientras que la destrucción de las instituciones y costumbres de ayuda mutua, realizadas durante los periodos estatales de la historia que siguieron, corresponde en ambos casos a las épocas de rápida decadencia.

Probablemente se nos replicará, sin embargo, haciendo mención del súbito progreso industrial que se realizó en el siglo XIX y que corrientemente se atribuye al triunfo del individualismo y de la competencia. No obstante, este progreso, fuera de toda duda, tiene un origen incomparablemente más profundo. Después que fueron hechos los grandes descubrimientos del siglo XV, en especial el de la presión atmosférica, apoyada por una serie completa de otros en el campo de la física *-y estos descubrimientos* *fueron hechos en las ciudades medievales* después de estos descubrimientos, la invención de la máquina a vapor, y toda la revolución industrial provocada por la aplicación de la nueva fuerza, el vapor, fue una consecuencia necesaria. Si las ciudades medievales hubieran subsistido hasta el desarrollo de los descubrimientos empezados por ellas, es decir, hasta la aplicación práctica del nuevo motor, entonces las consecuencias morales, sociales, de la revolución provocada por la aplicación del vapor podrían tomar, y probablemente hubieran tomado, otro carácter; pero la misma revolución en el campo de la técnica de la producción y de la ciencia también hubiera sido inevitable. Solamente hubiera encontrado menos obstáculos. Queda sin respuesta el interrogante: ¿No fue acaso retardada la aparición de la máquina de vapor y también la revolución que le siguió luego en el campo de las artes, por la decadencia general de los oficios que siguió a la destrucción de las ciudades libres y que se notó especialmente en la primera mitad del siglo XVIII?

Considerando la rapidez asombrosa del progreso industrial en el período que se extiende desde el siglo XII hasta el siglo XV, en el tejido, en el trabajo de metales, en la arquitectura, en la navegación, y reflexionando sobre los descubrimientos científicos a los cuales condujo este progreso industrial a fines del siglo XIX, tenemos derecho a formularnos esta pregunta: ¿No se retrasó la humanidad en la utilización de todas estas conquistas científicas cuando empezó en Europa la decadencia general en el campo de las artes y de la industria, después de la caída de la civilización medieval? Naturalmente, la desaparición de los artistas artesanos, como los que produjeron Florencia, Nüremberg y muchas otras ciudades, la decadencia de las grandes ciudades y la interrupción de las relaciones entre ellas no podían favorecer la revolución industrial. Realmente sabemos, por ejemplo, que James Watt, el inventor de la máquina a vapor moderna, empleó alrededor de doce años de su vida para hacer su invento prácticamente utilizable, puesto que no pudo hallar, en el siglo XVIII aquellos ayudantes que hubiera hallado fácilmente en la Florencia, Nüremberg o Brujas de la Edad Media; es decir, artesanos capacitados para realizar su invento en el metal y darle la terminación y finura artística que son necesarias para la máquina de vapor que trabaja con exactitud.

De tal modo, atribuir el progreso industrial del siglo XV a la guerra de todos contra uno significa juzgar como aquél que sin saber las verdaderas causas de la lluvia la atribuye a la ofrenda hecha por el hombre al ídolo de arcilla. Para el progreso industrial, lo mismo que para cualquier otra conquista en el campo de la naturaleza, la ayuda mutua y las relaciones estrechas sin duda fueron siempre más ventajosas que la lucha mutua.

Sin embargo, la gran importancia del principio de ayuda mutua aparece principalmente en el campo de la ética, o estudio de la moral. Que la ayuda mutua es la base de todas nuestras concepciones éticas, es cosa bastante evidente. Pero cualesquiera que sean las opiniones que sostuviéramos con respecto al origen primitivo del sentimiento o instinto de ayuda mutua -sea que lo atribuyamos a causas biológicas o bien sobrenaturales debemos reconocer que se puede ya observar su existencia en los grados inferiores del mundo animal. Desde estos grados elementales podemos seguir su desarrollo ininterrumpido y gradual a través de todas las clases del mundo animal y, no obstante, la cantidad importante de influencias que se le opusieron, a través de todos los grados de la evolución humana hasta la época presente. Aun las nuevas religiones que nacen de tiempo en tiempo -siempre en épocas en que el principio de ayuda mutua había decaído en los estados teocráticos y despóticos de Oriente, o bajo la caída del imperio Romano-, aun las nuevas religiones nunca fueron más que la afirmación de ese mismo principio. Hallaron sus primeros continuadores en las capas humildes, inferiores, oprimidas de la sociedad, donde el principio de la ayuda mutua era la base necesaria de la vida cotidiana; y las nuevas formas de unión que fueron introducidas en las antiguas comunas budistas Y cristianas, en las comunas de los hermanos moravos, etc., adquirieron el carácter de *retorno a las mejores formas de ayuda mutua que de practicaban en el primitivo período tribal.*

Sin embargo, cada vez que se hacia una tentativa para volver a este venerado principio antiguo, *su idea fundamental se extendía.* Desde el clan se prolongó a la tribu, de la federación de tribus abarcó la nación, y, por último -por lo menos en el ideal-, toda la humanidad. Al mismo tiempo, tomaba gradualmente un carácter más elevado. En el cristianismo primitivo, en las obras de algunos predicadores musulmanes, en los primitivos movimientos del período de la

Reforma y, en especial, en los movimientos éticos y filosóficos del siglo XVIII y de nuestra época se elimina más y más la idea de venganza o de la "retribución merecida": "bien por bien y mal por mal". La elevada concepción: -No vengarse de las ofensas-, y el principio: "Da al prójimo sin contar, da más de lo que piensas recibir". Estos principios se proclaman como verdaderos principios de moral, como principios que ocupan más elevado lugar que la simple "equivalencia", la imparcialidad, la fría justicia, como principios que conducen más rápidamente mejor a la felicidad. Incitan al hombre, por esto, a tomar por guía, en sus actos, no sólo el amor, que siempre tiene carácter personal o, en el mejor de los casos, carácter tribal, sino la *concepción de su unidad con todo ser humano,* por consiguiente, de una *igualdad de derecho general* y, además, en sus relaciones hacia los otros, a entregar a los hombres, sin calcular la actividad de su razón y de su sentimiento y hallar en esto su felicidad superior.

En la práctica de la ayuda mutua, cuyas huellas podemos seguir hasta los más antiguos rudimentos de la evolución, hallamos, de tal modo, el origen positivo e indudable de nuestras concepciones morales, éticas, y podemos afirmar que el principal papel en la evolución ética de la humanidad fue desempeñado por la ayuda mutua y no por la lucha mutua. En la amplia difusión de los principios de ayuda mutua, aun en la época presente, vemos también la mejor garantía de una evolución aún más elevada del género humano.

Fin...

www.ingramcontent.com/pod-product-compliance
Lightning Source LLC
LaVergne TN
LVHW021946220826
846091LV00015B/4101

* 9 7 8 1 9 8 1 9 1 0 7 3 1 *